职业教育新农科农业大类专业系列教材

设施蔬菜生产技术

主　编　陈毛华　李　烨

副主编　谢东锋　肖姣娣

主　审　裴孝伯

U0272595

科学出版社

北　京

内 容 简 介

本书内容包括设施蔬菜生产基础、茄果类蔬菜设施生产、瓜类蔬菜设施生产、豆类蔬菜设施生产、白菜类蔬菜设施生产、绿叶菜类蔬菜设施生产、特色蔬菜设施生产和蔬菜产业发展8个模块、18 个工作领域及24个工作任务。本书编写突破传统教材的知识系统性结构，理论知识以够用为度，突出目标岗位的典型工作任务要求，实现对接岗位、工作流程和工作任务的有效衔接。通过每个工作任务的学习，让学习者了解设施蔬菜的栽培管理工作流程及注意事项，熟悉设施蔬菜日常栽培管理工作内容及管理制度，具备设施蔬菜栽培管理的基本能力。

本书适用于中、高职园艺技术、设施农业技术等相关专业及专业群教学使用，也可供各类设施蔬菜生产企业培训使用。

图书在版编目（CIP）数据

设施蔬菜生产技术/陈毛华，李烨主编.—北京：科学出版社，2024.11
（职业教育新农科农业大类专业系列教材）
ISBN 978-7-03-077429-3

Ⅰ. ①设⋯ Ⅱ. ①陈⋯ ②李⋯ Ⅲ. ①蔬菜园艺-设施农业
Ⅳ. ①S626

中国国家版本馆CIP数据核字（2023）第252642号

责任编辑：辛 桐/责任校对：王万红
责任印制：吕春珉/封面设计：东方人华平面设计部

科学出版社 出版
北京东黄城根北街 16 号
邮政编码：100717
http://www.sciencep.com
天津市新科印刷有限公司印刷
科学出版社发行 各地新华书店经销
*
2024 年 11 月第 一 版 开本：787×1092 1/16
2024 年 11 月第一次印刷 印张：18 1/4
字数：418 000
定价：68.00 元
（如有印装质量问题，我社负责调换）
销售部电话 010-62136230 编辑部电话 010-62135120

前　言

2021 年 12 月，教育部办公厅印发的《"十四五"职业教育规划教材建设实施方案》指出，要深入贯彻落实习近平总书记关于职业教育工作和教材工作的重要指示批示精神，全面贯彻党的教育方针，落实立德树人根本任务，强化教材建设国家事权，突显职业教育类型特色。围绕国家重大战略，紧密对接产业升级和技术变革趋势，服务职业教育专业升级和数字化改造，优先规划建设先进制造、新能源、新材料、现代农业、新一代信息技术、生物技术、人工智能等产业领域需要的专业课程教材。

设施蔬菜生产技术课程是园艺技术专业等涉农类专业的核心课程，紧跟设施蔬菜生产最新发展变化。设施蔬菜高产、高效栽培急需先进科学的实用技术引领，同时设施蔬菜标准化生产要求不断加大科技创新力度，开发新技术，使蔬菜产业的科技含量和农业现代化水平不断提高。

本书在教学内容组织上以真实的设施蔬菜生产项目、典型工作任务、案例等为载体组织教学单元，结合园艺技术专业的现代学徒制和"1+X"设施蔬菜生产证书制度的实施，将设施蔬菜的岗位技能要求、职业技能竞赛、职业技能等级证书标准的有关内容有机融入教材。本书力求做到理论联系实际，以期提高设施蔬菜生产和学习者的技术水平，服务于生产和岗位需求。本书在体例上按照工作手册形式编写，每个任务以活页式呈现，并配套多媒体资源。

本书由陈毛华（阜阳职业技术学院）和李烨（黑龙江农业工程职业学院）任主编，由谢东锋（西藏职业技术学院）和肖姣娣（娄底职业技术学院）任副主编，由裴孝伯（安徽农业大学）任主审。具体编写分工如下：陈毛华编写模块 1 和模块 3 的工作领域 6 和工作领域 7；亓文明（安徽瓦大现代农业科技有限公司）编写模块 2；谢东锋编写模块 4 和模块 6；马宗新（阜阳市农业科学院）编写模块 3 的工作领域 8 和模块 7；高鹏（阜阳职业技术学院）编写模块 5 和模块 8。本书中富媒体部分的脚本、视频拍摄素材由陈毛华、肖姣娣、侯艳霞（山西林业职业技术学院）、李烨提供。全书由陈毛华统稿。在本书编写过程中，得到了编委成员单位领导的大力支持，在此表示衷心感谢。编者还参考了有关教材、著作，在此也向相关作者一并表示谢意。

高职教育正处于蓬勃发展阶段，本书在高职教材编写和课程教育教学改革方面做了尝试，但教材和课程改革是一个长期的、复杂的、需要反复探索与实践的系统工程。由于编者水平有限，书中难免有不当之处，我们诚恳地欢迎各位读者提出宝贵意见，以便修订时加以完善。

编　者

2024 年 2 月

目　　录

模块 1　设施蔬菜生产基础

模块 2　茄果类蔬菜设施生产

模块3　瓜类蔬菜设施生产

模块 4　豆类蔬菜设施生产

模块 7　特色蔬菜设施生产

模块 8　蔬菜产业发展

课程导入

设施蔬菜生产概述

【核心概念】

"菜篮子"供应是关系国计民生的大事。设施蔬菜保障了城乡居民"菜篮子"供应工作，发挥了改善蔬菜供应状况、提高人们生活质量、提升蔬菜产业地位、拓展蔬菜产业功能、提高资源利用效率、推进蔬菜科技创新、促进城乡居民就业和农民增收、维护社会稳定、带动相关产业同步发展、开发非耕地、拓展蔬菜生产空间的作用。分析设施蔬菜在发展过程中存在的问题，以便在实际生产中采取对应的措施，对于提高设施蔬菜的产量具有重要的意义。

【学习目标】

1. 了解蔬菜生产的特点。

2. 了解设施蔬菜生产在蔬菜产业中的地位及我国设施蔬菜产业发展概况。

3. 了解蔬菜生产基地设施蔬菜生产岗位责任。

一、蔬菜与蔬菜生产

（一）蔬菜的定义及特点

广义的蔬菜是指一切可供餐食的植物和食用菌的总称，包括一、二年生草本植物，多年生草本植物，有些木本植物的嫩茎及嫩芽、某些食用菌类、藻类等也常作蔬菜用，如香椿、蘑菇、海带、紫菜和某些调味品等。蔬菜可熟食，也可生食，还可加工成腌渍品、干制品和罐头食品等。

狭义的蔬菜是指具有柔嫩多汁食用器官，可以用来作为副食品的一、二年生及多年生草本植物。蔬菜的特点如下。

1. 种类繁多

现今世界上作为蔬菜食用的植物和微生物有数百种，其中高等植物 32 科 201 种（包括变种），低等植物食用菌 14 科 18 种，藻类植物 8 科 10 种，栽培的有 100 多种，在世界各地普遍栽培的有 50～60 种，在我国普遍栽培的种类基本相当。可用于食用的蔬菜种类大部分属于半栽培种和野生种，可供开发利用的蔬菜种类丰富，开发潜力巨大。

2. 食用器官多样化

蔬菜的食用器官包括：根，如萝卜、胡萝卜等的肉质根；茎，如莴笋、菜薹的嫩茎，马铃薯、山药的块茎，芋、荸荠的球茎，大蒜、洋葱的鳞茎，姜、莲藕的根状茎；叶，如菠菜、白菜的嫩叶，大白菜、结球甘蓝的叶球，芹菜的叶柄；花，如金针菜的花，花椰菜的花球；果实，如瓠果、浆果、荚果等；子实体，如食用菌等。食用器官呈现多样化。

3. 营养丰富

蔬菜中含有丰富的维生素、矿物质、膳食纤维和一些特殊成分，是维持人体生命所需要的维生素和矿物质的重要来源，对增强人体体质、强身祛病具有重要作用。一般新鲜蔬菜含 65%～95%的水分，多数蔬菜含水量在 90%以上。蔬菜含纤维素、半纤维素、果胶、淀粉、碳水化合物等，大部分蔬菜热量较低。蔬菜是胡萝卜素、维生素 B_2、维生素 C、叶酸、钙、磷、钾、铁的良好来源。例如，白菜、菠菜、青花菜等蔬菜是胡萝卜素、维生素 C、维生素 B_2、矿物质及膳食纤维的良好来源。一般深色蔬菜的胡萝卜素、核黄素和维生素 C 含量较浅色蔬菜高，而且含有更多的植物化学物。菌藻类蔬菜，如口蘑、香菇、木耳、酵母和紫菜等，含有蛋白质、多糖、胡萝卜素、铁、锌和硒等，海产菌藻类蔬菜，如紫菜、海带富含碘。

4. 生产周期短

蔬菜是高产高效的经济作物，一般产量为 37.5～75t/hm²，高产量可超 300t/hm²。蔬菜从栽植到收获生产周期短，一般为 40～90 天，见效快，生产效益高。蔬菜产品除以鲜菜供应市场外，还能够进行保鲜储藏、加工等，不但可以增加蔬菜产后的附加值，而且可以延长蔬菜供应期，解决供需矛盾，扩大市场流通领域，增加蔬菜种植从业者的收入。

5. 产品不耐储藏

蔬菜产品含水量高，易萎蔫和腐烂变质，储藏运输受到一定程度的限制。利用冷库存放蔬菜可以很好地延长蔬菜的保鲜期，实现更好的商品价值和经济价值。不同蔬菜因其自身生物特性不一样，耐藏性能也各有差异。通常来说，叶菜类蔬菜表面积较大、代谢旺盛，一般不耐储藏；而块茎、球茎类蔬菜具有生理休眠现象，较耐储藏。

（二）蔬菜生产的定义及特点

蔬菜生产是指根据蔬菜市场供需关系和当地的生产条件，通过合理的茬口安排、品种选择、栽培管理等措施，获得适销对路、优质高产蔬菜产品的过程。蔬菜生产方式多种多样，概括起来分为露地生产和保护地生产两大类。露地生产指在当地适宜的蔬菜生长季节进行露地直播或育苗移栽，成本较低；保护地生产指在不适宜蔬菜生长的季节利用设施进行蔬菜反季节生产，主要解决淡季蔬菜供应问题。保护地蔬菜生产又有无土栽培、软化栽培、早熟生产、延迟生产等形式。蔬菜生产的特点如下。

1．具有明显的市场性

蔬菜生产是以获得商品蔬菜为目的的生产。在城郊地区发展蔬菜生产，一般是以就近销售为主，蔬菜生产种类可以多样化；而在远郊或不发达地区发展蔬菜生产，同一种类蔬菜一定要形成一定规模，不断提高生产技术，保证在重大节假日集中上市。通过规模生产和销售，达到提高市场竞争力的目的。全国各地有很多蔬菜生产基地和国家级农产品批发市场，形成了以地方或区域性市场为补充的完整的市场销售体系，对于调节和供应全国各地的蔬菜起到了重要作用。

2．技术性强，专业化程度高

蔬菜产品质量直接影响蔬菜的价格和销量，对产品的大小、形状、色泽和风味等要求严格。因此，从田间管理到采后处理，均要求按照一定的技术规范进行操作，技术性强。现代蔬菜生产集约化程度高，蔬菜生产大多需要进行育苗移栽，管理上精耕细作，在生产设施、经营模式、栽培管理方面均围绕一类或一种蔬菜进行蔬菜生产，对蔬菜生产技术和专业化程度要求高。

3．季节性强，生产水平受当地蔬菜生产条件的限制

蔬菜生产条件包括自然条件、人力资源、物资供应、设施条件、农业机械化水平等。不同的蔬菜产量和质量受到各种环境条件的影响，形成蔬菜供应的淡旺季，尤其是露地蔬菜供应，其季节性特别明显。因此，各地利用当地有利条件，发展设施蔬菜生产，可有效解决蔬菜供需之间的矛盾，达到周年均衡生产和供应。

4．蔬菜产量高，效益较好

从蔬菜的平均产量上来看，蔬菜单产是粮食的 5.5 倍、棉花的 3.9 倍、油料的 5 倍，蔬菜生产的经济效益明显优于粮、棉、油的经济效益。蔬菜可以与大田作物、果树进行间作套种，充分利用光照、空间和地力条件，提高复种指数，增加单位面积的产量和效益。

5. 必须符合国家颁布的有关标准和规定

蔬菜质量的好坏与人们的健康关系十分密切，蔬菜生产的各个环节和产品质量必须符合国家颁布的有关标准和规定。目前我国颁布的规定和标准主要有绿色食品相关标准、有机产品相关国家标准等。

二、设施蔬菜生产在蔬菜产业中的地位

设施蔬菜生产是指能在局部范围内改善或创造适宜的气候环境因素，为蔬菜生长发育提供良好的环境条件而进行的有效生产。其目的是能在冬春严寒季节或盛夏高温多雨季节提供新鲜蔬菜产品上市，以季节差价来获得较高的经济效益。因此，设施栽培又被称为反季节栽培或保护地栽培。

（一）设施蔬菜生产在蔬菜产业中的重要作用

1. 改善蔬菜供应状况，提高人们生活质量

随着节能日光温室和遮阳网覆盖栽培的迅速推广发展，设施蔬菜栽培形成了周年系列化设施生产体系，在冬春和夏秋两个蔬菜供应淡季，设施蔬菜生产可为市场提供十余类数十个品种的蔬菜。同时，随着我国交通运输状况的日趋向好和全国鲜活农产品"绿色通道"的完善，华南、长江上中游冬春蔬菜基地和黄土高原、云贵高原夏秋蔬菜基地为解决冬春和夏秋淡季蔬菜数量较少的问题作出了重要贡献。我国的蔬菜基本实现了周年均衡供应。

就人们的食物结构而言，"宁可三日无荤，不可一日无菜"。蔬菜不仅能为人们提供一定的碳水化合物、蛋白质和脂肪，更是维持人体健康所必需的维生素等生理活性物质、矿物营养和食用纤维不可替代的来源，优质、安全、多样的蔬菜供应，满足了城乡居民多层次的消费需求。城郊型现代化蔬菜观光采摘园发展方兴未艾。设施蔬菜产业的发展，对提高农民收入、发展农村经济、保障市民蔬菜安全供应及农业可持续发展，发挥着重要作用。

2. 提升设施蔬菜在蔬菜产业中的地位

设施蔬菜生产的技术装备水平高、集约化程度高、科技含量高。光伏温室、物联网设施园艺、植物工厂等新技术手段的研究与探索已经取得成功，进一步提升了设施蔬菜生产在蔬菜产业中的重要产业地位。

3. 拓展蔬菜的产业功能

通过发展设施蔬菜生产，既提高了蔬菜的综合生产能力，又提高了农民的收入水平及都市型农业的现代化水平。设施蔬菜生产有助于促进大城市郊区观光农业的发展。设施蔬菜生产与农村观光休闲农业、采摘体验、旅游农业密切相关，为设施蔬菜产业的高质量发

展提供了契机，拓展了设施蔬菜在蔬菜产业中的生产功能。

（二）设施蔬菜生产在蔬菜产业中的经济和社会效益

1. 提高资源利用效率

设施蔬菜生产能够把温室工程、集水工程、节水工程和沼气工程等紧密结合起来，全方位地应用节能、节水、节肥、节地、节省劳动力和节省成本等一系列技术，来实现高产优质、低能耗、集约化的设施蔬菜生产。温室、塑料大棚等设施能够使光、热、水、肥等农业资源富集与重组，创造有利于蔬菜的生长发育和产品形成的环境，实现终年生产和高效利用。通过利用大棚膜面集水和集水沟、集水场集水等，水资源的利用率得到了明显提高。

2. 推进蔬菜科技创新

在"十三五"期间，国家持续加大设施蔬菜科技投入力度，科学技术在设施蔬菜产业现代化中发挥了重要的作用。通过科技攻关，一大批新材料、新技术、新装备、新产品得到了快速应用，保障了设施蔬菜生产提质增效。国家在"主要经济作物优质高产与产业提质增效科技创新""化学肥料和农药减施增效综合技术研发"等重点研发计划专项中开设了多个设施蔬菜研究项目；国家自然科学基金支持了包括重大项目"优质番茄的分子基础和基因组设计"在内的一大批基础科研项目。这些项目的实施，汇聚了我国设施蔬菜品种选育、设施装备研发、栽培生理研究和土壤肥料与植物保护等领域的主要研究团队，为我国设施蔬菜产业基础理论问题的破解和技术瓶颈的突破提供了支撑。我国在设施蔬菜基因组学、温室设施工程、设施环境调控和栽培新技术推广应用上取得了重要进展。番茄、西甜瓜等作物在基因组测序基础上，完成了代谢组、全基因组变异图谱等测序工作，揭示了重要农艺性状形成的遗传分子机制，为设施作物改良奠定了基础。传统日光温室和塑料大棚的标准化水平进一步提升，结构形式与作业空间进一步优化，环境调控能力显著增强。农机农艺融合、机械化信息化融合、集约化育苗、机械化耕种、水肥精准智能管理、轻简化无土栽培、高效 LED（light emitting diode，发光二极管）补光等技术已成为设施蔬菜生产中重点推广的技术，显著提高了蔬菜产量和品质，推动设施蔬菜产业提质增效。

3. 促进城乡居民就业和农民增收，维护社会稳定

设施蔬菜是典型的劳动密集型产业，为我国城乡居民提供了大量的就业岗位。中华人民共和国中央人民政府网报道："设施蔬菜每年仅生产环节用工就达 2000 万人，产前产后服务环节还能带动大量就业。"设施蔬菜生产已成为缓解我国城乡就业压力、保证城乡农民持续增收的主导产业之一，实现了我国农村社会的长期稳定发展。

4. 带动相关产业同步发展

设施蔬菜产业是以农用塑料工业、建材工业、温室制造业和商业物流业为依托的现代

农业。随着智慧农业的发展，物联网设备、多源遥感设备、智能监控录像设备、智能报警设备、水肥一体化设施等将更多地投入设施蔬菜生产中。同时，设施蔬菜生产消耗农膜、穴盘、各类钢管、草苫、水泥、沙石等资材，带动了相关产业的规模扩张和技术进步，也拉动了商业物流业的发展。

5. 开发非耕地，拓展蔬菜生产空间

根据我国生态环境部公布的数据，截至 2022 年 5 月我国荒漠化土地面积为 2.164 亿 hm^2。近年来，一些地区利用设施蔬菜高投入、高产出的优势，在开发利用非耕地方面取得了可喜进展，针对非耕地栽培基质和水资源匮乏、传统种植模式效益不高等问题，充分利用非耕地资源条件拓展栽培基质来源，研发了非耕地温室低压滴灌系统关键节水技术，构建了温室智能灌溉控制管理系统和适于不同生态非耕地特点的高效种植模式，后者主要包括非耕地蔬菜生态基质无土栽培种植模式、蔬菜自然沙培无隔离局部改良种植模式、高寒冷凉区非耕地日光温室葡萄延后栽培模式和夏季高温干旱区非耕地日光温室葡萄促早栽培模式等。这些模式在西北戈壁、沙漠、沿海沙荒地、海岛等地示范推广，不但避免了与粮争地，而且经济效益显著，拓展了设施蔬菜生产的空间，助力当地乡村振兴，未来还将向太空发展，为太空蔬菜种植技术积累经验。

三、我国设施蔬菜产业发展概况

（一）设施蔬菜产业发展现状

我国主要的蔬菜产区大多为典型的大陆性季风气候。气候对蔬菜的生产、供应影响较大，常常造成冬春和夏秋蔬菜严重短缺。20 世纪 80 年代以来，随着塑料大棚的迅猛发展及种植业结构调整步伐的加快，早春和晚秋蔬菜供应短缺的问题得到好转；90 年代，随着节能日光温室和遮阳网覆盖栽培的迅速推广，攻克了冬春和夏秋两个淡季的蔬菜生产技术难题。蔬菜供应状况发生了根本性改变，缓解了冬春和夏秋的供需矛盾。21 世纪以来，随着工程技术、生物技术、信息技术的不断发展，工业化生产方式与设施农业深度融合，现代农业的发展轮廓逐步清晰。蔬菜产品因其生产周期短、产量高、效益好、市场需求量大等优势，使我国设施蔬菜产业快速发展，并成为现代农业的典型代表，呈现出机械化水平不断提升、生产领域不断扩展、承载功能日趋丰富、标准化取得长足进步、低碳节能和生态友好型生产得到重视、资源利用效率逐步提高的好势头。近年来，随着设施蔬菜产业的持续高速发展，基本保证了蔬菜的周年均衡生产和供应，满足了人们冬吃夏菜、夏吃冬菜、中吃西菜、北吃南菜的需求。我国蔬菜重点区域生产基地逐步向优势区域集中，形成华南热带多雨冬春蔬菜区、长江流域亚热带多雨冬春蔬菜区、西北温带干旱及青藏高原夏秋蔬菜区、东北温带夏秋蔬菜区、黄淮海与环渤海暖温设施蔬菜区五大优势区域，呈现栽

培品种互补、上市档期不同、区域协调发展的格局，有效缓解了蔬菜淡季供求矛盾，为保障全国蔬菜均衡供应发挥了重要作用。

"十三五"以来，设施蔬菜种苗工厂化生产、栽培机械化作业、设施环境智能化控制水平不断提升，生产环境明显改善，设施棚型结构得到优化，设施蔬菜质量安全日益强化，生产水平逐年提高。集中连片的现代农业产业园、设施蔬菜示范区在各地带动产业提升中发挥重要作用，设施种植农机合作社、生产联合体、农业合作联社等蔬菜生产专业组织不断完善，设施建造维护、种苗供应、机具租赁、作业托管和农产品加工销售等全产业链社会化服务体系的建立支撑设施蔬菜生产水平快速提升。据调查，目前设施栽培的蔬菜作物包括茄果类、瓜类、豆类、甘蓝类、白菜类、葱蒜类、绿叶菜、多年生蔬菜、特菜、野生蔬菜等十几类上百种，在冬春和夏秋两个淡季也能确保市场有十余类数十个品种的蔬菜供应。

农业农村部种植业管理司负责人介绍，目前全国现代设施蔬菜种植面积达到 4000 万亩[①]，效率高、产出高、效益高的特点明显。北方地区每亩蔬菜日光温室年均纯收入 3.6 万元左右。同时，通过轻简无土栽培、生态环境调控等技术的应用，设施蔬菜在戈壁荒漠、滩涂海岛等非耕地区域实现大面积生产，提高了土地资源利用率，保障了耕地主粮化生产。

（二）设施蔬菜产业发展特点

1. 规模和发展速度世界之最

我国设施蔬菜产业一直保持快速发展势头。根据规划，到 2030 年，全国将累计建成 200 个大中城市现代设施农业标准化园区、200 万亩老旧设施整县改造、6000 个左右早稻集中育秧中心、300 个蔬菜集约化育苗中心。设施蔬菜产量占蔬菜总产量的比重达到 40%，设施种植机械化率达到 60%，保供能力、质量效益明显提高。

2. 低碳节能技术国际领先

我国独创的日光温室高效节能栽培技术能在 $-20 \sim -10 ℃$ 的严寒条件下不加温生产喜温蔬菜。与传统加温温室相比，节能日光温室年节约标准煤 $375 t/hm^2$，与现代化温室相比，其节能减排贡献额提高 3～5 倍。

3. 保护设施经济实用

由于我国的设施蔬菜价位偏低且波动大，发展设施蔬菜多采用造价低廉的简易设施。各级政府和企业投资建设的现代化农业园区，大多以发展现代化连栋温室、装配式热镀铸钢管大棚和永久性节能日光温室为主。

---

① 1亩≈667m²。

4. 区域布局不断优化

目前，农产品全国大市场、大流通格局已基本形成，带动蔬菜产业布局进一步优化，初步形成了华南、长江上中游 2 个冬春蔬菜重点区域，黄土高原、云贵高原 2 个夏秋蔬菜重点区域，黄淮海与环渤海 2 个设施蔬菜重点区域，东南沿海、西北内陆、东北沿边 3 个出口蔬菜重点区域。"十三五"以来，东北地区及中西部地区，如吉林、山西、陕西、四川、甘肃、湖北等省份设施蔬菜产业发展迅速。同时，传统菜区已形成良好的产业链，区域化布局基本完成，产业化经营进一步发展，流通体系建设进一步加强，山东、河北等省份的传统菜区已成为全国蔬菜产业的集中地，产品销往国内各大蔬菜市场。在政府引导下，发展设施蔬菜成为我国脱贫攻坚的主导产业之一，并在西南、西北发展形成了一定规模的新菜区，对于增加就业岗位、提高农民收入、实现乡村振兴起到了积极作用。

5. 设施蔬菜茬口类型增多

我国按照设施的结构性能合理安排季节茬口。北方节能日光温室的采光保温性能优越，能够保证喜温果菜安全越冬生产，多采取长季节栽培，一年一茬。黄淮海流域的普通日光温室为了满足喜温果菜冬季安全生产要求，多采取早春和秋冬两茬栽培。塑料大棚除在华南和江南的部分地区通过集成内保温多层覆盖进行喜温果菜越冬长季节栽培外，其他多推行春提前和秋延后两茬栽培。

6. 设施蔬菜质量安全稳步提升

随着防虫网、诱虫板、棚室专用杀虫灯、棚室消毒灯、消雾膜、遮阳网、滴灌等设施配套器材及其应用技术的开发推广，棚室增添了物理封闭阻隔、诱杀和遮阳、降温、避雨、降湿等绿色防控手段，能够有效地控制病虫害的发生和蔓延，实现不用或少用农药，显著提高了设施蔬菜产品的质量安全水平。例如，南方夏秋季节采用防虫网全封闭覆盖生产鸡毛菜，一般不用喷洒农药。采用防虫网全封闭覆盖或用防虫网封闭棚室放风口和门窗，配合播（植）前土壤、棚室消毒，张挂诱虫板，可基本不发生虫害。冬春设施栽培采用消雾膜扣棚、地膜下滴灌，配合适宜高温管理，可使棚室内的光照增加 20%～30%、灌溉用水节约 2/3～3/4，空气湿度大幅度降低，能够有效抑制病害的发生。

（三）设施蔬菜产业发展存在的问题

我国的设施蔬菜产业在"十三五"期间得到了飞速发展，设施栽培面积一直位于世界之首。但客观地分析，迄今为止我国的设施蔬菜产业只是栽培面积和产量的扩展，而在科技含量、单位面积产量和产品品质上同发达国家存在一定的差距。从一定意义上讲，我国是一个设施蔬菜产业大国，但不是强国。我国设施蔬菜产业发展主要存在以下几个问题。

1. 缺乏科学规划引导

我国的设施蔬菜规模居首，但缺乏科学规划引导，发展方向不明确，政策扶持和投资引导重点不突出，致使各地发展设施蔬菜产业随意性大，设施功能和市场定位不准，设施类型、栽培作物、季节茬口雷同，区域比较优势得不到充分发挥。一些设施蔬菜生产基地也缺乏科学规划设计，田间布局不合理，水电路不配套。生产盲目性、灾害性气候和病虫害暴发导致蔬菜生产供应不稳定。设施的可靠性、产业的规模化、生产的专业化、操作的机械化、环境的可控性和控制的智能化水平有待提升。

2. 设施资源高效利用技术水平低

目前我国设施蔬菜资源利用率低，缺乏配套的资源高效利用和设施蔬菜低碳生产技术，主要表现在能源、水资源、土地资源及劳动力资源等方面。长期以来，设施蔬菜生产为追求高产，药肥投入量大，不但增加成本、降低效益，而且造成产品质量安全与环境污染等问题。设施蔬菜多年连作，大量施用化肥，导致土壤酸化、次生盐渍化、土传病害加重等连作障碍问题频发；化肥养分流失加重了水体污染；作物病残体及农药包装废弃物等随意丢弃造成了环境污染。此外，设施蔬菜生产中病虫害高发、农药使用频繁的问题依旧没有得到有效解决，对产品质量安全构成威胁，应引起高度重视。

3. 机械化程度低，劳动力短缺

目前基层设施蔬菜生产专业技术人才严重匮乏，农村青壮年劳动力大量流失，劳动力成本占比逐年提高。调查显示，目前劳动力成本占蔬菜生产总成本的50%以上，严重制约设施蔬菜规模化发展。另外，我国设施蔬菜各生产环节机械化程度均偏低，设施耕整地多采用常规大田耕作机具，效率不高；蔬菜精量直播机械化还处于起步阶段；移栽仍以人工移栽或半自动移栽机移栽为主；果菜类蔬菜植株调整仍以人工操作为主；大部分设施蔬菜尚未实现机械化采收。因此，推进设施蔬菜轻简化生产，提高机械化程度，降低劳动力成本刻不容缓。

2023年中央一号文件指出：加快先进农机研发推广。加紧研发大型智能农机装备、丘陵山区适用小型机械和园艺机械。支持北斗智能监测终端及辅助驾驶系统集成应用。完善农机购置与应用补贴政策，探索与作业量挂钩的补贴办法。我国设施种植机械化已从起步阶段转入加快发展的新阶段，但距产业需求还有较大差距，是全程全面、高质高效农机化发展中薄弱且分量很重的一个短板，亟须补齐。

我国设施种植机械化在当前或今后一个较长时期内，仍会普遍存在"无机可用、无好机用、有机难用"（即所谓"三机并存"）的现象。这是以蔬菜为代表的设施种植的特殊性、复杂性等原因所决定的。关于"无机可用"，在蔬菜生长过程中的整枝、打叶，一些果实的采摘，等等，因为作业对象的差异性、作业要求的精准性等因素，对机器替代人工作业提出了很大的挑战，不可能短期内解决。此外，当前我国在对秧苗适应性好的自动移栽、快速移栽机械，对多品种蔬菜适应性好的低损高效收获机械等方面还有很多空白需要填补。关于"无好机用"，近十年来，我国蔬菜生产机械研发、制造有了长足进步，在蔬菜耕、种、管、收，以及收获后预处理和加工等环节，都有很多国产机具在推广应用。但客观来讲，很多国产蔬菜装备在作业质量、作业效率、性能稳定性、使用寿命等方面与国外机具相比还存在较大差距，需要进一步提升装备制造质量。关于"有机难用"，相对而言，现阶段该问题在我国表现得更为突出。一方面因为设施宜机化、种植规范化方面存在很多制约因素，造成机器不配套、进不了棚、下不了地。另一方面因为机手队伍不稳定、素质差，专业化、社会化服务机制不健全等因素，造成机具闲置用不上、不会用，或者机器维保难、修理难等情况。

4. 各地设施蔬菜产业发展不均衡

我国设施蔬菜优势产区已基本形成，但各地仍将发展设施蔬菜产业作为农业现代化和农村产业振兴的重要手段，部分地区设施面积仍继续扩大，同质化现象日益加重；部分地区设施蔬菜产业结构不合理，盲目追求高投资、大规模的产业发展模式，难以可持续发展。近年来，在劳动力和生产资料成本增加的同时，我国蔬菜价格波动加剧，种菜效益不稳定甚至下滑，降低了农民种菜的积极性。

5. 设施蔬菜产品安全质量亟待提高

人们对蔬菜的需求已由高产量向高品质、多样化方向发展。设施蔬菜总产量充足，但季节性过剩造成的"菜贱伤农"现象时有发生；设施蔬菜品质亟待提高，如大小、色泽、整齐度等外观品质和糖度、维生素、风味物质等内在品质与发达国家及人们对优质安全蔬菜的需求有差距；设施蔬菜产品质量安全追溯等制度不健全，标准化生产仍难以实现。棚室环境中具有温差大、高湿和弱光等特点，造成病虫害大量发生，致使农药使用过量，防治的药剂不合理施用，严重影响蔬菜质量和生态环境。有些温室蔬菜生产者单纯追求产量，盲目过量施用化肥，重茬连作，养分利用率仅为 10%～20%。随着设施作物栽培年限的增加，引起土壤微生物种群的改变、土壤结构的破坏和次生盐渍化及养分障碍的发生，造成土壤质量退化。

6. 设施连作障碍日益加剧

过量施肥加剧设施蔬菜连作障碍的问题在我国日益严重。土壤连作障碍主要表现为土壤酸化、次生盐渍化、养分和生态失衡、重金属及其他有害物质积累、病虫害严重。设施栽培中特殊的高肥、大水、高温、高湿且少淋洗环境，致使大部分盐分表聚化，长期连作及偏高的复种指数，造成设施栽培土壤中过量的根系分泌物、植株残体和残茬腐解物等自毒物质（如醌类、苯甲酸及其衍生物、肉桂酸及其衍生物、香豆素类等）的累积，加剧了连作障碍的形成。自毒物质不但具有种间抑制性，而且对作物自身的种子萌发、幼苗生长、根系养分吸收等具有一定的抑制效果。设施蔬菜的高强度种植、单一作物连作、养分管理不合理是设施连作土壤养分失衡的主要因素。一些重点设施蔬菜生产地区，土壤 pH 值已降至 5 以下，钙、镁、硫、硼、铝等中微量元素缺乏引起的脐腐、顶腐、缩果、茎裂、花而不实等生理病害呈多发态势；青枯病、枯萎病等土传病害越来越严重；土壤盐分含量比露地菜田盐分含量高数倍甚至 10 倍以上；植物营养失调，生长不良，诱发多种侵染性病害。

7. 冬春生产安全隐患大

设施蔬菜冬春生产的安全隐患主要体现在 4 个方面。一是盲目追求超大型棚室。有的地方出现了跨度 12m 以上、长度为 100～150m、墙体底部厚度为 4～7m 的"巨型温室"和跨度为 30～50m、长度为 100m 的"巨型大棚"。这类超长、超宽的"巨型"棚室，高跨比不合理，不但采光性能不佳，而且抗风雪灾害的能力极差，用作冬春生产设施安全隐患很大。二是棚室修缮更新不及时。建材老化、保温结构残缺不全，抗灾、保温能力衰减严重，遇大雪极易垮塌。三是采光保温设计建造不科学。目前已投入生产的节能日光温室采光角度偏小，后屋面投影偏窄或偏薄及材料结构不合理，墙体偏薄或建材选用和结构不合理，导致冷害、冻害时有发生。四是高指标和高额全覆盖农业补贴催生了一批低劣棚室。棚室环境的低温高湿状况致使霜霉病、灰霉病、叶霉病、早疫病等低温高湿病害在我国设施蔬菜生产上呈多发趋重态势。

另外，我国设施蔬菜生产存在单位面积产量与发达国家的差距日益明显、蔬菜产品采后处理能力与产品质量有待提高、经济效益不高、品牌意识不浓、设施蔬菜科技投入不足、科技推广体系有待完善、家庭经营组织化程度低等问题。

（四）设施蔬菜产业发展对策

1. 加强科学规划引导

2023 年，农业农村部联合国家发展和改革委员会、财政部、自然资源部制定印发《全国现代设施农业建设规划（2023—2030 年）》，这是我国出台的第一部现代设施农业建设规划，对促进设施农业（尤其是设施蔬菜产业发展）具有重要指导意义。这个规划以习近平新时代中国特色社会主义思想为指导，坚持以稳产保供和满足市场多样化、优质化消费需求为目标，以优化现代设施蔬菜布局、适度扩大规模、升级改造老旧设施为重点，以提高光热水土等农业资源利用率和要素投入产出率为核心，以强化技术装备升级和现代科技支撑为关键，持续提升现代设施蔬菜集约化、标准化、机械化、绿色化、数字化水平，构建布局科学、用地节约、智慧高效、绿色安全、保障有力的现代设施蔬菜产业发展格局，为拓展食物来源、保障粮食和重要农产品稳定安全供给提供有力支持。

把节能日光温室和塑料大棚作为我国的主要园艺设施，根据全国农业气候资源分布特点，按照各地的目标市场、交通运输状况、经济社会发展程度和发展设施园艺生产在全国园艺产品周年均衡供应中的地位和作用，研究制定区域设施蔬菜产业发展规划。北方重点研究节能日光温室的规划布局，冬春日照百分率≥50%、最低气温不低于-20℃的地区，以喜温园艺作物反季节栽培为主，其中黄土高原、青藏高原以反季节优质瓜果生产为主；冬春日照百分率≥50%、最低气温低于-20℃的地区，以发展果菜类提前、延后和越夏长季节栽培为主。长江流域以发展大棚防寒保温遮阳避雨栽培为主。在华南地区，冬季以扩大昼夜温差为主要目的，发展冬季塑料大棚优质瓜果生产；夏季以遮阳避雨为主要目的，发展简易遮阳网覆盖栽培。

2. 提高生产者的素质，实现设施蔬菜无公害、标准化生产

将最新的科研成果转化为蔬菜生产者易接受、好掌握的技术和模式，更新蔬菜生产者观念、改变其传统习惯。推广设施蔬菜无公害、标准化生产技术。优化北方日光温室和南方塑料大棚结构，提高环境智能化控制水平，完善北方设施蔬菜长季节栽培技术及南方避雨栽培、遮阳网和防虫网栽培技术，发展环境友好型蔬菜安全生产模式，推广应用生物防治技术、水肥一体化供应技术、二氧化碳施肥技术和抗逆诱导技术等，提高单位面积产量和质量，减少肥料和农药投入，实现真正意义上的标准化生产。

3. 病虫害综合防治

1）在生产上尽量选用抗病品种。加强对品种特性的选择，注重优势区域主要茬口对品种适应性的特殊要求。例如，越冬长季节栽培的果菜类，要特别加强对耐低温、耐弱光性状的选择。优先示范推广对当地主要蔬菜病害具有高抗、多抗或定向免疫的新品种。

2）要预防低温高湿病害。低温高湿病害指棚室内夜温偏低、空气湿度达到过饱和，导致作物茎叶表面结露形成露珠或水膜，病菌孢子借助露珠和水膜萌发侵染。防治的关键是要将棚室气温控制在露点温度以上。防治重点立足于提高棚室夜温，防止露点温度的出现或有效推迟其出现的时间。主要措施有选用防（消、减）雾型多功能复合膜，尽早扣膜，冬前蓄热。冬季白天适宜高温管理多蓄热，夜间加强保温覆盖，地面实行地膜或秸秆全覆盖，采用膜下滴灌或暗灌，必要时进行人工加温。

3）综合治理连作障碍。一是推广测土配方施肥，按照推荐的配方进行施肥，不要过度施肥，每亩底肥施入量要控制在 5m³ 以下，当土壤 EC 值达到栽培作物发生生理障碍临界点时停止施肥。二是坚持合理轮作，定期与玉米等大田作物轮作，有条件的定期实行水旱轮作。三是坚持施用生物有机肥或利用夏季休闲期种植苏丹草、甜玉米、豆科作物等，对土壤进行生物修复。四是利用夏季进行高温闷棚或采用热水灌注法进行土壤消毒。五是采用嫁接换根及其他健康栽培措施，增强蔬菜作物的抗性。六是增施禾本科秸秆肥，提升土壤有机质含量，增强土壤缓冲性能。

4. 发展轻简增效设施蔬菜

一是加快推进节能日光温室现代化，包括按照简化建造工艺、便于机械化作业、提高土地利用率、应急补温等思路改善结构，研发推广中国特色温室环境调控技术装备等；二是加快适用于棚室农事作业机械的研制和选型配套，并纳入国家农机购置补贴范围；三是推进棚室少免耕及水肥一体化补给系统的开发推广；四是积极完善、大力推广集约化育苗装备与配套技术。

5. 提高农民组织化程度

积极引导扶持组建农民合作社，或专业协会，或股份合作制经济组织，实现有组织、有计划地面向市场发展设施蔬菜生产。推进农村人力资源和耕地资源的市场化配置，促进土地使用权按其使用价值依法有偿流转，达到人尽其才、地尽其力，提高农民的组织化程度和参与市场竞争能力。

6. 加强技术推广服务

设立专项经费，支持科技人员深入一线开展设施蔬菜作物生产的技术集成创新、展示示范、进村入户指导培训等推广活动。适度发展专业化、集约化、规模化和机械化生产，提高经营规模和生产效益，通过建设园艺标准园和农业科技示范园等，带动科技成果的普及与推广，改变我国设施蔬菜生产的增长方式。

7. 强化技术设施投入，加大品牌宣传推广力度，防范市场风险

加强设施蔬菜产业基础设施投入，强化产业信息系统建设，提高抵御灾害与市场变化风险的能力；提高蔬菜采后处理与冷链流通技术，发展产品溯源技术，保障产品质量与安全。帮助企业和农户参加各种保险，建立多渠道、多层次、多元化的风险防范机制；同时，加快市场信息服务和专业合作经济组织建设，为企业和农民提供技术、资金、销售等方面的服务。

8. 强化冬春安全生产

根据已有的园艺设施标准，制定完善的设施蔬菜标准体系框架。认真做好科学规划工作，按照产地环境条件优良、目标市场明确、区位优势显著和气候适宜等进行统筹规划布局；按照构架坚固、性能优越、造价合理的要求和国家（行业）标准规划设计当地的设施蔬菜产业；规划设计完成后，应组织业内专家评审，并按照评审专家提出的意见修改完善后组织实施。通过实行有差别的财政补贴政策，鼓励发展优型棚室，减少"巨型"棚室和低劣棚室，促进设施蔬菜生产者按照安全使用限期进行棚室修缮更新，最大限度地消除设施蔬菜生产隐患。

四、蔬菜生产基地设施蔬菜生产岗位责任

蔬菜生产基地设施蔬菜生产岗位主要有基地经理、经理助理（兼仓库管理员）、基地种植技术员、蔬菜加工技术员（兼统计员）等。

（一）基地经理工作职责

1）基地经理受公司主管基地副总经理（或总经理）的领导，负责生产基地的全面工作，并向主管基地副总经理（或总经理）负责。

2）负责组织蔬菜生产基地的生产、督促生产计划的安排及落实，掌握各片区和大棚的产量情况，并做出适当的工作安排。

3）掌握财务收支状况，控制生产成本，提高经济效益，完成上级领导下达的各项任务。

4）负责蔬菜生产基地的人员管理工作，经常组织员工学习蔬菜种植技术，努力提高基地的人员素质和技术水平。

5）做好蔬菜生产基地周边环境的治理，抓好安全生产，为蔬菜生产基地的生产创造良好的环境。

6）组织好蔬菜生产基地的各项工作，督促检查基地及各蔬菜大棚和露天作业区的卫生及安全工作。

（二）经理助理（兼仓库管理员）工作职责

1）在基地经理的领导下，常驻基地全面负责基地工作的安排部署和实施检查。

2）向基地经理定期或不定期汇报基地工作进展，组织召开基地月度工作会议。

3）及时妥善处理基地突发事件，确保基地工作平稳有序开展，并及时向基地经理汇报。

4）积极协调基地与当地政府及群众的关系，对产生的矛盾及纠纷及时妥善处理，并及时向基地经理汇报。

5）工作量化指标：每天必须前往各片区检查工作并做工作记录，以存档备查。

6）负责按公司蔬菜储藏技术规范对蔬菜产品仓库进行严格管理。

7）负责按公司蔬菜基地农资仓库管理制度对农资仓库进行严格管理。

8）协助基地经理编制基地发展规划及做好其他事宜。

（三）基地种植技术员工作职责

1）基地种植技术员在基地经理的领导下，负责基地蔬菜生产技术的指导和实施。

2）有计划、有重点地观察各种蔬菜的生长规律及特点，根据实际情况及时制订出适当的园艺措施并付诸实施，同时指导蔬菜种植员科学管理基地的各项工作，有效解决蔬菜种植中遇到的困难。

3）每天对每个蔬菜大棚及露天作业区观察一次，及时对植株的生长状况进行了解，并对观察到的情况进行整理，制订日报表交于统计员，由统计员输入计算机后进行记录和保存。

4）指导蔬菜种植员防治蔬菜生长过程中发生的病虫害，做好各品种种植前的消毒工作，定期给蔬菜种植员传授蔬菜种植的基础知识和实用技术。

5）配合经理助理做好蔬菜种植资料的总结和积累工作，月底进行总结，上报经理助理并备案。

6）完成基地领导交给的其他任务，积极参加基地组织的集体活动。

（四）蔬菜加工技术员（兼统计员）工作职责

1）负责按企业蔬菜的整理和清洗规定管理好有机蔬菜的整理和清洗工作。

2）负责按企业蔬菜的分级标准管理好有机蔬菜的分类、分级工作。

3）负责按企业蔬菜基地产品的标识、包装、储存制度做好有机蔬菜的包装工作。

4）负责基地的数据统计和记录管理等工作，对各个蔬菜大棚及露天作业区上报的田间日常园艺操作和农药、肥料的使用情况进行汇总和整理，并做成日报表和月报表进行分析，做出每个蔬菜大棚及露天作业区的每个指标的日变化曲线图，以利于日后的分析和总结。需要分析的指标包括温度、湿度、揭盖保温被和遮阳膜的时间。

5）对蔬菜的日常园艺操作进行整理、记录和统计，其中包括：①发生的病、虫、草害名称，使用农药的名称、剂型、数量、用药方法、时间及农药进货凭证等；②生长期间分次所用肥料（包括底肥、叶面肥、植物生长调节剂等）的名称、数量、施用方法、施用时间及肥料进货凭证等；③产品分期分批采收时间、采收数量、出库数量等情况的统计；④农资和蔬菜的入库、出库等记录。

6）为每个蔬菜大棚及露天作业区设立档案，将每月的田间档案记录整理成册，保存到档案袋。

7）将所有的片区和单个日光温室的档案进行汇总，形成整个蔬菜基地的年档案，保存到文件柜，保存期限为5年以上。

8）将整理的数据资料输入计算机，进行统一的管理，每天由经理助理进行审查。

9）加强田间档案记录整理工作，每周向基地经理汇报一次工作。

10）完成上级领导交付的其他任务，并积极参加基地组织的集体活动。

思考与讨论

1. 设施蔬菜对蔬菜生产的重要意义有哪些？

2. 设施蔬菜所面临的问题及其对策有哪些？

3. 蔬菜种植技术员的职责有哪些？

模 块

设施蔬菜生产基础

设施蔬菜的基础知识是从事设施蔬菜生产的重要基础。本模块的学习内容主要有蔬菜的分类及认知和设施蔬菜生产设备等，介绍合理运用塑料大棚、日光温室、现代化温室开展设施蔬菜生产的方法。通过学习本模块知识，掌握设施蔬菜生产的环境特点，学会根据蔬菜生产的要求对环境条件进行调控。

【学习导航】

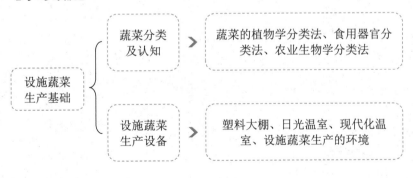

蔬菜分类及认知

【核心概念】

　　蔬菜的分类是指运用植物学分类法、食用器官分类法和农业生物学分类法等，将众多蔬菜品种进行归类划分的方式，并运用于指导蔬菜生产。

【学习目标】

1. 掌握蔬菜的分类方法。
2. 能识别主要的蔬菜种类。
3. 能根据当地条件和设施条件选择合适的蔬菜栽培种类。

　　蔬菜是人类生活中重要的食品之一，在人们的膳食结构中占有极为重要的地位。随着社会经济发展和人口不断增多，以及人民生活水平不断提高，人们对蔬菜的需求量不断增加，同时对蔬菜的品种、品质及供应时期的要求更加多样化。

知识准备　蔬菜的分类方法

　　蔬菜作物种类繁多。据统计，世界范围内的蔬菜共有 200 多种，在同一类中，还有许多变种，每一变种中又有许多品种。在设施蔬菜生产中可以灵活运用 3 种不同的蔬菜分类方法，根据设施类型、生产季节选择不同的蔬菜进行种植。

蔬菜的分类

一、植物学分类法

　　植物学分类法是依照植物自然进化系统，按照科、属、种和变种进行分类的方法。采用植物学分类法可以明确科、属、种间在形态、生理上的关系，以及在遗传学、系统进化上的亲缘关系，对于蔬菜的轮作倒茬、病虫害防治、种子繁育和栽培管理等有较好的指导作用。常见蔬菜按科分类如下。

1. 单子叶植物

1）禾本科（Gramineae）：毛竹笋、麻竹、菜玉米、茭白。

2）百合科（Liliaceae）：黄花菜、百合、洋葱、韭葱、蒜、葱。

3）天南星科（Araceae）：芋、魔芋。

4）薯蓣科（Dioscoreaceae）：薯蓣。

5）姜科（Zingiberaceae）：姜。

2. 双子叶植物

1）藜科（Chenopodiaceae）：菠菜。

2）落葵科（Basellaceae）：落葵。

3）苋科（Amaranthaceae）：苋。

4）睡莲科（Nymphaeaceae）：莲藕、芡实。

5）十字花科（Cruciferae）：萝卜、芜菁、白花甘蓝、野甘蓝、抱子甘蓝、羽衣甘蓝、花椰菜、白菜、芥菜、辣根、豆瓣菜、荠菜。

6）豆科（Leguminosae）：豆薯、菜豆、豌豆、蚕豆、豇豆、大豆、扁豆、刀豆、苜蓿。

7）伞形科（Umbelliferae）：旱芹、水芹、芫荽、胡萝卜、茴香、防风。

8）旋花科（Convolvulaceae）：蕹菜。

9）唇形科（Labiatae）：薄荷、荆芥、罗勒。

10）茄科（Solanaceae）：马铃薯、茄子、番茄、辣椒、香瓜茄、酸浆。

11）葫芦科（Cucurbitaceae）：黄瓜、甜瓜、南瓜（中国南瓜）、笋瓜（印度南瓜）、西葫芦（美洲南瓜）、西瓜、冬瓜、葫芦、广东丝瓜、苦瓜、蛇瓜。

12）菊科（Compositae）：莴苣（莴笋、长叶莴苣、皱叶莴苣、结球莴苣）、茼蒿、菊芋、牛蒡、菜蓟。

13）锦葵科（Malvaceae）：秋葵、冬葵。

14）楝科（Meliaceae）：香椿。

二、食用器官分类法

按照食用部分的器官形态，可将蔬菜作物分为根、茎、叶、花、果5类。食用器官分类法的特点是同一类蔬菜的食用器官相同，可以了解彼此在形态及生理上的关系。凡食用器官相同的，其栽培方法及生物学特性也大体相同。

1. 根菜类

1）肉质根类：以肥大的肉质直根为产品，如萝卜、芜菁、胡萝卜、根恭菜、根芥菜等。

2）块根类：以肥大的不定根或侧根为产品，如豆薯。

2. 茎菜类

1）肉质茎类（肥茎类）：以肥大的地上茎为产品，如莴笋、茭白、茎用芥菜、球茎甘蓝等。

2）嫩茎类：以萌发的嫩茎为产品，如芦笋、竹笋等。

3）块茎类：以肥大的地下块茎为产品，如马铃薯、菊芋、草石蚕等。

4）根茎类：以肥大的地下根茎为产品，如生姜、莲藕等。

5）球茎类：以地下的球茎为产品，如慈姑、芋等。

6）鳞茎类：以肥大的鳞茎为产品，如洋葱、大蒜、薤等。

3. 叶菜类

1）普通散叶菜类：以鲜嫩翠绿的叶或叶丛为产品，如小白菜、乌塌菜、茼蒿、菠菜等。

2）香辛叶菜类：有香辛味的叶菜，如大葱、分葱、韭菜、芹菜、芫荽、茴香等。

3）结球叶菜类：以肥大的叶球为产品，如大白菜、结球甘蓝、结球莴苣、抱子甘蓝等。

4. 花菜类

1）花器类：如黄花菜、朝鲜蓟等。

2）花枝类：如花椰菜、青花菜、菜薹等。

5. 果菜类

1）瓠果类：以下位子房和花托发育而成的果实为产品，如黄瓜、南瓜、西瓜等瓜类蔬菜。

2）浆果类：以胎座发达且充满汁液的果实为产品，如茄子、番茄、辣椒等。

3）荚果类：以脆嫩荚果或其豆粒为产品的豆类蔬菜，如菜豆、豇豆、蚕豆等。

4）杂果类：主要指菜玉米、菱角等除瓠果类、浆果类、荚果类以外的果菜类蔬菜。

三、农业生物学分类法

农业生物学分类法系以蔬菜的农业生物学特性作为分类的根据，综合了植物学分类法和食用器官分类法的优点，能够满足生产上的要求。具体分类如下。

1. 根菜类

根菜类包括萝卜、胡萝卜、根芥菜、芜菁甘蓝、芜菁、根恭菜等，以其膨大的直根为食用器官，生长期间喜冷凉气候。在生长的第一年形成肉质根，储藏大量的水分和糖分，到第二年开花结实。在低温下通过春化阶段，在长日照下通过光照阶段。根菜类均用种子繁殖，其生长要求疏松而深厚的土壤。

2. 白菜类

白菜类包括白菜、芥菜及甘蓝等，以柔嫩的叶丛或叶球为食用器官，喜冷凉、湿润气候，对水肥要求高，高温干旱条件下生长不良。白菜类多为二年生植物，均用种子繁殖，第一年形成叶丛或叶球，第二年才抽薹开花。在栽培上，除采收花球及菜薹（花茎）外，还要避免先期抽薹。

3. 绿叶菜类

绿叶菜类包括莴苣、芹菜、菠菜、茼蒿、苋菜、蕹菜、落葵等，以幼嫩的绿叶或嫩茎为食用器官。其中的蕹菜、落葵等能耐炎热，而莴苣、芹菜则好冷凉。由于它们大多植株矮小、生长迅速，要求不断地供应土壤水分及氮肥，常与高秆作物进行间、套作。

4. 葱蒜类

葱蒜类包括洋葱、大蒜、韭菜、大葱、分葱等，其叶鞘基部能形成鳞茎，因此又叫鳞茎类。其中的洋葱及大蒜的叶鞘基部可以发育成为膨大的鳞茎；而韭菜、大葱、分葱等的叶鞘基部则不是特别膨大。葱蒜类性耐寒，主要栽培季节为春秋两季；在长日照下形成鳞茎，而要求低温通过春化；可采用种子繁殖（如洋葱、大葱等），亦可采用营养繁殖（如大蒜、分葱及韭菜等）。

5. 茄果类

茄果类包括茄子、番茄及辣椒。这3种蔬菜在生物学特性和栽培技术上很相似。茄果类不耐寒冷，它的生长要求肥沃的土壤及较高的温度，但对日照长短要求不严格。

6. 瓜类

瓜类包括南瓜、黄瓜、西瓜、甜瓜、瓠瓜、冬瓜、丝瓜、苦瓜等。瓜类为茎蔓性植物，雌雄异花同株，要求较高的温度及充足的阳光。尤其是西瓜和甜瓜，适合生长于昼热夜凉的大陆性气候及排水良好的土壤中。

7. 豆类

豆类包括菜豆、豇豆、毛豆、刀豆、扁豆、豌豆及蚕豆，多以新鲜的种子及豆荚为食用器官。除豌豆及蚕豆要求冷凉气候外，其他豆类都要求温暖的环境。豆类具根瘤，在根瘤菌的作用下可以固定空气中的氮素。

8. 薯芋类

薯芋类包括山药、芋等，以地下块根或地下块茎为食用器官。产品内富含淀粉，较耐储藏。薯芋类均采用营养繁殖。

9. 水生蔬菜

水生蔬菜包括藕、茭白、慈姑、荸荠、菱、芡实和水芹等生长在沼泽地区的蔬菜。它们在植物学分类上分属于不同的科，均喜欢较高的温度及肥沃的土壤，要求在浅水中生长。除菱和芡实采用种子繁殖外，其他的水生蔬菜采用营养繁殖。

10. 多年生蔬菜和杂类蔬菜

多年生蔬菜包括竹笋、黄花菜、芦笋、香椿、百合等，一次繁殖以后，可以连续采收数年。杂类蔬菜包括菜玉米、黄秋葵、芽苗类和野生蔬菜。

工作任务　制订蔬菜种植规划并对蔬菜进行分类

▎**任务描述**　　某蔬菜生产基地种植多种蔬菜，运用蔬菜分类方法对蔬菜进行分类。通过对当地气候条件的了解，结合市场需求变化，为蔬菜生产基地制订科学可行的蔬菜种植规划，选择合适的蔬菜种类。

▎**任务目标**　1. 认识蔬菜并进行分类。
　　　　　　　2. 初步学会制定蔬菜种植规划，根据当地条件和设施条件选择合适的蔬菜栽培种类。

▎相关知识

蔬菜种类多、生产季节性强。在教师的带领下，参观多个蔬菜生产基地，认识蔬菜并尝试按照不同的分类方法对其进行分类。

为做好蔬菜生产基地建设管理工作，需要制定蔬菜种植规划。在制定年度蔬菜种植规划时，应充分考虑当地的生产条件、设施条件，蔬菜种植的种类或品种，劳动力的供给状况，技术难易程度，市场的需求预测，等等，以此确定蔬菜的种植面积、种植茬口等。若采用新的种植方式或引进新的蔬菜种类或品种，则应注意地区的气候条件差异和当地的消费习惯，在小面积试种取得成功的基础上再逐步发展。

蔬菜茬口安排比较复杂。因此在制定蔬菜种植规划时，应充分利用本地区的有效生产季节，注意与前后茬的衔接时间，同时注意合理倒茬，避免同类蔬菜连作，以减轻病虫害的传播和侵染。选择蔬菜种类时，注重选择适宜本地条件种植的优良品种。

▌任务实施

根据所学内容，查阅相关资料，按照农业生物学特性对蔬菜进行分类，并填写表 1-1。

表 1-1　蔬菜农业生物学特性及种类名称和食用器官

序号	农业生物学特性	种类名称和食用器官
1	在生长的第一年形成肉质根，储藏大量的水分和糖分，到第二年开花结实；在低温条件下通过春化阶段，在长日照条件下通过光照阶段；均采用种子繁殖，要求疏松而深厚的土壤	
2	二年生植物，均采用种子繁殖，第一年形成叶丛或叶球，第二年才抽薹开花。在栽培上，除采收花球及菜薹（花茎）外，还要避免先期抽薹	
3	植株矮小，生长迅速，要求不断地供应水分及氮肥，常与高秆作物进行间、套作	
4	性耐寒，春秋两季为主要栽培季节；在长日照条件下形成鳞茎，而要求低温通过春化；可采用种子繁殖，亦可采用营养繁殖	
5	要求肥沃的土壤及较高的温度，不耐寒冷，对日照长短要求不严格	
6	茎蔓性植物，雌雄异花同株，要求较高的温度及充足的阳光；适合生长于昼热夜凉的大陆性气候及排水良好的土壤中	
7	大部分要求温暖的环境；具根瘤，在根瘤菌的作用下可以固定空气中的氮素	
8	产品内富含淀粉，较耐储藏，均采用营养繁殖	
9	在植物学上分属于不同的科，均喜较高的温度及肥沃的土壤，要求在浅水中生长；大部分采用营养繁殖	

综 合 评 价

综合评价以自我评价和小组评价相结合的方式进行，指导教师（或师傅）根据考核评价和学生学习成果进行综合评价。

1. 根据任务完成情况，检查任务完成质量。

2. 归纳总结蔬菜的分类方法及主要栽培种类。

3. 根据种植基地的需求和生产目标，尝试编制蔬菜生产基地的种植规划书。

蔬菜分类及认知考核评价表如表 1-2 所示。

表 1-2 蔬菜分类及认知考核评价表

班级： 第（ ）小组 姓名： 时间：

评价模块	评价内容	分值	自我评价	小组评价
理论知识	1. 了解植物学分类法	10		
	2. 了解食用器官分类法	10		
	3. 了解农业生物学分类法	10		
操作技能	1. 能识别根菜类、茎菜类、叶菜类、花菜类、果菜类蔬菜	20		
	2. 能根据农业生物学特性选择蔬菜种植的种类	20		
	3. 会编制蔬菜种植规划书	20		
职业素养	1. 以人为本，具有绿色蔬菜产品生产的理念	5		
	2. 团队合作，具有精益求精的职业精神	5		

综合评价：

指导教师（或师傅）签字：

工作领域 2

设施蔬菜生产设备

【核心概念】

设施蔬菜生产设备指在人工控制的环境条件下，对蔬菜进行种植、管理、收获等环节所使用的一系列机械设备和工具。通常分为环境控制类、灌溉系统类、种植类、田间管理类、收获和加工类、智能控制类等。

【学习目标】

1. 认识蔬菜设施生产使用的设备。

2. 掌握设施内光照、温度、湿度、土壤和气体的特点。

3. 根据蔬菜设施生产对环境条件的要求学会对光照、温度和湿度进行调节。

设施蔬菜生产设备能够帮助蔬菜生产者实现周年连续生产，达到改善生产条件，提高生产效率，保障产品质量，降低劳动力成本的目的。通过精确控制生产过程，可以减少对环境的污染，实现农业的可持续发展。

知识准备 设施蔬菜生产设备的类型与环境

一、塑料大棚

塑料大棚简称大棚，常指不用砖石结构围护，只以竹木、水泥或钢材等杆材做骨架，在其表面覆盖透明塑料薄膜、跨度在 6m 以上的大型栽培设施。塑料大棚一般占地 300m² 以上。与温室相比，塑料大棚具有结构简单、建造和拆装方便、使用寿命长、空间大、作业方便、便于环境调控和利于作物生长的优点；与露地蔬菜生产相比，塑料大棚蔬菜生产具有较强的抗灾能力，可提早或延迟栽培，增产增收效果明显。塑料大棚栽培生产风险小，产品上市可与日光温室错开，效益显著。

（一）塑料大棚的结构

塑料大棚主要由立柱、拱杆、拉杆（纵向拉梁）、压杆（压膜线）组成，俗称"三杆一柱"，还有薄膜和门窗，其他形式都是在此基础上演化而来的。塑料大棚的棚高一般为2～2.5m，连栋大棚棚高可超过3m，跨度为8～14m，长度为50～100m，是生产上广泛应用的一种保护设施。悬梁吊柱式竹木结构大棚示意图如图1-1所示。

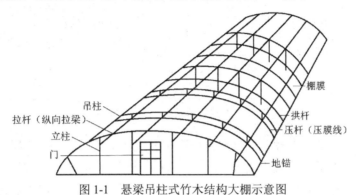

图1-1 悬梁吊柱式竹木结构大棚示意图

（资料来源：张福墁，2001. 设施园艺学[M]. 北京：中国农业大学出版社.）

（二）塑料大棚的类型

塑料大棚按棚顶形状可以分为拱圆形大棚和屋脊形大棚，我国多数为拱圆形大棚；按骨架材料则可以分为竹木结构大棚、钢架混凝土柱结构大棚、钢架结构大棚、钢竹混合结构大棚等；按连接方式又可以分为单栋大棚、双连栋大棚及多连栋大棚。我国连栋大棚的棚顶多为半拱圆形，少量为屋脊形。

随着现代农业的发展，竹木结构大棚被逐渐淘汰，钢架结构单栋大棚用钢筋或钢管焊接而成，其特点是坚固耐用、无支柱、空间大、透光性好、作业方便，有利于设置内保温，抗风载雪能力强，但一次性投资较大。钢架无柱大棚示意图如图1-2所示。

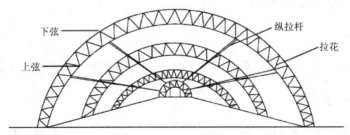

图1-2 钢架无柱大棚示意图

目前，新建的大棚主要以装配式镀锌薄壁钢管大棚为主，一般跨度为6～8m，高度为2.5～3m，长度为30～60m，拱架用两根薄壁镀锌钢管对接弯曲而成，拱架间距为50～60cm，纵向用薄壁镀锌钢管连接。这种大棚用卡具、套管连接棚杆组装成棚体，覆盖薄膜用卡膜槽，还可外加压膜线，以辅助固定薄膜；两侧附有手动式卷膜器，取代人工扒缝放风。这种大棚除具有重量轻、强度好、耐锈蚀、中间无柱、采光好和作业方便等优点外，还可根据需要自由拆装，移动位置，改善土壤环境，同时其结构规范标准，可大批量工厂化生产。装配式镀锌薄壁钢管大棚示意图如图1-3所示。

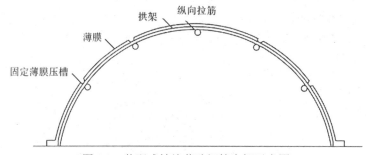

图1-3 装配式镀锌薄壁钢管大棚示意图

无论哪种形式的塑料大棚，一般出入门都留在南侧，薄膜之间连接牢固，接地四周用土压紧，以保持棚内温度，免遭风害。天热时可揭开薄膜通风换气。塑料大棚拆除后，土地仍可继续栽培。对于温度、湿度要求较高的播种、扦插，可在塑料大棚内设置塑料小拱棚，以起到增温保湿的效果。

（三）塑料大棚的建造

1. 建造场地的选择

棚址宜选在背风、向阳、土质肥沃、便于排灌、交通方便的地方。棚内最好有自来水设备。

2. 面积概算

从光、温、水、肥、气等因素综合考虑，单株式大棚面积一般以 300m^2 左右较为有利，大棚的长、宽、高、面积可酌情变动。

3. 方向设置

从光照强度及受光均匀性方面考虑，塑料大棚一般按南北长、东西宽的形式设置。

4. 棚间距离的确定

当集中连片建造大棚，又是单株式结构时，一般两棚之间要保持 2m 以上的距离，前后两排距离要保持 4m 以上。当然，也可依棚高等因素酌情确定。总之，以利于通风、作业和设置排水沟渠，防止前排对后排遮阴为原则。

（四）塑料大棚的应用

塑料大棚多应用于早春育苗、春茬早熟栽培、秋季延后栽培、春到秋长季节栽培等。

二、日光温室

（一）日光温室的结构

日光温室由围护墙体、前屋面和后屋面组成。前屋面采用透明覆盖材料，以太阳辐射能为热源，具有蓄热及保温功能，可在冬春寒冷季节不需人工加温或极少量人工加温的条件下进行蔬菜生产。后屋面的作用是阻止温室的热量散失、防寒保温，其仰角角度非常重要，仰角过大，则不利保温；仰角过小，则不利作物的生长。日光温室具有结构简单、造价较低、节省能源等特点，是我国特有的蔬菜栽培设施。日光温室结构示意图如图 1-4 所示。

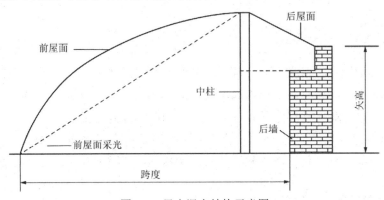

图 1-4 日光温室结构示意图

（二）日光温室的常用类型

在生产上，常用的日光温室有钢竹混合日光温室和钢架无柱日光温室。这两种日光温室的优点是取消了立柱，建材截面小，减少了遮阴部分，室内光照充足，作业方便，又便于利用二层幕或小拱棚进行保温覆盖；缺点是一次性投资大。两种日光温室如图 1-5 和图 1-6 所示。

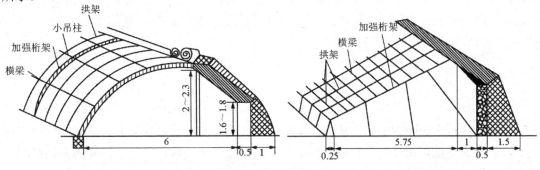

图 1-5 钢竹混合日光温室（单位：m）

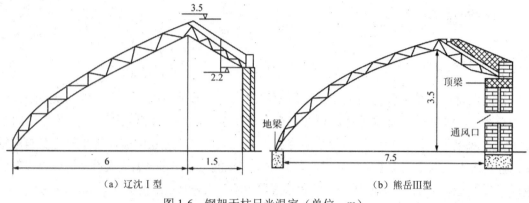

（a）辽沈 I 型 　　　　　　　　　　　　（b）熊岳Ⅲ型

图 1-6　钢架无柱日光温室（单位：m）

（三）日光温室的性能及应用

日光温室的透光率一般为 60%～80%，室内气温可保持在 21～25℃。例如，在北京地区冬季气候条件下，晴天时室内作物冠层上方的光照强度一般可达 20～30klx，12 月上旬至 2 月下旬各旬的平均气温维持在 12～21℃，5～10cm 深处地温的平均值一般保持在 12～15℃。通过选用耐低温抗病品种，选择适宜的播种期，膜下暗灌、渗灌，大量使用有机肥，大温差管理和增施二氧化碳气肥等措施，种植喜温果菜能获得较高的产量。

三、现代化温室

（一）现代化温室的类型和结构

1. 屋脊形连栋温室

屋脊形连栋温室有两种类型，一类是骨架均用矩形钢材、槽钢等制成，经过热浸镀锌防锈蚀处理，具有很好的防锈能力的温室；另一类是门窗、屋顶等为铝合金轻型材料，经抗氧化处理，轻便美观、不生锈、密封性好，并且推拉开启省力的温室。屋脊形连栋温室的覆盖材料主要为平板玻璃和塑料板材。

2. 拱圆形连栋温室

拱圆形连栋温室的透明覆盖材料为塑料薄膜，因为其自重较轻，所以在降雪较少或不降雪的地区，可大量减少结构安装件的数量。这种温室的框架结构比玻璃温室简单，用材量少，建造成本低。拱圆形连栋温室通常采用双层充气薄膜进行保温，但双层充气薄膜的透光率较低，因此在光照弱的地区和季节生产喜光作物时不宜使用。

（二）现代化温室的生产系统

现代化温室的生产系统包括自然通风系统、湿帘降温系统、加温系统、帘幕系统、补光系统、二氧化碳发生系统、灌溉施肥系统和计算机控制系统等。自动控制是现代化温室环境控制的核心技术，可自动测量温室的气候环境和土壤参数，并使温室内配置的所有设备实现优化运行和自动控制，如开窗、加温、降温、加湿、调节光照、灌溉施肥和补充二氧化碳等，创造适合作物生长发育的环境条件。

（三）现代化温室的性能和应用

现代化温室生产面积大，设施内环境实现了计算机自动控制，基本不受自然气候的影响，能周年全天候进行园艺作物生产，是园艺设施的最高级类型。现代化温室建造投资大、运营费用高，在国外多用于蔬菜、花卉的工厂化生产，在国内多用于农业高科技园区的示范性栽培。

四、设施蔬菜生产的环境

设施蔬菜生产是人工控制下的半封闭状态的小环境，其环境条件主要包括光照、温度、湿度、土壤、气体等。另外，天气也会对设施环境造成一定影响。蔬菜作物生长发育的好坏，产品产量和质量的高低，关键在于环境条件对蔬菜生长发育的适宜程度。

（一）光照

光照对设施蔬菜生产起主导作用。一方面，光照是设施主要的热源，光照条件好，透入棚室内的阳光多，温度就高，对蔬菜的光合作用有利。另一方面，光照是蔬菜作物光合作用的能源，光照条件的好坏直接影响蔬菜光合作用的强弱，从而明显影响产量的高低。

1. 设施光照环境特点

（1）光照强度

设施内的光照强度只有自然光照强度的 70%～80%，如果采光设计不科学，则透入的光量会更少，而薄膜用过一段时间后透光率降低，设施内的光照强度将进一步减小。设施内光照强度的日变化和季节变化都与自然光照强度的变化具有同步性。晴天的上午设施内光照强度随太阳高度角的扩大而增大，中午光照最强，下午随太阳高度角的减小而降低，其曲线是对称的。但设施内的光照强度变化较设施外的光照强度变化平缓。

设施内光照强度在空间上分布不均匀。在垂直方向上，越靠近薄膜光照强度越大，向下递减，靠近薄膜处相对光照强度为 80%，距地面 0.5～1m 处相对光照强度为 60%，距地面 20cm 处相对光照强度只有 55%。在水平方向上，南北延长的塑料大棚上午东侧光照强度大，西侧光照强度小，下午则相反，从全天来看，两侧差异不大。东西延长的塑料大棚平均光照强度比南北延长的塑料大棚平均光照强度大，升温快，但南部光照强度明显大于北部光照强度，南北最大可相差 20%。日光温室后屋面水平投影以南是光照强度最大的部位，在 0.5m 以下的空间里，各点的相对光照强度在 60%左右，在南北方向上差异很小。在东西方向上，由于山墙的遮阴作用，东西山墙内侧各有 2m 左右的弱光区。

（2）光照时间

设施内的光照时间主要受纬度、季节、天气情况及防寒保温管理技术等的影响。塑料拱棚为全透明设施，无草苫等外保温设备，见光时间与露地相同，没有调节光照时间长短的功能。日光温室由于冬春季覆盖草苫保温防寒，人为地调整光照时间。

（3）光质

光质即光谱组成。露地栽培阳光直接照在作物上，光的成分一致，不存在光质差异。设施栽培中透明覆盖材料的光学特性可使进入设施内的光质发生变化。例如，玻璃能阻隔紫外线，对 5000nm 和 9000nm 的长波辐射透过率也较低。

2. 设施光照环境的调节控制

（1）优化设计，合理布局

选择四周无遮阴的场地建造温室大棚，并计算好棚室前后左右的间距，避免相互遮光。建造日光温室前进行科学的采光设计，确定最优的方位，以及前屋面采光角、后屋面仰角等与采光有关的设计参数。

（2）选择适宜的建造材料

太阳光投射到骨架等不透明物体上，会在地面上形成阴影。阳光不停地移动，阴影也随着移动和变化。竹木结构日光温室骨架材料的遮阴面积占覆盖面积的 15%～20%，钢架无柱日光温室建造材料强度高、截面小，是最理想的骨架材料。另外，在生产中选用透光率高、防老化的多功能长寿无滴膜是提高设施透光率的重要措施之一。

（3）加强管理

加强管理的内容具体包括：保持薄膜清洁，每年更换新膜；在保证日光温室内温度不受影响的前提下，早揭晚盖草苫，尽量延长光照时间，遇阴天只要室内温度不低于蔬菜适应温度下限，就应揭开草苫，争取见散射光；温室后墙涂成白色或张挂反光幕，地面铺地膜，利用反射光改善温室后部和植株下部的光照条件；采用扩大行距、缩小株距的配置形式，改善行间的透光条件；及时整枝打杈，改插架为吊蔓，减少遮阴；必要时，可利用高压水银灯、白炽灯、荧光灯、阳光灯等进行人工补光。

（4）遮光

炎夏季节设施内光照过强、温度过高时，可通过覆盖遮阳网、无纺布、竹帘等进行遮光降温。

（二）温度

1. 设施气温环境特点

（1）与外界温度的相关性

园艺设施内的温度远远高于外界温度，而且与外界温度有一定的相关性：光照充足的白天，外界温度较高时，设施内温度也高；外界温度较低时，设施内温度也低。但外界温度与设施内温度并不呈正相关，因为设施内的温度主要取决于光照强度。冬季晴天光照充足，即使外界温度很低，设施内温度也能很快升高，并且保持较高的水平；遇到阴天，虽然外界温度并不低，但设施内温度上升量很少。

（2）气温的日变化

太阳辐射的日变化对设施内的气温有极大的影响，晴天时气温变化显著，阴天时气温变化不明显。塑料大棚内的气温在日出之后上升，最高气温出现在 13 时，14 时以后气温开始下降，日落前下降最快，昼夜温差较大。日光温室内最低气温往往出现在揭开草苫前的一小段时间内，揭开草苫后随着太阳辐射增强，气温很快上升，11 时前上升最快，在密闭条件下每小时上升 6～10℃，12 时以后上升趋于缓慢，13 时气温达到最高，13 时以后开始下降，15 时以后下降速度加快，直到覆盖草苫时为止。覆盖草苫后气温回升 1～3℃，之后气温平缓下降，直到第二天早晨。

（3）气温在空间上的分布

设施内的气温在空间上的分布是不均匀的。白天气温在垂直方向上的分布是日射型的，气温随高度的增加而上升；夜间气温在垂直方向上的分布是辐射型的，气温随着高度的增加而降低；8～10 时和 14～16 时是日射型和辐射型的过渡型。在南北延伸的塑料大棚里，气温在水平方向上的分布为上午东部高于西部，下午则相反，温差为1～3℃。夜间，塑料大棚四周气温比中部气温低，一旦开始降温，边沿一带最先发生冻害。日光温室内，气温在水平方向上的分布存在明显的不均匀性。在南北方向上，中柱前 1～2m 处气温最高，向北、向南递减。在高温区水平梯度不大，在前沿和后屋面下变化梯度较大。晴天的白天南部气温高于北部气温，夜间北部气温高于南部气温。日光温室前部昼夜温差大，对作物生长有利；在东西方向上，气温差异较小，靠东西山墙 2m 左右处气温较低，靠近出口一侧气温最低。

（4）逆温现象

温室大棚表面辐射散热很强，有时室内气温反而比外界气温还低，这种现象叫作逆温，一般出现在阴天后、有微风、晴朗的夜间。出现这种现象的原因是白天被加热的地表面和作物在夜间通过覆盖物向外辐射放热，而晴朗无云有微风的夜晚放热更剧烈。另外，在微风的作用下，室外空气可以通过大气逆辐射补充热量，而温室大棚由于覆盖物的阻挡，室内空气得不到这部分补充热量，室温比外界温度还低。10 月至翌年 3 月易发生逆温现象，一般出现在凌晨，日出后棚室迅速升温，逆温消除。逆温时间过长或温度过低会对蔬菜作物生长不利。

2. 设施地温环境特点

设施内的地温不但是蔬菜作物生长发育的重要条件，而且是夜间保持一定温度的热量来源，夜间日光温室内的热量近90%来自土壤的蓄热。

（1）热岛效应

我国北方广大地区，冬季土壤温度下降很快，地表出现冻土层，纬度越高封冻越早，冻土层越深。若日光温室采光、保温设计合理，那么即使室外冻土层深达1m，室内土壤温度也能保持12℃以上，室内从地表到50cm深的地温都有明显的增温效应，但以10cm以上的浅层增温显著，这种增温效应被称为热岛效应。但室内的土壤并未与外界隔绝，室内外土壤温差很大，土壤的热交换是不可避免的。土壤热交换使温室大棚四周与室外交界处的地温不断下降。

（2）地温的变化

日光温室地温的水平分布具有以下特点：5cm土层地温在南北方向上变化比较明显，晴天的白天中部地温最高，向南向北递减，后屋面下地温低于中部地温，但比前沿地带地温高。夜间后屋面下地温最高，向南递减。阴天和夜间地温的变化梯度较小。东西方向上地温差异不大，靠门的一侧变化较大，东西山墙内侧温度最低。在塑料大棚内，无论是白天还是夜间，中部的地温都高于四周的地温。设施内的地温在垂直方向上的分布与外界明显不同。在外界条件下，严冬季节0～50cm深处的地温随深度增加而增加。在设施内，白天上层土壤温度高，下层土壤温度低，地表的地温最高，随深度的增加而递减；夜间以10cm深处的地温最高，向上向下均递减，20cm深处的地温白天与夜间相差不大；阴天，特别是连阴天，下层地温比上层地温高，越是靠近地表地温越低，20cm深处的地温最高。若连阴天时间较长，则会对某些作物造成危害。

3. 设施增温保温措施

（1）采用优型结构，增大透光率

建造温室前进行科学的采光设计，选用遮阴面积小的骨架材料和透光率高的无滴膜，以增加进入室内的光量，使温度升高。

（2）减少贯流放热

热量透过覆盖材料或围护结构而散失的过程叫作设施表面的贯流放热。贯流放热量的大小与设施内外温差、覆盖物的表面积、覆盖物的热导率、对流传热率和辐射传热率有关，还受室外风速大小的影响。风能吹走覆盖材料表面的热空气，使室内热量不断向外贯流散热。钢架无柱日光温室墙体和后屋面均可采用异质复合结构来减少贯流散热：后墙和山墙均砌成夹心墙，中间空隙填充珍珠岩、炉渣或苯板等隔热材料；后屋面先铺一层木板，填充隔热材料，再盖水泥预制板。严寒季节，可在设施内铺地膜，增设小拱棚、二层幕，在设施外覆盖纸被、草苫等来减少贯流放热。同时，在设施外围加设防风设备（防寒沟、防寒土等）也可保温。日光温室的保温措施如图1-7所示。

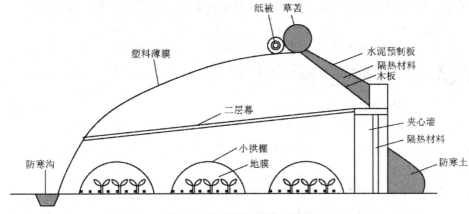

图1-7　日光温室的保温措施

（3）减少缝隙散热

严寒季节，温室内外温差较大，一旦有缝隙，在大温差作用下就会形成强烈的对流热交换，导致大量散热。为了减少缝隙散热，筑墙时应防止出现缝隙，后屋面与后墙交接处要严密，前屋面发现孔洞应及时堵严，进出口应设有作业间，温室门内挂棉门帘，室内用薄膜围成缓冲带，以防止开门时冷风直接吹到作物上。

（4）设防寒沟，减少地中传热

冬春季节，因为温室内外的土壤温差大，土壤横向热传导较快，尤其是前底脚处土壤热量散失最快，所以遇寒流时前底脚的作物容易遭受冻害。因此，对前底脚下的土壤进行隔热处理是必要的。在前底脚外挖50cm深、30cm宽的防寒沟，衬上旧薄膜，装入乱草、马粪、碎秸秆或苯板等热导率低的材料，培土踩实，可以有效阻止地中横向传热。

（5）临时加温

冬季寒流来临前用热风炉、炭火盆等进行临时辅助加温。

4. 设施降温措施

塑料大棚和日光温室冬春季多采用自然通风的方式降温，高温季节除通风外，还可利用遮阳网、无纺布等不透明覆盖物遮光降温。通风方式包括以下3种。

（1）带状通风

带状通风又称扒缝放风。扣膜时预留一条可以开闭的通风带，覆膜时上下两幅薄膜相互重叠30～40cm。通风时，将上幅薄膜扒开，形成通风带。通风量可通过扒缝的大小随意调整。

（2）筒状通风

筒状通风又称烟囱式放风。首先在接近棚顶处开一排直径为30～40cm的圆形孔，然后黏合一些直径比开口稍大、长 50～60cm 的塑料筒，筒顶黏合上一个用 8 号线做成的带十字的铁丝圈。大通风时将筒口用竹竿支起，形成一个个烟囱状通风口；小通风时将筒口下垂；不通风时将筒口扭起。这种通风方式在温室冬季生产中排湿降温效果较好。

（3）底脚通风

底脚通风多用于高温季节，即将底脚围裙揭开，昼夜通风。

关键技术 ┤温室大棚通风降温须遵循的原则├

1. 逐渐加大通风量

通风时，不能一次开启全部通风口，而是先开 1/3 或 1/2，过一段时间后再开启全部通风口。可将温度计挂在设施内几个不同的位置，以决定不同位置通风量大小。

2. 反复多次进行

高效节能日光温室冬季晴天 12 时至 14 时之间室内最高气温可以达到 32℃以上，此时打开通风口，由于外界气温低，温室内外温差过大，常常是通风不足半小时，气温就已下降至 25℃以下，此时应立即关闭通风口，使温室储热增温，当温室内气温再次升到 30℃左右时，重新打开通风口。这种通风管理应重复几次，使温室内气温维持在 23～25℃。反复多次地升温、放风、排湿，可有效地排除温室内的水汽，二氧化碳气体得到多次补充，使温室内气温维持在适宜气温的下限，并能有效地防控病害的发生和蔓延。遇多云天气，更要注意随时观察温度计，气温升高就通风，气温下降就闭风。否则，温室内蔬菜极易受高温高湿危害。

3. 早晨揭苫后不宜立即放风排湿

冬季外界气温低时，早晨揭苫后常看到温室内有大量水雾，若此时立即打开通风口排湿，外界冷空气就会直接进入温室内，加速水汽的凝聚，使水雾更重。因此，冬季日光温室应在外界最低气温达到 0℃以上时再通风排湿。一般开 15～20cm 宽的小缝半小时，即可将温室内的水雾排出。中午再进行多次放风排湿，尽量将温室内的水汽排出，以减少叶面结露。

4. 低温季节不放底风

喜温蔬菜对底风（扫地风）非常敏感，低温季节生产原则上不放底风，以防冷害和病害的发生。

（三）湿度

设施蔬菜生产的水分来源主要包括以下 3 个方面：一是灌溉水，通过人工灌溉维持蔬菜作物整个生长期的需要；二是地下水补给，设施外的降水由于地中渗透，有一部分横向传入设施内，同时地下水上升补给；三是凝结水，蔬菜蒸腾及土壤蒸发散失的水汽先在薄膜内表面凝结成水滴，再落入土壤中，如此循环往复。此外，在循环过程中，通风换气使设施内的潮湿空气流向外部，必然要损失一部分水分。

1. 设施湿度环境特点

（1）空气相对湿度

设施内空气相对湿度较高，叶片易结露，易引起病害的发生和蔓延。设施内空气相对湿度的变化与温度呈负相关，晴天白天随着温度的升高空气相对湿度降低，夜间和阴雨雪天气随着温度的降低空气相对湿度升高。空气相对湿度的大小还与设施空间有关，设施空间大，空气相对湿度小，但往往局部湿度差大，如边缘空气相对湿度的日均值比中央高 10%；设施空间小，空气相对湿度大，而局部湿度差小。空气相对湿度日变化剧烈，对蔬菜作物生长不利，易引起萎蔫和叶面结露。加温或通风换气后，设施内空气相对湿度降低；灌水后，设施内空气相对湿度升高。

（2）土壤湿度

土壤湿度与灌水量、土壤毛细管上升水量、土壤蒸发量及蔬菜作物蒸腾量有密切关系。设施内的土壤蒸发量和植物蒸腾量小，其土壤湿度比设施外土壤湿度高。蒸发和蒸腾产生的水汽在薄膜内表面凝结，顺着棚膜流向大棚的两侧和温室的前底脚，逐渐使设施中部土壤干燥而两侧或前底脚土壤湿润，引起局部湿度差。

2. 设施湿度环境的调节控制

（1）通风排湿

通风是设施排湿的主要措施。可通过调节风口大小、位置和通风时间，达到降低设施内湿度的目的，但通风量不易掌握，而且降湿不均匀。

（2）加温除湿

空气相对湿度与温度呈负相关，升高温度可使空气相对湿度降低。寒冷季节，若设施内出现低温高湿情况，又不能通风，则可利用辅助加温设备提高设施内的温度，以降低空气相对湿度，防止叶面结露。

（3）科学灌水

低温季节（连阴天）不能通风换气时，应尽量控制灌水。灌水最好选在阴天过后的晴天进行，并保证灌水后有 2~3 天的晴天。一天之内，要在上午灌水，利用中午的高温使地温尽快升上来，灌水后要及时通风换气，以降低空气湿度。最好采用滴灌或膜下沟灌，以减少灌水量和蒸发量，降低室内空气相对湿度。

（4）地面覆盖

设施内的地面覆盖地膜、稻草等覆盖物，能大幅减少土壤水分向室内蒸发，可以明显降低空气相对湿度。

空气相对湿度或土壤湿度过低，气孔关闭，影响光合作用及其产物运输，干物质积累缓慢、植株萎蔫。特别是在分苗、嫁接及定植后，需要较高的空气相对湿度以利缓苗。在生产中，可通过减少通风量、加盖小拱棚、高温时喷雾及灌水等方式升高设施内的空气相对湿度和土壤湿度。

（四）土壤

1. 设施土壤环境特点

（1）土壤的气体条件

土壤表层气体组成与大气基本相同，但二氧化碳浓度有时高达 0.03%以上，这是根系呼吸和土壤微生物活动释放二氧化碳造成的。在 0～30cm 的耕作层中，土层越深，二氧化碳浓度越高。

（2）土壤的生物条件

土壤中存在有害生物和有益生物，正常情况下这些生物在土壤中会保持一定的平衡。但设施内的环境比较温暖湿润，导致设施内的病虫害较设施外严重。

（3）土壤的营养条件

设施蔬菜栽培超量施入化肥，会使得当季有相当数量的盐离子未被作物吸收而残留在耕作层土壤中。再加上覆盖物的遮雨作用，土壤得不到雨水的淋溶，在蒸发力的作用下，使得设施内土壤水分总的运动趋势是由下向上的，不但不能带走多余盐分，而且会使内盐表聚。同时，施用氮肥过多，在土壤中残留量过大，造成土壤 pH 值降低，使土壤酸化。长年使用的温室大棚，土壤中氮、磷浓度过高，钾相对不足，钙、锰、锌缺乏，对蔬菜作物生长发育不利。设施土壤与露地土壤的差别如图 1-8 所示。

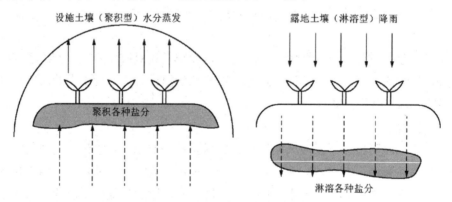

图 1-8　设施土壤与露地土壤的差别

2. 设施土壤环境的调节控制

（1）改善土壤的气体环境

设施蔬菜栽培每年应施入大量的有机肥，以改善土壤结构和理化性质。灌水时应尽量采用膜下暗灌或滴灌，防止大水漫灌造成的土壤板结。

（2）土壤消毒，改善生物环境

温室大棚等设施要定期进行土壤消毒，以杀灭土壤中残留的有害生物，切断病虫害的传播途径。生产上多采用福尔马林熏蒸消毒和高温消毒，也可采用溴甲烷熏蒸消毒和蒸气消毒。此外，采用电液爆土壤处理机、高压脉冲电容放电器在土壤中放电，形成的等离子体、压力波、臭氧可将土壤中的细菌、病毒及害虫迅速杀灭，并可将土壤空气中的氮气转化为氮肥，将多种矿物质营养活化。

3. 改进栽培措施，防治土壤次生盐渍化

（1）合理施肥

设施蔬菜生产应大量施入有机肥，增加土壤对盐分的缓冲能力。施用化肥时，应根据蔬菜作物种类和预计产量进行配方施肥，避免超量施入。施肥要少量多次，随水追施。尽量少施硫酸铵、氯化铵等含副成分的化肥。

（2）洗盐

雨季到来之前，可揭掉棚室上的塑料薄膜，使土壤得到充足的雨水淋洗。在春茬作物收获后，可在棚室内灌大水洗盐，灌水量以 200～300mm 为宜。灌水或淋雨前清理好排水沟以便及时排水。

（3）地面覆盖

设施土壤覆盖地膜或秸秆、锯末等有机物，可以减少土壤水分蒸发，防止表土积盐。

（4）生物除盐

盛夏季节，在设施内种植吸肥力强的禾本科植物，使之在生长过程中吸收土壤中的无机态氮，降低土壤溶液浓度。结合整地施入锯末、稻草、麦糠、玉米秸秆等含碳量高的有机物，使之在分解过程中，通过微生物活动来消耗土壤中的可溶性氮，降低土壤溶液盐浓度和渗透压，缓解盐害。

（5）土壤耕作

设施土壤每年应深耕两次，这样可切断土壤中的毛细管，减少土壤水分蒸发，抑制返盐。深耕还可使积盐较多的表土与积盐较少的深层土混合，起到稀释耕作层土壤盐分的作用。除去积盐较多的表土或以客土压盐，可暂时维持生产。如果设施内土壤积盐严重，并且除盐方法效果不明显或无条件实施除盐时，则只得更换设施内耕作层土壤或设施迁移换址。

（五）气体

1. 设施气体环境特点

（1）二氧化碳含量低

一般蔬菜作物的二氧化碳饱和点是 0.1%～0.16%，而自然界中二氧化碳含量为 0.03%，显然不能满足需求。设施蔬菜生产在冬季很少通风，特别是上午随着光照强度的增大，温度升高，作物光合作用增强，二氧化碳含量迅速下降，到 10 时左右二氧化碳含量最低，造成作物的"生理饥饿"，严重抑制了光合作用。

（2）易产生有害气体

在设施蔬菜生产中，如果管理不当，则会产生多种有害气体，如氨气、二氧化氮等，这些气体主要来自有机肥的分解、化肥挥发等。当有害气体积累到一定浓度时，蔬菜作物就会发生中毒症状，浓度过高会造成蔬菜作物死亡，必须尽早采取措施加以防治。

2. 设施气体环境的调节控制

（1）增施二氧化碳气肥

在现代化温室中，多采用火焰燃烧式二氧化碳发生器燃烧白煤油、天然气等以产生二氧化碳，通过管道或风扇吹散到室内各角落。在日光温室和塑料大棚中，多采用二氧化碳发生器或简易发生装置，利用废硫酸和碳酸氢铵反应生成二氧化碳。果菜类宜在结果期施用二氧化碳，开花坐果前不宜施用，以免生长过旺影响生殖生长。根据设施内一天内二氧化碳的变化情况，二氧化碳一般在晴天日出后 1 小时开始施用，到放风前 0.5 小时停止施用，每天施用 2~4 小时即可。二氧化碳施肥宜选择在晴天的上午，一般不在下午进行；阴雨天气光合作用弱，不需要施用二氧化碳。由于二氧化碳比空气重，进行二氧化碳施肥时，应将散气管悬挂于植株生长点上方。同时设法将设施内的温度提高2~3℃，以促进植株光合作用。增施二氧化碳后，作物生长加快，养分消耗增多，需要适当增加水肥，才能获得明显的增产效果。要保持二氧化碳施肥的连续性，应坚持每天施用，如果不能每天施用，则前后两次的间隔时间尽量不要超过 1 周。施用时，要防止设施内二氧化碳含量长时间偏高，否则易引起植株二氧化碳中毒。

（2）预防有害气体的产生

在设施蔬菜生产中，有机肥要充分腐熟后施用，并且要深施，化肥要随水冲施或埋施，并且避免使用挥发性强的氮素化肥，以防产生氨气和二氧化氮等有害气体。在生产中应选用无毒的蔬菜专用塑料薄膜和塑料制品，设施内不堆放陈旧塑料制品及农药、化肥、除草剂等，以防高温时挥发有毒气体。冬季加温时应选用含硫低的燃料，并且要密封炉灶和烟道，严禁漏烟。在生产中一旦发生气害，应加大通风。

（六）灾害性天气的应对

灾害性天气会对设施蔬菜生产造成严重影响，具体应对措施如下。

1. 应对大风

温室大棚等设施在冬春季如果遇大风天气，则应拉紧压膜线，必要时放下部分草苫把薄膜压牢。夜间遇到大风，容易把草苫吹开掀起，使前屋面暴露出来，加速前屋面的散热，作物易发生冻害，薄膜也容易被刮破。因此，在大风天气的夜晚要把草苫压牢，随时检查，发现被风吹开及时拉回原位并压牢。

2. 应对降雪

冬春季的降雪天气一般温度不是很低，但是有时边降雪边融化，会湿透草苫，雪后草苫冻硬，不但影响保温效果，而且卷放比较困难。因此，温室的草苫、棉被等外保温覆盖物最好用彩条布或塑料薄膜包裹，防止雨雪淋湿，以提高保温效果。降雪时如果外界气温不低于-10℃，则可以揭开草苫，待雪停后先清除前屋面积雪，再放下草苫。严寒冬季的暴风雪天气温度低，不能揭开草苫，如果降雪量较大，则必须及时清除温室薄膜上的积雪，防止温室前屋面骨架被压垮。塑料大棚在冬季应撤掉棚膜，防止膜上积雪，减小骨架的承重。

3. 应对寒流强降温

严寒冬季或早春塑料大棚蔬菜定植后，易出现寒流强降温天气。遇到这种情况，可采取多层覆盖和夜间临时加温的办法，防止蔬菜作物遭受低温冷害或冻害。临时加温时要特别注意防止烟害和一氧化碳中毒。

4. 应对连阴天

温室大棚等设施的热能来自太阳辐射，如果遇到阴天，因为阴天的散射光仍然可提高设施内温度，作物可在一定程度上进行光合作用，所以遇到连阴天或时阴时晴时，只要外界温度不是很低，就尽量揭开草苫。连阴天光照较差，光合作用较弱，设施内宜采用低温管理，防止蔬菜作物因呼吸作用旺盛而消耗过多的养分。

5. 应对久阴暴晴

温室大棚等设施在冬季、早春季节，遇到灾害性天气，温度下降，连续几天不揭开草苫，气温降低，地温也逐渐降低，根系活动微弱；一旦天气转晴，揭开草苫后，光照很强，气温迅速上升，空气相对湿度下降，作物叶片蒸腾量大，失掉水分又不能补充，叶片会出现暂时萎蔫现象。如果不及时采取措施，就会变成永久萎蔫。遇到这种情况，揭开草苫后应注意观察，一旦发现叶片出现萎蔫，就立即把草苫放下，叶片即可恢复；再把草苫卷起来，发现叶片萎蔫时，再把草苫放下，如此反复几次，直到不再萎蔫为止。如果叶片萎蔫严重，则可先用喷雾器向叶片上喷清水或 1% 的葡萄糖溶液，以增加叶面湿度，再放下草苫，如此有促进叶片恢复的作用。

工作任务 设施蔬菜生产设备的管理与操作

任务描述 在公司技术人员的带领下，学会设置设施蔬菜生产设备的基本参数，学会设施蔬菜生产设备中物联网设备、监控设备、水肥一体化设备、卷帘机、农业机械等的基本操作。根据实际操作的情况，不断总结经验，提出蔬菜生产设施使用的改进建议。

▌任务目标　1. 能进行蔬菜大棚的日常管理及设备操作。
　　　　　　2. 能进行蔬菜大棚卷膜装置和智能温室电器开关的操作。

▌相关知识

蔬菜大棚的日常管理及设备操作注意事项如下。

1）定期检查蔬菜大棚的压膜带，如果有松动，则及时紧固；定期检查裙膜的封土密闭性，如果有漏风透气，则要及时掩土覆盖；定期检查卷膜电机、卷被电机、电线、电箱的连接情况和电压的稳定性，如果发现问题，则及时找专业电工检修维护。在电气设备检查维护期间，不能对蔬菜大棚进行通电操作。

2）进行保温被收放操作和放风口收放操作时必须有专人在场观察周围，确保周边人员和操作人员的自身安全（特别注意不能让儿童靠近），注意衣服、手套、头发等部位不能靠近卷动绳索和设备。保温被收放操作不当可能会对人造成严重伤害，甚至有生命危险，整个操作期间操作人员必须在位不能离开。

3）蔬菜大棚内电箱接入的是380V高压电，操作时一定要注意用电安全，禁止用湿手触摸开关、禁止乱接电线、禁止在配电箱上堆置杂物，棚内进行浇水灌溉时（特别是采用喷灌方式浇水时）必须做好电气设备的保护，避免电路因受潮而发生故障。

4）棚膜、棉被均属易燃物，棚内禁止使用明火、禁止抽烟，预防火灾发生；在棚内使用拖拉机等机械时一定要注意安全距离，保护蔬菜大棚主体骨架和出水口。

▌任务实施

（一）蔬菜大棚卷膜装置的操作

蔬菜大棚卷膜装置的操作要点如下。

1）在操作卷膜装置时注意防范自然原因或不可抗力原因造成的设备及设施损坏，提前做好预案，做到灵活处置意外情况。

2）电动卷膜装置已设定好上行和下行的自动行程限位开关，卷膜杆运行到设定位置后卷膜电机会自动停止运行。在操作时，卷膜杆上行至开窗口上道卡槽下部约20cm时会自动停止运行；下行至开窗口下道卡槽下部约20cm时会自动停止运行。

3）在使用过程中，应注意观察卷膜杆的运行情况，在正常情况下卷膜杆应保持一条直线，卷膜电机应无其他异常声音。

4）严禁将物品挂在卷膜装置上，定期清理卷膜杆附近树枝、杂物等，卷膜装置旁不得搭放物品或种植会影响卷膜装置运行的高株植物。

5）手动卷膜装置在操作过程中，上行和下行不得超过最大限行位置，在使用过程中应注意观察卷膜杆运行情况，在正常情况下卷膜杆应保持一条直线。上行时卷膜杆卷升最高点距离开窗口上道卡槽下部约 20cm 时应停止操作；下行时卷膜杆在卷至开窗口下道卡槽下部约 20cm 时应当停止操作，以免拉坏棚膜。

6）手动卷膜装置在开窗和关窗过程中，若两卷膜装置存在交叉安装，则应注意先后操作顺序。操作手动卷膜装置时应力道均匀，使其运行平稳。

（二）智能温室开关的操作

智能温室开关可以控制外遮阳系统、内遮阳系统、顶开窗系统、风机通风系统，其操作要点如下。

1. 外遮阳系统

按下"展开"按钮，即可打开外遮阳网，外遮阳网展开到最大程度即自动停止。按下"收拢"按钮，即可收起外遮阳网，外遮阳网收到最小程度即自动停止。在展开或者收拢的过程中，可随时按下"停止"按钮，即可将外遮阳网停止在当时的状态下。在冬季，出现大风、暴雪天气时，一定要将外遮阳网收拢起来。

2. 内遮阳系统

将按钮旋至"开"状态，即可打开内遮阳网，内遮阳网展开到最大程度即自动停止。将按钮旋至"关"状态，即可收起内遮阳网，内遮阳网收起到最小程度即自动停止。在开或者关的过程中，可随时将按钮旋至"停"状态，即可将内遮阳网停止在当时的状态下。

3. 顶开窗系统

将按钮旋至"开"状态，即可打开顶开窗，顶开窗展开到最大程度即自动停止。将按钮旋至"关"状态，即可收起顶开窗，顶开窗收到底即自动停止。在开或者关的过程中，可随时将按钮旋至"停"状态，即可将顶开窗停止在当时的状态下。

4. 风机通风系统

将按钮旋至"启动"状态，即可打开通风风机。将按钮旋至"停止"状态，即可关闭通风风机。

综 合 评 价

综合评价以自我评价和小组评价相结合的方式进行，指导教师（或师傅）根据考核评价和学生学习成果进行综合评价。

1. 根据任务完成情况，检查任务完成质量。

2. 归纳总结设施内光照、温度、湿度、土壤和气体的特点。

设施蔬菜生产设备考核评价表如表 1-3 所示。

表 1-3　设施蔬菜生产设备考核评价表

班级：　　第（　　）小组　　姓名：　　　时间：

评价模块	评价内容	分值	自我评价	小组评价
理论知识	1. 掌握设施蔬菜生产设备的类型	10		
	2. 掌握设施蔬菜生产设备内光照、温度、湿度、土壤和气体的特点	10		
	3. 了解设施蔬菜生产的设施设备及使用方法	10		
操作技能	1. 能识读温湿度计，并提出调节设施环境的建议	10		
	2. 能操作蔬菜大棚卷膜装置	25		
	3. 能操作智能温室电器开关	25		
职业素养	1. 以人为本，具有绿色蔬菜产品生产的理念	5		
	2. 团队合作，具有精益求精的职业精神	5		

综合评价：

指导教师（或师傅）签字：

思 考 与 讨 论

1. 简述塑料大棚和日光温室的结构特点，并绘出示意图。

2. 日光温室的光照环境有何特点？

3. 设施增温保温的具体措施有哪些？

4. 日光温室冬季生产通风时应注意哪些问题？

5. 简述设施内除湿的具体措施。

6. 设施内的土壤为什么易发生次生盐渍化，应如何防治？

7. 设施生产中为什么要追施二氧化碳气肥，在进行二氧化碳施肥时应注意哪些问题？

茄果类蔬菜设施生产

茄果类蔬菜是我国重要的栽培蔬菜之一。它原产于热带地区，喜温暖气候，不耐寒冷，对光周期反应不敏感，其生长需要较强的光照和良好的通风条件，光照不足易引起徒长。不良的环境条件，如温度过高或过低、光照不足、营养不良、土壤干旱或涝害，都会引起茄果类蔬菜落花、落果。茄果类蔬菜幼苗生长缓慢，苗龄较长，为了提早上市，延长收获期，在生产中多进行集中育苗。茄果类蔬菜根系发达、生长旺盛、分枝力强，具有许多共同的病虫害，在茬口安排上应避免连作和与茄科作物轮作。本模块的主要内容有番茄、茄子和辣椒的设施生产，包括生产茬口及品种选择、设施育苗和田间管理等。

【学习导航】

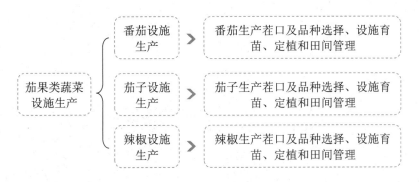

番茄设施生产

【核心概念】

番茄设施生产是指利用人工建造设施，为番茄提供适宜的温、光、水、气等环境条件而进行的优质、高产、高效的生产。设施生产包括育苗、定植前准备、定植、田间管理、采收等环节。

【学习目标】

1. 了解番茄生物学特征。
2. 掌握番茄设施生产茬口安排。
3. 掌握番茄设施生产品种选择。
4. 能进行番茄设施育苗生产。
5. 掌握番茄设施生产田间管理要点。

番茄起源于南美洲的安第斯山地带。在秘鲁、厄瓜多尔、玻利维亚等地，至今仍有大面积野生种番茄的分布。中国栽培的番茄从欧洲或东南亚传入。清代《广群芳谱》的果谱附录中有"番柿"："六月柿，茎似蒿。高四五尺，叶似艾，花似榴，一枝结五实或三四实……草本也，来自西番，故名。"由于番茄果实有特殊味道，在传入我国时仅做观赏栽培用。20 世纪初，城市郊区开始有番茄的栽培和食用。20 世纪 50 年代初，我国栽培番茄迅速发展，成为城乡居民的主要食用果菜之一。

知识准备 番茄生物学特征

番茄是茄科番茄属中以成熟多汁浆果为产品的草本植物，别名西红柿、洋柿子，果实营养丰富，具有特殊的风味。番茄是全世界栽培极为普遍的果菜之一。在欧洲、美洲、亚洲的国家和地区，有大面积温室、塑料大棚及其他保护地设施栽培番茄。我国各地普遍种植番茄，设施栽培番茄的面积继续扩大。

一、番茄植物学特征

番茄植株的各个器官——根、茎、叶、花、果的生长高峰期不是同时出现的。在番茄植株的生长初期,茎的伸长生长较快。进入开花期后,茎的生长速度显著减慢,而根的生长则加快,尤其是根的数量迅速增加。当根的生长速度迅速下降后,茎的伸长生长又加快。到结果数迅速增加时,根、茎基本停止生长。

1. 根

番茄的根系比较发达,分布广而深。主根深入土中能达 1.5m 以上,根系开展度可达 2.5m 左右,大部分根群分布在 30~50cm 的土层中。番茄的根系再生能力很强,不仅易生侧根,在茎上还很容易发生不定根,所以番茄移植和扦插繁殖比较容易成活。培育强壮的根系和保护根系对获得番茄丰产具有重要意义。

2. 茎

番茄的茎为半直立型或半蔓生型,少数为直立型。番茄的茎基部木质化,茎的分枝形式为合轴分枝(假轴分枝),茎端形成花芽。无限生长型的番茄在茎端分化第一个花穗后,其下的一个侧芽生长成强盛的侧枝,与主茎连续而成为合轴(假轴)。第二个花穗及以后各花穗下的一个侧芽也都如此,形成假轴无限生长。有限生长型的番茄则在发生 3~5 个花穗后,花穗下的侧芽变为花芽,不再长成侧枝,假轴不再伸长。番茄茎的丰产形态表现为:节间较短,茎上下部粗度相似。徒长株(营养生长过旺)节间过长,往往从下至上逐渐变粗。老化株则相反,节间过短,从下至上逐渐变细。番茄茎的分枝能力强,茎节上易生不定根,茎易倒伏,触地则生根,所以番茄扦插繁殖较易成活。

3. 叶

番茄的叶为复叶,羽状深裂或全裂。每片叶有小裂片 5~9 对,小裂片的大小、形状、对数因叶的着生部位不同而有很大差别。第一、二片叶小裂片小,数量也少,随着叶位上升小裂片数量增多。番茄的叶的丰产形态表现为:叶片似长手掌形,中肋及叶片较平,叶色绿,叶片较大,顶部叶正常展开。生长过旺的植株叶片呈长三角形,中肋突出,叶色浓绿,叶大。老化株则叶小,呈暗绿色或浓绿色,顶部叶小型化。番茄复叶的结构示意图如图 2-1 所示。

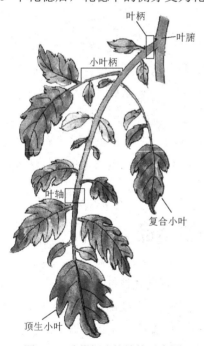

叶柄
叶腋
小叶柄
叶轴
复合小叶
顶生小叶

图 2-1 番茄复叶的结构示意图

4. 花

番茄的花为完全花，总状花序或聚伞花序。花序着生在叶腋间，花呈黄色。每个花序上着生的花数品种间差异很大，一般为 5~10 朵，少数（如樱桃番茄）可达 30 朵以上。为保证果实品质的一致性，在生产上需要疏花。有限生长型品种一般在主茎生长至六七片真叶时开始着生第一花序，以后每隔一两片叶形成一个花序，通常当主茎上发生 2~4 层花序后，花序下位的侧芽不再抽枝，而发育为一个花序，使植株封顶。无限生长型品种在主茎生长至 8~10 片叶时出现第一花序，以后每隔两三片叶着生一个花序，若条件适宜，则可不断着生花序并开花结果。番茄花的丰产形态表现为：同一花序内开花整齐，花瓣黄色，花器及子房大小适中。徒长株表现为：开花不整齐，往往花器及子房特大，花瓣呈深黄色。老化株表现为：开花延迟，花瓣呈淡黄色，花器及子房小。番茄花的一部分示意图如图 2-2 所示。

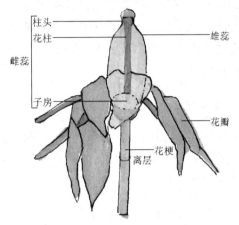

图 2-2　番茄花的一部分示意图

5. 果实

番茄的果实为多汁浆果，由子房发育而成。果肉由果皮及胎座组织构成。优良的品种果肉厚，种子腔小。栽培品种一般为多心室品种。心室数的多少与萼片数及果形有一定关系。萼片数多，心室数也多。樱桃番茄多为 2 室，普通大果番茄为 4~6 室或更多。有些品种在花芽分化时，若气温偏低，则容易形成多心室的畸形果。果实形状有扁圆、圆球、长圆、梨形和李形等。果实大小因品种不同而差别很大，重量范围在 5~500g。

6. 种子

番茄的种子呈扁平圆形或肾形，为灰褐黄色，大多数表面被有短茸毛。种子由种皮、胚乳和胚组成。种子成熟比果实早，通常开花授粉后 35 天左右的种子即具有发芽能力，而胚的发育在授粉后 40 天左右完成，这样授粉后 40~50 天的种子就完全具备正常的发芽力，种子的完全成熟在授粉后的 50~60 天。

二、番茄生育期特征

1. 发芽期

从播种到第 1 片真叶出现为发芽期。在正常温度条件下，这一时期为 7~9 天。发芽的最低温度为11℃，适温为20～30℃，最高温度为35℃。

2. 幼苗期

从第1片真叶出现到第一花序现蕾为幼苗期。这一时期适宜昼温为25～28℃，适宜夜温为13～17℃。这一时期地温对幼苗生育有较大的影响，地温应保持在22～23℃。在此温度范围内，低夜温和强光照会使第一花序节位较低，花器官的分化和发芽良好。高夜温和弱光照会使第一花序节位升高，花器官的分化和发育不良，花数减少。8℃以下低温易形成多心皮子房，成为畸形花、果。在光照充足、通风良好、营养完全等条件下，可培育出适龄壮苗。

3. 开花期

从第一花序现蕾到第一花序坐果为开花期。这一时期是番茄从以营养生长为主过渡到生殖生长与营养生长同等发展的转折时期，直接关系到食用器官的形成及产量。在这一时期，农事操作一般采用适当的蹲苗（促控的转折点）。

4. 结果期

从第一花序坐果到采收结束（拉秧）为结果期。这一时期茎叶生长与开花坐果同时进行，开始转向以开花坐果为主，是番茄产量形成的主要时期。番茄进行光合作用的最适温度为22～26℃，30℃左右时光合作用强度明显降低，35℃时生长停滞，引起落花落果。在结果期内要通过合理的栽培管理，协调生长和结果的矛盾，延长结果期，以获得丰产。解决好营养生长与生殖生长的矛盾是这一时期的关键。

番茄生育期特征如图2-3所示。

发芽期　　　　幼苗期　　　　开花期　　　　结果期

图2-3　番茄生育期特征

工作任务 1　番茄设施育苗

▌任务描述　　作为蔬菜生产技术员，要熟练掌握设施番茄生产茬口安排和品种选择的原则及方法。通过安排适时生产的茬口、选择稳定高产且抗病的品种，尽可能实现设施番茄生产的稳产增收。

　　通过学习本工作任务，学生应学会各种育苗设施设备的使用方法，按照工作预案灵活处理意外突发情况；熟练掌握番茄设施育苗技术操作；加强苗期的光温及水肥管理，做好日常管理记录，发现问题并及时解决，提高育苗质量。

▌任务目标　1. 掌握番茄品种选择的方法。
　　　　　　2. 掌握番茄设施生产茬口安排。
　　　　　　3. 熟悉番茄设施育苗的基本操作规程。

▌相关知识

我国地域广阔，跨热、寒、温三带，气候差异很大，合理选择番茄生产茬口和品种是获得品质和产量双丰收的前提。在我国，南方多采用塑料大棚和小拱棚进行番茄春早熟栽培；北方则多利用塑料大棚、日光温室进行番茄春提前、秋延后或越冬栽培。本工作任务以北方种植茬口和品种为例进行介绍。

（一）番茄生产茬口

科学合理地安排番茄生产茬口，能够提高种植者的经济效益，满足市场供应和消费者的要求。生产茬口安排主要有以下 5 个原则：是否获得理想的经济效益；是否充分利用种植设施和光照；是否有利于土壤改良和土壤肥力提高，从而实现可持续生产；是否有利于避免病虫害的发生；能否吸引市民来观光采摘，获得额外的经济效益。

在我国北方，越冬番茄的栽培主要在日光温室内进行，早春番茄的栽培主要在日光温室和塑料大棚内进行。越冬和早春栽培时，由于设施内空气湿度大、光照弱、温度过高或过低，容易发生多种真菌病害，如灰霉病、早疫病、晚疫病、叶霉病、白粉病、菌核病等。因此，要求越冬和早春栽培的番茄品种抗寒性好、耐热性强、耐弱光、耐高湿、早熟、植株开张度小、叶量少、叶片稀、抗多种保护地常见病害。

番茄秋延后栽培多在保护地内进行，上茬一般为其他种类的蔬菜作物。栽培环境高温、高湿，病毒病等易发生，果实容易裂果和变软。因此，要求秋延后栽培的番茄品种耐热，在高温、高湿条件下能正常坐果，植株生长旺盛，抗病毒病，果实硬度高，不易裂果,耐储藏和运输。

1. 早春茬口

1)日光温室早春栽培。一般是 11 月底至 12 月初进行育苗,翌年的 1 月底至 2 月初进行定植,4 月下旬可以开始收获,6 月中旬可以拉秧,随后进入高温闷棚、土壤消毒休棚期。产品采摘上市时正处在春季供应的淡季,加上五一劳动节期间需求量大,能更好地提高经济效益。

2)塑料大棚早春栽培。一般是 1 月进行育苗,3 月下旬进行定植,5 月中下旬可以收获,6 月底至 7 月上旬采收结束。

2. 秋延茬口

日光温室栽培一般是 6 月底至 7 月初进行育苗,8 月中旬进行定植,10 月初可以开始收获。产品采摘上市时正处在秋季供应的淡季,一直延续到初冬。此时昼夜温差较大,果实的品质有明显的提高。

3. 冬春茬口

日光温室栽培一般是 1 月进行育苗,2 月下旬至 3 月上旬进行定植,4 月下旬、5 月上旬可进行收获。收获期番茄供应市场基本处于真空期,价格会有所提高。

(二)番茄品种选择

1. 品种介绍

早熟、耐寒、高产、优质的番茄品种是小拱棚早春栽培常用的品种,目前广泛使用的有以下品种。

硬粉 8 号 无限生长型,中熟显早品种。抗烟草花叶病毒(tobacco mosaic virus,TMV)、叶霉病和枯萎病。叶色浓绿,抗早衰,果形圆正,未成熟果显绿肩,成熟果呈粉红色,单果重 200~300g,大果重可达 300~500g,果肉硬,果皮韧性好,耐裂果,耐运输。商品果率高,坐果习性好。

佳粉 无限生长型,中熟品种,对烟草花叶病毒抗性强,生长势强。第一花序着生于 7~9 节上,以后间隔 3 叶着生一个花序。果实呈扁圆形、粉红色,果脐较大,多心室,单果重 200~300g,较耐低温,坐果良好,产量高,稳产性好。适用于春季露地栽培和春秋保护地栽培。适种地区:中原、华北及东北地区。栽培技术要点:在北京地区大中小棚栽培,于 12 月上旬到翌年 1 月中下旬在保护地播种育苗。温室栽培于 7 月中旬露地育苗。

仙客 1 号 无限生长型,中熟显早品种。叶色浓绿,抗早衰。果实呈稍扁圆形或圆形,未成熟果有绿肩,成熟果呈粉红色、口感风味好,单果重 180~200g,果肉硬,耐运输。含有 Mi 基因,对分布广泛的南方根结线虫具有抗性,同时具有对烟草花叶病毒、叶霉病和枯萎病的复合抗性。适种地区：根结线虫危害严重的地区，特别是在夏秋茬及秋延后茬日光温室根结线虫危害严重的茬口，效果更明显。栽培技术要点：注重施用富钾肥。

中寿11-3　无限生长型，中熟品种，抗黄化曲叶病毒、烟草花叶病毒及枯萎病、黄萎病、叶霉病。叶量适中，连续结果能力强，成熟果呈粉红色，无绿肩，果实着色、大小均匀，单果重220g左右，呈扁圆形或圆形，肉厚，果脐和果蒂小，品质佳，果硬，耐储运，果形美观，大小一致，果面光滑。

欧迪　无限生长型，早熟品种，耐高温，抗病性强，抗根结线虫病，不早衰，连续坐果能力强且膨果快，果形均匀一致，单果重280g左右。可以连续多年多茬种植，在低温弱光条件下坐果率高，果实为高圆果，呈亮粉色，无绿肩，转色快且着色均匀，果脐为点状，果肉厚且硬实，货架期长。适宜日光温室、春秋大棚种植栽培。

瑞星五号　无限生长型，中熟品种，抗逆性好，抗番茄黄化曲叶病毒、灰叶斑病。不易早衰，连续坐果能力强。果色粉红，果实呈高圆形，无绿肩，无棱沟，精品果率高。果实大小一致，单果重260~280g。果实硬度高，适合长途运输和储存。该品种是秋延后、越冬温室及早春、越夏大棚栽培的理想品种。

荷引137　无限生长型，中早熟品种，单果重250~300g，果形周正，硬度高，色泽亮丽，耐储运，商品性好。该品种长势旺盛，综合抗性好，高抗番茄黄化曲叶病毒、烟草花叶病毒，丰产性好。适宜各地春秋温室、大棚保护地栽培。

戴安娜　无限生长型，早熟品种，中果型口感番茄，单果重约120g，口感酸甜，硬度好，果实在未转色前的青果期，果肩处有明显的绿肩，纹路漂亮，随着果实的成熟，绿肩逐渐变淡，当果实长至9分熟时，绿肩完全消失。菜农可根据市场需求选择合适的成熟度采摘。

普罗旺斯　无限生长型，中早熟品种，杂交一代粉果番茄。植株长势旺盛，节间较紧凑，连续坐果能力强；转色快，果色均匀；硬果较好，耐裂果，耐储运；口感出众，酸甜适口；耐低温，严冬不空穗，畸形果少；果实呈圆形略扁，果形整齐一致，单果重240~260g。适宜北方日光温室冬春茬栽培，10月1日至11月15日播种；每亩种植2200~2500株；留5~6穗果，每穗留4个。适应性：田间抗病性，抗番茄灰叶斑、枯萎病、烟草花叶病毒、南方根结线虫。在正常气候条件和田间管理下，每亩产量可达6000~8000kg。

2. 品种选择的方法

北方地区在秋延后茬栽培时，番茄的生长发育面临着前期高温多雨的问题，易造成植株长势弱，易感病毒病；而在后期，温度逐渐下降，又需要进行防寒保暖。因此，在栽培上须选择抗病性强、早熟、高产的品种。目前，在生产上常用的品种有佳粉1号、佳粉16号等品种。

番茄早春茬前期处于低温寡照的环境下，而后期又以高温强光为主。因此在品种选择上，可选用在前期耐低温弱光，后期耐热、抗病、丰产、早熟的品种，如硬粉 8 号、仙客 5 号、仙客 8 号、普罗旺斯等品种。

塑料大棚早春茬栽培品种多选用早熟、耐寒、高产的品种。目前应用较多的有佳粉 1 号、佳粉 2 号、佳粉 10 号等品种。

特别提示

调研当地番茄生产品种应做到以下几点。

1）了解当地气候条件，结合市场需求变化，制订科学可行的番茄设施生产茬口及品种选择方案。

2）了解番茄新品种的品种特性和种植要点。

3）了解当地常见的番茄生产设施类型及特点。

▌任务实施

1. 育苗前准备

1）穴盘准备。番茄设施育苗多选用规格化穴盘，制盘材料主要有聚苯乙烯或聚氨酯泡沫塑料模塑和黑色聚氯乙烯吸塑。规格为长 54.4cm、宽

番茄设施育苗

27.9cm、高 3.5～5.5cm。孔穴数有 50 孔、72 孔、128 孔、200 孔、288 孔等。根据自身质量，穴盘可分为 130g 轻型穴盘、170g 普通穴盘和 200g 以上重型穴盘 3 种。番茄设施育苗一般选择 72 孔普通穴盘。穴盘如图 2-4 所示。

图 2-4　穴盘

2）基质准备。在生产上因基质使用量不大，可直接购买成品基质，成品基质养分充足全面，在育苗过程中一般不需要特意补充肥料。工厂化育苗基质需求量大，为节约成本，一般购买后自行混合配制。

基质成分主要包括有机基质和无机基质。常见有机基质有草炭、锯末、木屑、碳化稻壳、秸秆发酵物等，工厂化基质育苗一般选用草炭。无机基质主要有珍珠岩、蛭石、棉岩、炉渣等，其中珍珠岩和蛭石应用较多。

以工厂化基质育苗常用基质配方为例，即草炭：珍珠岩：蛭石=6：(1～2)：(2～3)。选好基质材料后，按照配比进行混合。混合过程中每立方米混合基质须掺入 1kg 三元复合肥或磷酸二铵、硝酸铵和硫酸钾各 0.5kg，可有效预防番茄苗期脱肥。同时，每立方米基质拌入 50% 多菌灵可湿性粉剂 200g 进行消毒。

3）精选种子、种子消毒和浸种催芽。播种前 3～5 天浸种催芽。病毒病严重的地区，在浸种催芽前先用 10% 磷酸三钠浸种 20 分钟，洗净药液后再用 25～30℃ 的温水浸种 8～

10 小时，在 25～30℃条件下催芽。为增强秧苗抗寒性，可对种子进行低温处理，方法是将萌动的种子每天在 1～4℃条件下放置 12～18 小时，接着移到 18～22℃条件下放置 6～12 小时，反复处理 7～10 天，可提高秧苗的抗寒能力，并加快秧苗生长发育。

2. 育苗

1）浸种催芽。首先将种子放入 50%多菌灵可湿性粉剂 600 倍液中浸泡 30 分钟，然后放入 25～30℃的温水中浸种 4～5 小时。捞出种子，装入湿纱布袋，在 25～30℃的条件下催芽，每天冲洗一次，半数种子露白后即可播种。

2）基质装盘。基质装盘前应先过筛，除去团状、颗粒状的基质，以搅拌过的湿润基质为佳，可使幼苗出土整齐一致。操作方法：抓一把搅拌好的基质，要求捏不成团且散开不成粒，然后将湿基质装盘，抹平。基质装盘如图 2-5 所示。

3）播种。播种前先用特制的戳孔工具压穴盘孔口，制成种窝。每穴播种 1 粒，播后覆盖珍珠岩，用木刷抹平。冬春茬 3 天左右出苗，夏秋茬 1～2 天出苗。苗期观察如图 2-6 所示。

图 2-5　基质装盘

图 2-6　苗期观察

3. 苗期管理

1）温度管理。出苗前苗床地温控制在 25～30℃。大部分种子出苗后，白天温度控制在 20℃左右，夜间温度控制在 12～15℃。

2）水分管理。番茄苗床管理要严格控制水分。播种前浇透水，出苗前一般不浇水，以防种苗徒长或低温沤根。出苗至真叶展开后，根据天气、苗情、苗床含水量浇水。高温季节早、晚比较凉爽时进行浇水；子叶展开至真叶长出前，育苗土不太干可以不浇水，待真叶长出后再浇水，土壤保持见干见湿为宜。浇水宜在晴天上午进行，水温不宜过低，25℃左右最好。

3）光照管理。冬春茬育苗多处于低温弱光环境，管理不善则苗细弱，易徒长，因此应采取措施尽量增加苗床透光率。首先，要保持棚膜清洁，增加幼苗见光度；其次，在保证生长发育需要的温度基础上，尽量延长见光时间；最后，采用无滴膜覆盖，及时通风排湿，防止棚内结露、滴水。

4）病虫害防治。番茄苗期主要病害有猝倒病、立枯病、病毒病等侵染性病害及冷害等生理性病害，在生产上应通过降低棚室湿度和施用化学药剂的方法防治，打药宜在晴天上午进行。番茄苗期主要虫害有蚜虫、白粉虱、蓟马等，应及时施用化学药剂进行防治。

4. 炼苗

幼苗定植前须进行降温、控水处理，以增强幼苗抗逆能力和适应性。在定植前 5～7 天，选晴暖天气浇透水 1 次，然后通过加强通风降温排湿，苗床白天温度控制在 20～24℃，若天气晴暖，则夜间不必覆盖保温被，使夜间温度稳定在 18℃左右即可。

壮苗的好坏直接影响产量的高低。番茄适龄壮苗的生理苗龄：春季育苗为 70 天左右，早熟品种具有 6～7 片真叶，中熟和中晚熟品种具有 7～9 片真叶；夏季育苗只需 35 天左右，具有 5～7 片真叶。壮苗的形态标准：幼苗根系发达，茎秆粗壮，茎粗 0.5～0.6cm，直立挺拔，节间较短，株高 20～25cm；子叶平展不脱落，叶色新鲜，叶柄较短；第一穗花现蕾未开，无病虫害。

特别提示

苗龄和播期确定：适宜的苗龄因品种、育苗方式和环境条件不同而有异。冬春茬栽培，多在温室中育苗，其苗龄为：早熟品种 60～70 天，中晚熟品种 80～90 天（若应用电热温床育苗，则早熟品种可缩短到 40～50 天，晚熟品种可缩短到 50～60 天）。北方地区 11 月上旬至 12 月上旬定植，上市供应期为 1 月上旬至 6 月，则播种期在 9 月上旬至 10 月上旬。

关键技术 冬春茬育苗和高温季节育苗注意事项

1. 冬春茬育苗注意事项

冬春茬育苗的关键限制因子是低温和弱光，在此期间应特别注意保温和增加光照强度。浇水水温一般把握在 20～25℃，不可用冷水直接浇灌，如果使用井水浇水，则最好在上午进行。

2. 高温季节育苗注意事项

高温季节水分蒸发量大、光照强烈，因此在育苗管理上应坚持以下几点：

1）小水勤浇，保持上层基质湿润。

2）每个穴盘浇完水后应回浇穴盘边缘苗，以防边缘缺水形成弱苗。

3）出苗后控制浇水，防苗徒长。

4）后期种苗需水量增大，须改变浇水方式，最好采用口径大、流速慢的浇水方式。中午阳光过于强烈，要在棚膜上方外盖遮阳网降温。有条件的可加装风机和湿帘辅助降温，效果更好。

作为蔬菜生产技术员，要熟悉番茄设施育苗基本操作和种苗的苗期管理要点，根据生产定植茬口和定植时间安排，合理确定育苗时间，学会营养土的配制和消毒、苗期的管理等，确保培育出高质量的种苗。

关键技术　**如何判断种苗的好坏？**

首先，看根。俗话说"根深叶茂"，对于种苗同样如此，若根系发育不良，则种苗也长不成壮苗，那么如何判断种苗根系的好坏呢？主要从3个方面来判断：一是根的颜色，根系发白，没有褐变等现象，这说明根系没有感染病害；二是毛细根，好的种苗毛细根多，植株对养分的吸收主要靠毛细根，只有毛细根多了，植株吸收的养分才能充足；三是根尖，根尖要发白，没有变色、坏死现象，只有这样根系才能继续发育，培育出壮大的根群。

其次，看茎。如果天气炎热，夜温偏高，白天经常超过30℃，育苗棚室没有降温措施，则白天温度过高会出现高温障碍，影响苗期的花芽分化，对后期开花坐果不利，而夜温过高会增加营养消耗，减弱植株的生殖生长，造成徒长，这样茎秆就会细长。另外，还要用手捏一下茎秆，若茎秆硬实，则说明木质部已经形成；若茎秆非常柔软，则说明茎秆还没长好，这样的种苗对不良环境抵抗力差。

最后，看叶。有的菜农认为叶片浓绿就是好种苗，但若叶片深绿则说明前期控旺过度，这样的种苗在定植后缓苗慢，对产量造成很大影响。正常的叶片应该是浅绿色的，叶片舒展。为避免买到病苗，应看叶片上有没有病斑、虫卵、黄绿斑病等情况。另外，若叶片出现畸形，则多是害虫危害，应仔细观察，以防将害虫带入棚室。

工作任务2　番茄定植和田间管理

任务描述　　　作为蔬菜生产技术员，要熟悉并掌握定植前工作准备、定植过程中操作方法及定植后缓苗期的种苗管理要点，确保定植种苗的质量和成活率。能进行番茄田间管理中的温湿度调控、水肥管理、病虫害防治及整枝吊蔓等工作，为番茄生产丰收提供有力支撑。

通过学习本工作任务，学生能熟练掌握设施番茄土壤和棚室消毒、施肥、作畦、定植等操作的关键要点，以及番茄设施生产中的温湿度管理、水肥管理、植株调整、病虫害防治等田间管理要点。因地制宜、分类指导、科学管理，多举措并举，做实、做细田间管理工作，为当地农民增产增收奠定坚实基础。

任务目标　1. 掌握番茄定植的标准。

2. 能进行番茄定植前的各项准备工作。

3. 掌握设施番茄田间管理关键技术要点。

▌相关知识

番茄是陆续开花、陆续结果的蔬菜，当下层花序开花结果、果实膨大生长时，上面的花序也在不同程度地分化和发育，因此各层花序之间的养分争夺也较明显。特别是开花后的20天，果实迅速膨大，会吸收较多的养分，如果营养不良，则往往使茎秆顶端变细，上位花序发育不良，花器变小，着果不良，产量降低。尤其是冬春季节地温低，根系吸收能力减弱，表现更为突出。因此，供给充分的营养、加强田间管理、调节营养生长与生殖生长的关系是非常重要的。

1. 温度

番茄为喜温性蔬菜，适应性较强。种子发芽在25～30℃时最为理想。植株的生长发育在15～35℃的温度范围内均可适应，但生育适温为20～30℃。在18～20℃的温度条件下虽能正常生长，但落花率较高。当日平均温度为24～27℃时，可以开花，已受精的子房能正常结果。当日温超过30℃、夜温超过25℃时，生长缓慢，花粉机能减退。

在温度超过35℃时，番茄生长停顿。40℃以上的高温易使番茄茎叶发生日灼，叶脉间呈灰白色，并发生坏死现象。在温度低于15℃时，番茄生长和开花均受到影响；低于10℃时，番茄生长缓慢，花粉死亡，出现开花不结果的现象；5℃时其茎叶停止生长；当继续下降到2℃时，植株会遭受寒害；到-1～2℃时植株将严重受冻。

番茄的生长发育需要一定的温周期，对茎叶生长和开花结果较有利。一般夜温比日温应低5～10℃，日温最好为20～25℃，夜温为15～20℃。

2. 光照

番茄是喜强光的作物。如果光照不足或出现连续阴雨天，则常导致植株瘦弱、茎叶细长、叶薄色淡、花粉不孕、落花落果及果实变形等现象。一般来讲，番茄的光饱和点为70klx，光补偿点为1klx。

3. 土壤相对湿度

番茄在生长过程中蒸发量大，果实中含水量较多。据估测，要收获10 000kg番茄果实，就必须供给133 000kg水量。番茄根系入土深，对地下水有很强的吸收能力，特别是在结果盛期，最忌干旱缺水。如果水分亏欠，则将影响果实的生长生育，降低产量。为保证番茄的正常生育，最适宜的土壤相对湿度为70%～80%。

4. 土壤

番茄对于土壤的要求不太严格，以保水保肥力良好的壤土为宜。番茄是深根性作物，根群很旺且入土较深。在土层深厚且排水良好的土壤中种植番茄能获得较好的收成。地下水位不宜过高，否则，土传病害易于流行。适宜的土壤 pH 值为6.5～7，为了抑制土传病害的发生，土壤 pH 值为7左右较为理想。

任务实施

（一）番茄定植前准备

1. 土壤和棚室准备

1）土壤和棚室环境消毒。日光温室多属连作地块，应结合翻地每亩施入 50%多菌灵可湿性粉剂或 70%甲基硫菌灵可湿性粉剂 3kg 灭菌灭虫。线虫发生地块应在翻地前每亩撒施 10%噻唑膦颗粒剂 2～5kg 或 5%阿维菌素颗粒剂 3～5kg 防治。定植前 5～7 天于傍晚每亩棚室点燃百菌清烟剂 200～250g 或硫磺 500g，然后闷棚，进行棚室环境消毒，定植前要通风换气。在 6～7 月可采用高温闷棚进行物理杀菌杀虫。

2）旋地施肥。结合整地每亩施入充分腐熟的优质有机肥 3000kg 或者稻壳鸡粪（鸭粪）3000～4000kg、三元复合肥 40～60kg、过磷酸钙 50～60kg，普施后深翻，若肥料不足，则用 1/2 普施，另 1/2 集中施入定植沟内。只有将肥土充分混合后才能定植。

3）整地作畦。将棚内土地耙细整平后作畦，畦宽一般为 85cm，畦高为 40cm，视地形地势而定，以便于灌溉和田间作业为度。

4）挖穴、铺设滴灌带和地膜。首先按照株距 40cm、行距 60cm 的标准挖定植穴；然后在畦面上沿定植行在距定植穴 3～5cm 处铺上滴灌带，末端扎紧固定，滴灌带滴孔向上；最后覆打孔地膜，绷紧压实（打孔地膜的株行距与定植株行距应一致）。

2. 种苗准备

1）炼苗。定植前 7～10 天，低温炼苗，基本上不浇水。定植前，白天温度控制在 20℃左右，夜间温度控制在 10℃左右。

2）壮苗标准。幼苗根系发达，茎秆粗壮，茎粗 0.5～0.6cm，直立挺拔，节间较短，株高 20～25cm。子叶平展不脱落，叶色新鲜，叶柄较短。叶片肥厚，心叶绿色，第一穗花现蕾未开，无病虫害。

（二）番茄定植

番茄定植

1. 确定定植密度及定植时间

1）定植密度。按照株距 40cm、行距 60cm 的标准，采用高畦双行栽培。每亩栽植 2200～2500 株。

2）定植时间。定植一般选在晴天下午进行。

2. 定植操作

1）选择定植方法。首先按照定植穴进行栽苗，然后覆土，适当压实，覆土深度以不超过子叶为宜。

2）确定定植深度。定植深度取决于多种因素，主要取决于番茄品种的生物学特性。番茄容易生不定根，适当深栽可促发不定根，增加根系数量，易于成活。

3）浇缓苗水。定植后一次性浇足缓苗水。

3. 缓苗及补苗

1）番茄缓苗期的管理。不论采取哪种栽培形式，定植后都应严密覆盖塑料薄膜，用土将薄膜四周压好；尽量提高畦温，促进缓苗。上午阳光照到畦面时，要及时揭开棉被，使幼苗多见光。缓苗期一般不通风，若中午阳光太强，幼苗发生萎蔫，则可适当搭盖部分棉被，使畦内出现花荫，午后撤去。

2）缓苗后的管理。定植后 5～6 天，若心叶放绿，则是缓苗的标志。幼苗一旦缓苗，就应及时通风。白天维持畦温为 25℃，夜间维持畦温为 15～17℃。通风的原则是由小到大，即一天当中随气温升高，通风口的个数增多，同时通风口也由小加大。

3）及时补苗。及时开展查苗巡苗工作，在巡查过程中，如果发现有缺棵、死棵、病棵等现象，则要及时进行补苗，保证苗齐、苗壮。

（三）番茄田间管理

番茄田间管理

1. 温湿度管理

1）苗期温湿度管理。定植后，高温高湿条件可以促进缓苗。当中午温度超过 30℃时可放下遮阳网降温。3 天左右开始正常生长时，白天降温至 20～25℃，夜间降温至 13～17℃，空气相对湿度保持在 60%～80%，以控制营养生长，促进花芽的分化和发育。

2）花期温湿度管理。花期白天适宜温度为 20～30℃，夜间适宜温度为 15～20℃，空气相对湿度不超过 60%，避免温湿度的大范围上下浮动，以防止种苗出现徒长，发生畸形花。

3）结果期温湿度管理。进入结果期要采用变温管理，上午将温度迅速上升至 25～28℃，促进植株光合作用，下午植株光合作用减弱后，将温度降至 20～25℃；前半夜为促进光合产物运输，应将温度保持在 15～20℃，后半夜将温度降至 10～12℃，以减少呼吸消耗。在此期间要特别注意降低棚室湿度，每次浇水后须及时放风排湿，防止湿度过大、产生病害。夏季时，风口可整夜开启，在中午时分覆盖遮阳网，防止种苗受强光刺激。冬季时，保温棉被要及时关闭，每日清晨太阳初升时，是打开棉被的最佳时机。

2. 水肥管理

1）苗期水肥管理。定植至开花使用番茄专用冲施肥进行灌溉。灌溉量为 200mL/（株/天）左右，可根据光照进行调节，光照强要增加灌溉量，反之要减少灌溉量。

2）花期水肥管理。花期至结果初期使用番茄专用肥进行灌溉。灌溉量为 1000mL/（株/天）左右，可根据光照进行调节，光照强要增加灌溉量，反之要减少灌溉量。

3）结果期水肥管理。结果至收获期使用番茄专用肥进行灌溉。灌溉量为 1500～

2000mL/（株/天），可根据光照进行调节，光照强要增加灌溉量，反之要减少灌溉量。

番茄的灌溉以日出、日落为界点，日出后 1～2 小时开始进行灌溉，第三次灌溉后有流出液产生，最后一次灌溉在日落前的 1～3 小时，可根据最后一次灌溉后基质中的水分含量调节灌溉结束时间。夏天蒸腾量大，灌溉量多一点，EC 值低一点，冬天灌溉量少一点，EC 值适当高一些；阴雨天少浇一些，晴天多浇一些；每天的灌溉都要有 25%～30% 的回流产生。

3. 植株调整

1）搭吊蔓支架。以南北畦种植为例，在畦的南北向架起铁丝支架，棚室中央拉一条东西向的铁丝，起到支撑固定作用。吊蔓如图 2-7 所示。

图 2-7　吊蔓

2）整枝打杈。温室番茄的整枝方式多以单干整枝为主，单干整枝是指除主干外，将所有的侧枝全部摘除。打杈要在晴天的上午进行，这样可以使伤口及时结痂，防止感染，当侧枝长到 10～15cm 后及时去除。

3）吊蔓缠头。当植株高 30～40cm 时，第一花序开始坐果后要及时吊蔓缠头，以防止植株倒伏。此后随着植株生长，每结一穗果按照顺时针方向进行一次缠头。缠头时注意不要碰伤茎、叶、花、果，绕开植株的生长点。吊蔓缠头一般在晴天的下午进行，早晨植株由于夜里的生长，生长点比较脆，容易折断。

4）疏花疏果。为了使果实整齐一致，提高商品质量，需要及时疏花疏果。疏花时，畸形花不保留，花瓣数在 8 片以上的不保留。疏果时，优先打掉畸形果、长势较快果，每穗保留大型果（单个重量>200g）2～3 个，中型果（单个重量为 100～200g）4～5 个，小型果（单个重量<100g）6～8 个，小番茄可以留 14～16 个。

5）摘老叶。在长季节栽培中，当第一穗果膨大完成、等待转色时，要及时去除第一穗果以下的老叶，增加通风透光量，防止病虫害的传播，同时利于果实的转色。摘老叶应在晴天的上午进行，用手或者剪刀将老叶从茎干和叶柄的离层处去除，不要留下果柄，防止以后感染病害。

6）落蔓。当番茄生长到 2m 左右时，要及时落蔓。落蔓在晴天的下午进行，经过一天的阳光照射，茎秆比较有韧性，落蔓时不易折断。落蔓时应顺着一个方向环绕落蔓，每次落蔓 30～40cm。

关键技术 番茄落花落果的原因及防治方法

一、番茄落花落果的原因

低温阴雨寡照 多出现在春季。番茄开花期的最适温度为 25~28℃，当温度下降到 15℃以下时，花粉的发芽不良；当温度下降至 10℃以下时，花粉不能发芽生长，导致受精不良，花体生长激素缺乏从而大量落花。一方面，低温阴雨时日照不足、长期寡照，有机物无法通过正常的光合作用产生，花朵发育不良从而出现落花落果。另一方面，低温阴雨时空气湿度较大，花粉粒膨胀过度从而破裂，失去授粉能力，出现落花。

高温干旱 多发生于夏秋季节。番茄开花结果期尤其需要水分。一方面，土壤过干，特别是由湿润转干或植株短时间内失水过多，会导致生长不良，花粉失水不育从而引起落花落果。另一方面，土壤不旱，但空气干热。例如，当空气相对湿度低于 10% 时，花朵柱头和花粉会很快干缩，花粉不能在柱头上发芽生长从而落花。夏秋季节会出现高温天气，有时中午气温高达 35~40℃甚至超过 40℃，造成高温灼伤，花粉败育，花朵萎缩从而落花。

植株生长营养不良 番茄进入花果期后，开花、花蕾形成、坐果和果实生长发育等对各种养分的需求达高峰。此时若养分供应不足，则会出现落花落果。营养不良还会影响到花器官及果实的正常发育，如出现花粉小、花柱细长不均的现象，致使不能正常授粉从而脱落。

二、防止番茄落花落果的方法

壮苗 培育壮苗移栽，增强植株的抗逆性。

调控温湿 科学调控番茄生长环境的温湿条件，适时定植，避免盲目抢早，防止早春低温影响花器发育。定植后，白天温度应保持在25℃，夜间温度应保持在15℃，促进花芽分化，棚室温度超过30℃时应放风调温。

适时灌水排水 保持地面干爽，高温时对叶面喷水雾以降温、护花保果，及时整枝打杈。

合理施肥 花果期后，及时合理施肥，确保各种养分均衡供应。以叶面喷肥为宜，如坐果期喷施0.2%~0.3%磷酸二氢钾。

及时进行植物生长调节剂处理 可在第1~2花序小花半开或全开时使用番茄灵20~30mg/kg，一般喷施、浸蘸花朵使用番茄灵45~50mg/kg，蘸花梗使用番茄灵40~45mg/kg，春季防低温落花使用番茄灵45~50mg/kg，夏季防高温落花使用番茄灵35mg/kg。2,4-D（二氯苯氧乙酸）使用浓度为20~30mg/kg，高温季节浸花、喷花浓度稍低，低温时稍高，但要防止出现药害。

（四）适时采收

果实成熟期分为绿熟期、转色期、成熟期和完熟期 4 个时期。成熟期果实如图 2-8 所示。

图 2-8　成熟期果实

1）绿熟期。绿熟期也称白熟期。此时果实个头已长足，果实由绿变白，坚实，涩味大，不宜食用，放置一段时间或用药剂处理后即可成熟，适于储藏及远途运输。为使果实尽早转红，提前上市，常在绿熟期使用乙烯利催熟。可以使用 0.2%～0.4%乙烯利溶液涂果，使果实提前 3～5 天成熟，果实品质好、鲜艳、产量高；也可以把果实采下，先用 0.1%～0.4%乙烯利溶液喷洒或蘸果，再用薄膜封严，可提早 6～8 天转红，但通过该方法处理的果实外观显黄，着色不显眼，品质差。对将要拉秧的番茄，为使小果提早成熟，可用 800～1000 倍乙烯利溶液整秧喷施。

2）转色期。这一时期的果顶端逐渐着色达全果的 1/4，采收后 2～3 天可全部着色，适于短途运输。

3）成熟期。成熟期的果实呈现品种的特有色泽，营养价值最高，适于生食和就地市场供应，不耐运输。

4）完熟期。此时的果实变软，只能做果酱或留作采种。

当果实转色 7～8 成后，也就是在转色期和成熟期之间要及时采收，此时果实坚硬、耐运输、品质好，能延长货架期，同时减轻果实对植株造成负担。一般选择在早晨采收，可以保证果实的新鲜度，大番茄从里层采收，小番茄可以整穗采收。

综 合 评 价

综合评价以自我评价和小组评价相结合的方式进行，指导教师（或师傅）根据考核评价和学生学习成果进行综合评价。

1. 根据任务完成情况，检查任务完成质量。

2. 归纳总结定植操作技术要点并进行应用推广，提出提高番茄定植成活率的措施与方法，并进行试验和推广。

3. 走进不同规模、不同地域的设施番茄生产企业，按照企业生产标准化要求，对该企业的生产管理实施过程、规章制度完善性进行点评，评价一下番茄种植田间管理是否规范合理，提出田间管理的合理化建议。

番茄设施生产考核评价表如表 2-1 所示。

表 2-1　番茄设施生产考核评价表

班级：　　　第（　　）小组　　　姓名：　　　　时间：

评价模块	评价内容	分值	自我评价	小组评价
理论知识	1. 掌握番茄设施生产的茬口安排	10		
	2. 掌握番茄设施生产的品种选择	10		
	3. 掌握番茄设施生产的工作流程和田间管理要点	10		
操作技能	1. 能进行番茄设施育苗生产	20		
	2. 能运用农业技术措施防止番茄落花落果	20		
	3. 能运用番茄设施生产技术进行生产流程管理	20		
职业素养	1. 以人为本，具有绿色蔬菜产品生产的理念	5		
	2. 团队合作，具有精益求精的职业精神	5		

综合评价：

指导教师（或师傅）签字：

工作领域 4

茄子设施生产

【核心概念】

茄子设施生产是指利用人工建造设施，为茄子提供适宜的温、光、水、气等环境条件而进行的优质、高产、高效栽培。栽培生产包括育苗、定植前准备、定植、田间管理、采收等环节。

【学习目标】

1. 了解茄子生物学特征。
2. 掌握茄子设施生产茬口安排。
3. 掌握茄子设施生产品种选择。
4. 能进行茄子设施育苗生产。
5. 能进行茄子设施嫁接育苗。
6. 掌握茄子设施生产田间管理要点。

在自然条件下，我国北方地区只能在无霜期开展茄子种植，长江以南无霜地区可四季开展茄子种植。随着设施农业的发展，我国茄子已经实现周年供应，生产大体可以划分为冬春、秋冬两个茬口。前者通常在10～11月播种，翌年4月上市；后者通常在6月播种，10月上市。

我国是茄子生产大国，种植分布广泛，山东、河南、河北、辽宁、江苏、四川等省份是茄子的主要产区。依据茄子类型的不同划分出七大产区：中原圆果茄子主栽区，以浅绿肉紫黑圆茄、白肉紫红圆茄和河南的绿皮浅绿肉卵圆茄为代表；东北紫黑长茄主栽区，果顶呈尖鹰嘴形；华东紫红长茄主栽区，以浙江线茄为代表；华中长茄主栽区，紫黑果长35cm以上，果顶呈圆形；华南长茄主栽区，表皮呈紫红色，果顶呈圆形，整体为长棒形；西北高圆茄主栽区，以陕西罐形茄为代表；西南长茄主栽区，西南长茄与东北长茄类似，较东北长茄粗。

知识准备　茄子生物学特征

茄子又被称作矮瓜、白茄、吊菜子、落苏、茄子、紫茄等，为一年生作物。

一、茄子植物学特征

茄子植株示意图如图 2-9 所示。

1. 根

茄子根系发达，由粗大的主根和多数的侧根组成。根群深达 120～150cm，横展 120cm 左右，吸收能力强。育苗移栽的茄子根系分布较浅，多分布在 30cm 深的土层中。茄子的根系木栓化较早，再生能力弱，不宜进行多次移植。在栽培上对茄子进行分苗和起苗定植时，一定要避免伤根。

图 2-9　茄子植株示意图

2. 茎

茄子的茎为圆形，直立、粗壮，株高 80～110cm，品种不同差异很大，有的甚至高达 2m 以上。茎的颜色通常为紫色或绿色。茄子茎和枝条的木质化程度比较高。分枝通常为假二叉分枝。早熟品种在主茎生长 6～8 片真叶后，即着生第一朵花。中熟或晚熟品种只有当长出 8～9 片叶以后才着生第一朵花。当顶芽变为花芽后，紧挨花芽的 2 个侧芽抽生成第一对较健壮的侧枝，代替主枝生长，成为"丫"字形。以后每一侧枝长出 2～3 片叶后，即形成一个花芽和一对次生侧枝，依次类推。茄子所结果实不在二叉正中，而是生长在一侧。主茎的叶腋也可生出侧枝、开花结果，但这些枝较弱，果实成熟晚，所以多被摘除。在生产上，为了防止倒伏，合理空间布局，一般设立支架。在设施栽培中，可以采用吊架的形式调整株形，以便更好地通风透光。

3. 叶

茄子叶片肥大，单叶互生，呈卵圆形或长椭圆形。叶呈紫色或绿色，叶缘为波状。茄子的叶的蒸腾量较大。茄子的茎和叶的色泽有绿色、紫色，果实为紫色，其嫩茎及叶柄带紫色，果实为白色、青色，其茎叶则为绿色。

4. 花

茄子的花为单生或簇生，花冠为紫色，花瓣和花萼各 5～6 枚。萼片基部合生呈筒状。雄蕊有 5 枚，着生于花冠筒内侧，花药顶端孔裂散粉，雌蕊有 1 枚。花柱高于花药为长柱花（正常花），单生花多为长柱花，簇生花中第一个花多为长柱花，其余为短柱花，以长柱花坐果，短柱花一般不能坐果。茄子的花为自花授粉，自然杂交率为 3%～7%。

5. 果实

茄子的果实由子房发育而成，属于浆果，以嫩果作食用。果肉主要由果皮、胎座和心髓部构成，胎座的海绵薄壁组织很发达，是果实的主要食用部分。

茄子果实的形状有圆球形、扁球形、椭圆形、卵圆形和长棒形等；果实的颜色有鲜紫色、暗紫色、紫红色、白色、绿色等，以紫红色最多见；果肉的颜色有白色、黄白色和绿色。

6. 种子

茄子的种子发育晚，只有当果实快要成熟时才迅速发育，种子较小，千粒重为 3.16～5.3g。每个果实内含种子 500～1000 粒，种子寿命为 3～4 年，使用寿命为 1～3 年。

二、茄子生育期特征

茄子的生育周期与番茄的生育周期基本相似，但发芽较番茄缓慢，花芽分化也较迟，一般在 3～4 叶期开始花芽分化，花芽分化后 35～40 天开花，因此茄子的苗期较长。

茄子生育期可分为发芽期、幼苗期、开花期和结果期。

1. 发芽期

从种子吸水萌动到第一片真叶显露为发芽期。出苗前要求温度为 25～30℃；出苗至真叶显露要求白天温度为 20℃左右，夜间温度为 15℃左右。发芽期为 10～12 天，在这一时期，温度过低，发芽和生长受抑制；温度过高，胚轴徒长，秧苗较弱。

2. 幼苗期

第一片真叶显露到现蕾为幼苗期，这一时期为 50～60 天。白天适温为 22～25℃，夜间适温为 15～18℃。当主茎具 3～4 片叶时开始分化花芽。在强光照和 9～12 小时短日照条件下，幼苗发育快，花芽出现早。当主茎具 5～11 片展开叶时，第四级侧枝和花芽已经开始分化。

3. 开花期

从第一花序现蕾至坐果为开花期。这一时期是茄子从以营养生长为主过渡到生殖生长与营养生长同等发展的转折时期，直接关系到食用器官的形成及产量。农事操作一般采用适当的蹲苗（促控的转折点）。

4. 结果期

门茄现蕾后进入结果期。这个时期茄子的茎叶和果实生长适温为白天25～30℃，夜间16～20℃。在适宜温度条件下，果实生长 15 天左右达到成熟。受精后子房膨大露出花萼，这种现象被称为"瞪眼"。"瞪眼"前果实以细胞分裂、增加细胞数为主，果实生长缓慢；"瞪眼"后果肉细胞膨大，果实迅速生长，整个植株进入果实生长为主的时期。温度低于 15℃时果实生长缓慢，低于 10℃时生长停顿。当温度为 35～40℃时，茎叶虽能正常生长，但花器发育受阻，造成果实畸形或落花落果。

茄子不抗霜冻，遇霜植株会被冻死。茄子生长要求中等强度的光照，光饱和点为40klx，光补偿点为 2klx。若光照充足，则果皮有光泽，皮色鲜艳；若光照弱，则落花率高，畸形果多，皮色暗。

茄子生育期特征如图 2-10 所示。

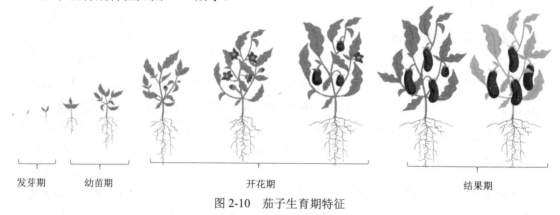

发芽期　　　幼苗期　　　　　　　　开花期　　　　　　　　结果期

图 2-10　茄子生育期特征

工作任务 1　茄子设施育苗

▌任务描述　某现代农业科技有限公司计划进行设施茄子种植，但不太熟悉茄子设施生产茬口及品种选择等。作为蔬菜生产技术员，请对该公司的问题给出满意的解答或提出科学可操作的实施方案。

通过学习本工作任务，学生应熟练掌握茄子设施生产茬口安排及品种选择的原则和方法，了解茄子设施生产茬口及品种选择过程中存在的问题，并就存在的问题提出科学可行的解决办法。

▐**任务目标**　1. 掌握茄子生产品种选择的方法。
　　　　　　　2. 掌握茄子设施生产茬口安排。
　　　　　　　3. 熟悉茄子嫁接育苗的基本操作规程。
　　　　　　　4. 能进行茄子嫁接后管理。

▐相关知识

茄子属于茄科茄属植物，产量高、适应性强、供应期长。茄子在我国各地均可栽培，为夏秋季的主要蔬菜之一，但在高温多雨季节茄子的栽培病害严重。

（一）茄子生产茬口

1. 塑料大棚春提早栽培

塑料大棚茄子栽培一般分为春提早栽培和秋延后栽培两个茬口。塑料大棚的空间和跨度较大，有利于保温，因此，在进行塑料大棚春提早栽培时，其定植期一般要比当地小拱棚春早熟栽培略晚。华北地区一般于 12 月下旬至翌年 1 月上旬播种育苗，3 月中下旬定植，4 月下旬开始采收上市，采收期可以持续到 6 月中旬。东北和西北地区一般于 1 月中下旬播种育苗，4 月上中旬定植，5 月上中旬上市。黄淮流域一般于 12 月上中旬播种育苗，翌年 2 月下旬定植，4 月上旬开始采收。

2. 塑料大棚秋延后栽培

在进行塑料大棚秋延后栽培时，一般于 6 月上中旬至 7 月中旬播种，7 月中下旬至 8 月中下旬定植。塑料大棚秋延后栽培的播种苗期正值高温雨季，育苗困难，加上秋季适宜的生长期较短，生长后期特别容易遭受低温、寒潮的影响从而使得产量较低，因此本茬茄子栽培面积很小。但秋延后塑料大棚茄子上市时间正赶上露地栽培茄子的拉秧期，在露地茄子上市的后期供应，市场销售价格比较高。

3. 日光温室秋冬茬栽培

日光温室秋冬茬栽培茄子一般在夏季播种育苗，入冬后采收。茄子生长前期高温、强光、多雨，不利于培育壮苗，茄苗容易徒长，而且容易发病；定植后温度偏高，失水较快，茄苗容易萎蔫，缓苗时间长，死苗率高；茄子结果期温度下降，光照时间缩短，光强减弱，不利于果实的生长。此期对设施茄子栽培技术要求高，生产风险大，茄子的生产供应量较少，但此茬茄子上市时间正值元旦、春节等节假日，市场的需求量大，价格高，效益比较好。

4. 日光温室冬春茬栽培

日光温室冬春茬栽培茄子在技术上相对比较容易，经济效益也较好。在正常情况下，这茬茄子一般是 10 月下旬到 11 月初播种育苗，苗龄为 80～100 天，翌年 1 月下旬到 2 月上旬定植，3 月中旬开始采收，到 6 月结束。但是在一些温光条件好的冬用型日光温室，也可在 9 月下旬播种育苗，12 月上中旬定植，翌年 2 月中旬开始采收。冬春茬是解决早春和初夏市场供应最重要的一茬，可以弥补春季和夏初供应的缺口，同时使茄子取得较高的经济效益。

（二）茄子品种选择

1. 主要栽培品种

茄子的栽培品种有 3 种，分别为紫茄品种、绿茄品种和白茄品种。

（1）紫茄品种

布利塔　长茄类型，无限生长型，生长速度快，植株直立、开展度大，花朵和萼片较小，叶片较小，无刺，第一花着生于第 8～9 节上，连续结实能力强，坐果率极高，单株结果可达 20～25 个，采收期长，丰产性好。果实呈长形，果长 25～35cm，直径为 6～8cm，单果重 300～400g。果实呈紫黑色，光滑油亮，果柄和萼片呈鲜绿色，果肉致密细嫩，味道鲜美，商品性好，品质佳。果实耐储运，货架寿命期长，市场价格高。该品种成熟早，在低温、弱光、高湿条件下结果正常，着色好，无畸形果，抗病性强，对多种病害有较强的抗性，适应范围广。适宜北方地区冬季温室和早春温室栽培。

安德烈　无限生长型，生长旺盛，植株直立、开展度较大，花朵和萼片较小，叶片中等大，第一花着生于第 8～9 节上，连续结实能力强，坐果率高，采收期长，丰产性好。果实呈灯泡形，果长 22～25cm，直径为 8～10cm，单果重 400～450g。果实呈紫黑色，光滑油亮，果柄和萼片呈鲜绿色，果肉致密细嫩，味道鲜美，商品性好，耐储运，货架寿命期长，品质佳。该品种为早熟种，在低温、弱光、高温条件下生长良好、正常结果，着色好，无畸形果，抗病性强，对多种病害有较强的抗性，适应范围广。

牟尼卡　无限生长型早熟一代杂种。植株生长旺盛，节间较短，叶色深绿。果实光滑，果皮呈深紫色近黑色，有光泽。果柄、萼片均为绿色。该品种坐果率高，抗病性和耐低温能力强；丰产性好，适宜日光温室和塑料大棚越冬、早春和秋延后茬栽培。

北京六叶茄　植株生长中等，门茄着生于第 6 节上。果实呈扁圆形，纵径为 9cm，横径为 10～12cm，单果重 400～500g。果皮呈黑紫色，有光泽。果肉呈浅绿白色，肉质致密、细嫩，品质好。该品种早熟性强，较耐低温；对绵疫病、褐纹病具有较强的抗性，但易受红蜘蛛、茶黄螨危害。

（2）绿茄品种

西安绿茄　植株高大，生长势强，门茄着生于第 7～8 节上，果实呈卵圆形，单果重 300～500g。果皮较厚，呈油绿色，有光泽。果肉较硬，肉质细致，呈白色，品质好，较耐储运。该品种为中早熟种，较耐低温，但抗病性一般。

京茄绿丰　株形半开张，叶色浓绿，门茄着生于第 8 节，连续结果能力强，每株可结果 8～10 个。果实呈椭圆形，平均单果重 250～400g。果皮呈鲜绿色，油亮有光泽，果肉呈浅绿白色，肉质疏松细嫩，纤维少，商品性好，品质佳。该品种为中早熟种，耐低温弱光，低温下易坐果，果实发育快、畸形果少，适应性好。

颍州大青茄　早熟青茄杂交种，植株长势强，株形较高，叶片大，叶色深绿，茎秆粗壮，早熟性好，长出 9～11 片真叶时着生门茄。果实呈卵圆形，膨大速度快。果皮呈绿色，光亮，果肉呈绿白色，肉质细嫩，平均单果重 800g 左右，综合抗病能力强。该品种适合北方地区保护地和露地种植。

（3）白茄品种

白衣天使　早熟品种，植株直立，茎秆粗壮，生长旺盛。果实呈长条形，果长 25～35cm，直径为 6cm 左右，单果重 150～200g。果皮呈纯白色，有光泽，果肉细嫩，种子少，品质极优。该品种抗病、耐热性强，适宜在全国各茄子生产区大棚和露地早春栽培。

荷兰白色蛋形茄　中早熟品种，初花早，花簇生，每个花序有 4～8 朵小花，短期弱光照下，大多数花可形成长、中柱花，坐果率高。果实品质好，含干物质多，营养价值高。果皮呈白色，有光泽，果长 8～13cm，似蛋形，单果重 120～150g。绿柄，绿萼，无刺。植株生长势、结果能力强，丰产性好，抗旱、抗病能力强。

2. 品种选择的方法

茄子品种是设施茄子栽培丰产的基础，在影响茄子增产的综合因素中，品种起决定作用。茄子良种对增产的贡献率为 40%以上，选用保护地茄子生产优良品种尤为重要。

（1）冬春茬茄子栽培的品种选择

冬春茬茄子栽培对品种的要求：中晚熟，植株长势强，结果期长，产量高，果形和果实大小符合市场的要求；植株在高温、潮湿及弱光条件下不发生徒长，以确保植株及时坐果。在抗病性上，此茬应选用高抗茄子病毒病、褐纹病等不易发生病害的品种。

（2）早春茬茄子栽培的品种选择

早春茬茄子栽培对品种的要求：早熟，植株中等偏小，适合密植，增加种植密度。由于植株生长处于低温和弱光照时期，选用的品种应能在低温和弱光照条件下保持较强的坐果能力。在抗病性上，此茬应选用高抗病毒病、免疫病等病害的品种。

（3）秋冬茬茄子栽培的品种选择

秋冬茬茄子栽培对品种的要求：中早熟，植株中等偏小，适合密植，增加种植密度；在高温、潮湿及弱光条件下不发生徒长。因为此茬坐果初期处于高温季节，结果盛期处于低温寒冷时期，所以应合理选择品种，以耐低温和弱光照品种为主。在抗病性上，此茬应选用高抗茄子病毒病的品种，以有效预防前期高温引发的病毒病。

特别提示

调研当地茄子生产品种，应做到以下几点。

1）了解当地气候条件，结合市场需求变化，制定科学可行的茄子生产茬口及品种选择方案。

2）了解茄子新品种的品种特性和种植要点。

3）认识、了解当地常见的茄子生产设施类型及特点。

任务实施

（一）茄子穴盘育苗

1. 选择播种育苗时间

茄子设施育苗

茄子的苗龄大多为 80～90 天，育苗时间是根据定植时间来决定的，定植时间则是根据栽培环境和地温来决定的。茄子一般在早春栽培，10cm 处最低地温稳定在 13℃以上时可定植。若为日光温室生产，则地温达到 15℃以上、气温达到 20℃以上时可定植。在确定好定植时间后，往前推算 80～90 天就是播种育苗时间。

2. 育苗前准备

1）育苗场地准备。根据季节、气候条件的不同，选用日光温室、塑料大棚、连栋温室等育苗设施，夏秋季应配有防虫、遮阳设施，秋冬季应配有棉被、草苫等保温设施，并对育苗场所及育苗设施进行消毒处理。

2）移动苗床准备。温室配置移动苗床，苗床南北放置，高 75～80cm，宽 160～180cm，长度不限。苗床之间留宽 45～50cm 的人行道。

3）喷水设备准备。连栋温室安装行走式或固定式自动喷水设备；日光温室、塑料大棚利用长软管加细孔喷头手动喷水。

4）催芽室准备。冬季可在温室内建催芽室，催芽室内配置穴盘架，盘架高 2m、长 2.2m、宽 0.6m，设 3～4 层隔板，底层离地面 20cm，板间距为 40～60cm。

5）穴盘准备。选用 54.4cm×27.9cm×4.5cm 的穴盘，孔数为 72 孔，孔径为 4cm×4cm。

6）基质准备。通常可选用泥炭土、蛭石、炉渣等作为基质材料，也可从基质生产厂家购买穴盘育苗商品基质。自配基质的比例为泥炭土∶炉渣∶蛭石=2∶1∶1，要求孔隙度为60%，pH值为6～7，碱解氮不低于150mg/kg，有效磷不低于50mg/kg，速效钾不低于100mg/kg。商品基质的质量要达到标准，即有效微生物活菌数≥5.00×10^{7}个/g，不含重金属等有毒有害物质。

3. 育苗

1）浸种催芽。为了提高种子的萌发速度，可进行种子活化处理，其方法是将种子浸泡在 500mg/kg 赤霉素溶液中 24 小时，风干后播种或丸粒化后播种。先用 50～55℃温汤浸种 15 分钟，再用清水浸泡 6～8 小时，捞出洗净，置于 25～30℃环境中保温催芽。

2）基质装盘。基质装盘前应先过筛，除去团状的基质。将预拌湿好的基质装入穴盘中，穴面用刮板或空穴盘的穴面从穴盘的一方刮向另一方，使每个孔穴都装满基质，装盘后各个格室清晰可见。基质以搅拌过的湿润基质为佳，可使幼苗出土整齐一致。

3）播种。播种前先用相同规格的空穴盘或特别压盘架垂直放在装满基质的穴盘上，两手平放在空穴盘上轻轻下压，穴深 0.8～1cm，深浅一致。每穴播种 1 粒，72 孔穴盘播种深度为 1cm 左右，128 孔和 288 孔穴盘播种深度为 0.5～1cm。播种后覆土。播种覆盖作业完毕后将穴盘喷透水，使基质达到最大持水量。

4）播后催芽。催芽室温度保持在 28～30℃，湿度保持在 70%～80%，穴盘错开码放在隔板上，覆盖地膜，当有 60%种芽拱土时挪出；畦床和苗床催芽时，将穴盘整齐排放在地面畦床或移动苗床上，覆盖地膜，当有 60%以上种芽破土时，揭去地膜。

4. 苗期管理

1）水分管理。浇水选在晴天 11 时前、16 时后进行，应一次性浇透；应及时对穴盘边缘苗进行人工补水；定植前减少水分供应。

2）温度管理。白天温度控制在 20～26℃，夜间温度控制在 15～18℃。

3）光照管理。夏秋茬育苗时，晴天正午在棚膜上覆盖遮阳网，成苗后撤去。

4）施肥管理。适时补充基质养分，真叶露心时和二叶一心时，各追施一次化肥，化肥选用氮磷钾含量为 20∶5∶20 的复合肥料，浓度为 50mg/L 或者选用 1‰～2‰的尿素和磷酸二氢钾 1∶1 混配肥料。

5）矮化管理。延长光照时间，加大昼夜温差，适当控水等。

6）商品苗选择。商品苗的叶片数为 5～7 片，株高 13～15cm，子叶完整，根系布满基质，无黄叶，无病虫害。

7）病虫害防治。主要病害是猝倒病、立枯病、沤根；主要虫害是蚜虫、斑潜蝇。播前消毒：每亩育苗场所用 80%敌敌畏乳油 250g 拌上锯末，与 2～3kg 硫磺粉混合，分 10 处点燃，密闭一昼夜，放风后无味时育苗；种子用温汤浸种法消毒；穴盘用 0.1%福尔马林或高锰酸钾溶液浸泡 10～15 分钟后，用清水洗净；苗床用 70%甲基托布津可湿性粉剂 1000 倍液喷 1～2 次。在农业防治上，沤根采取控水、增温、通风排湿等措施，亦可撒施干基质或草木灰吸湿。在物理防治上，采用防虫网覆盖和黄板诱杀消除害虫。在药剂防治上，按照规定执行，严格控制农药用量和安全间隔期，禁止使用高毒高残留农药。

5. 壮苗

茄子穴盘育苗成品苗标准因穴盘孔大小而异。选用 72 孔穴盘育苗的，株高 16～18cm，茎粗 4～4.5cm，叶面积为 90～100cm²，达 6～7 片真叶并现小花蕾时销售，苗龄为 80～85 天；选用 128 孔穴盘育苗的，株高 8～10cm，茎粗 2.5～3cm，有 4～5 片真叶，叶面积为 40～50cm²，苗龄为 70～75 天。成品苗达到标准时，根系将基质紧紧缠绕，将种苗从穴盘拔起也不会出现散坨现象。出圃前应适度控水，前 1 天宜喷施广谱性杀菌剂和杀虫剂的混合水溶液。淘汰弱苗、病苗、劣质苗。

图 2-11　茄子穴盘育苗成品苗

茄子穴盘育苗成品苗如图 2-11 所示。

（二）茄子嫁接育苗

1. 育苗前准备

茄子嫁接育苗要具备良好的育苗场所，空气和灌溉用水符合要求，灌溉水的 EC 值小于 1.5mS/cm，pH 值为 6～7；具有良好的生产保护设施，如苗床、灌溉系统、加温系统、降温系统、补光系统、遮光系统等；具备催芽室、供电设备等。嫁接育苗前对设施、使用的器具进行全方位消毒，调配好基质，做好基质消毒工作。

2. 砧木及接穗的选择

（1）砧木的选择

选择适宜的砧木是嫁接的基础，良好的茄子砧木应与接穗有较高的嫁接亲和力和良好的共生亲和力，具有更强的抗病虫、耐寒、耐热、耐湿能力和较强的吸水和吸肥能力。目前，在生产上使用较多的砧木有托鲁巴姆、刺茄和赤茄。云南水茄也可以作砧木品种。云南水茄不但具有良好的砧木特性，而且抗病性强，植株长势强，根系发达，再生能力强。

（2）接穗的选择

茄子嫁接育苗对接穗的要求不是很严格，茄科植物一般具有良好的亲和性。嫁接后的接穗的种性不变，产量比自根苗高 1～2 倍，而且可以提高品质。接穗可根据当地的消费习惯、栽培目的等因素选用高产、抗病、抗逆和商品性好的主栽品种。

3. 育苗

（1）确定播种期

调控条件较好的温室，一年四季均可嫁接。根据生产定植期确定砧木、接穗的播种期，嫁接苗从播种到定植，生长期需要 80 天左右。砧木播种期比接穗播种期提前 20 天左右。一般选用云南水茄作为砧木，由于云南水茄的休眠期长、种皮厚、发芽慢，一般砧木较接穗提前15天播种。

（2）种子处理

砧木种子处理：砧木种子要用赤霉素（浓度为1∶6000）进行处理，先用50g白酒溶解1g赤霉素，兑水6.5kg浸种12小时，取出后用清水洗净（清洗3次），然后进行变温催芽。将浸泡好的砧木种子放入催芽箱内，先将温度调到20℃处理16小时，再将温度调到30℃处理8小时，每天如此反复调温两次，同时每天用清水洗涤一次，胚根长出1mm长时播种最为适宜。

接穗种子处理：接穗种子要进行消毒，以免接穗带有病毒，达不到嫁接的目的。接穗种子的消毒方法为：①55℃温水浸种15分钟；②0.3%高锰酸钾浸种30分钟；③30℃温水浸种15分钟；④用清水冲洗种皮，清除种皮上的黏液；⑤用干净纱布包好后，在25～30℃条件下进行催芽；⑥每天用清水淘洗一次，7天后，种子露白即可播种。

（3）播种

砧木种子、接穗种子均可播在平底穴盘中，营养土采用50%充分腐熟优质有机肥、50%疏松田园土（必须是近年未种过茄果类蔬菜的），每立方米基质中加三元复合肥1kg、50%多菌灵100g，进行充分混合，注意配制时要混合均匀、细碎。将催好芽的砧木种子均匀播种在装满营养土的穴盘中，浇透水，先覆土，再覆盖薄膜保温保湿，出苗后要及时掀膜放风。接穗种子的播种方法同砧木种子的播种方法。

（4）分苗

当砧木真叶长到2叶1心时开始分苗，分苗前两天苗床浇1次透水，利于起苗。砧木移入8cm×8cm的营养钵或50孔穴盘内。分苗后使用的营养土采用商品育苗基质，每立方米育苗基质加50%多菌灵可湿性粉剂100g，充分混合。按照同样标准，移接穗苗到营养土制作的苗床，为保证接穗苗的健壮，分苗后苗间距为2cm×2cm。

（5）苗期管理

砧木、接穗苗期进行正常管理，防止徒长，适当追施磷酸钾肥促苗健壮。育苗室内温度白天维持在23～30℃，夜间维持在16～18℃。砧木或接穗两片子叶展平后逐渐降低温度，白天维持在20～25℃，夜间维持在14～18℃。高温或低温季节育苗时采取相应降温或升温的措施。高温季节中午有强光时，可适当减弱光照，低温季节通常要增加光照，连续阴雨天可启用补光系统。当砧木、接穗子叶展开到2叶1心时，要见干见湿，基质含水量保持在65%～75%。当子叶完全展开后开始施肥，每3天浇一遍水肥，前期氮肥浓度为70mg/kg，后期可逐渐提高到100～140mg/kg。嫁接前5～7天对接穗苗和砧木苗采取控水促壮措施，以提高嫁接成活率。嫁接前1天，给砧木、接穗浇透水。同时要实时注意育苗室内的温湿度变化，及时做好保温控湿工作。

4. 嫁接

茄子嫁接技术是采用野生茄科植物作为茄子嫁接砧木，将茄苗嫁接在砧木上的一项技术。茄子（特别是连作茄子）栽培经常受到土传病害的危害，如黄萎病、枯萎病、线虫病等，造成品质下降和产量降低。采用嫁接育苗的方式栽培，生产出的茄子不但商品性好、采收期长、产量高，而且对黄萎病、枯萎病和线虫病等土传病具有免疫和高抗能力，同时可以减少种植过程中化学农药的使用，确保农产品的质量安全。通过茄子嫁接不仅可以解决重茬问题，还可以提高品质、增加产量。因此，茄子嫁接是一项防病增产的有效措施，也是生产无公害蔬菜不可缺少的技术。茄子嫁接育苗操作及嫁接苗如图 2-12 和图 2-13 所示。

图 2-12　茄子嫁接育苗操作　　　　　　图 2-13　茄子嫁接苗

（1）嫁接过程

砧木苗长有 5～6 片真叶、接穗苗长有 4～5 片真叶时为嫁接最适期，砧木留 2 片真叶后将其上部一次性去除。嫁接方法有劈接法、套管嫁接法、贴接法。贴接法的操作技术要点：当砧木苗长有 5～6 片真叶时，将砧木苗保留 2 片真叶，随之用刀片在第 2 片真叶上面节间斜削，使其呈 30° 的斜面，去掉以上部分，斜面长 1～1.5cm；取接穗苗，接穗苗的上部要保留 2～3 片叶，先用刀片削成与砧木相反的斜面，再将 2 个斜面迅速贴合到一起，对齐，用嫁接夹固定。

（2）嫁接后管理

湿度管理：嫁接后 1～3 天小拱棚不得通风，湿度维持在 95% 以上；7 天后必须把湿度降下来；15 天后都要进行放风排湿。当气温较低时放风时间应在 20 天左右。

温度管理：嫁接后 1～3 天白天温度维持在 28～30℃，夜间温度维持在 17～20℃，地温维持在 20℃ 左右；3 天后白天温度维持在 25～27℃，夜间温度维持在 16～18℃。

光照管理：嫁接后 1～3 天要以遮阳为主；第 3～6 天见光和遮阳交替进行，避开中午光照强的时候见光；20 天后去掉小拱棚，转入正常管理；30 天后去除嫁接夹，及时抹除砧木上萌发的枝蘖，注意预防苗期病害的发生。

及时除蘖：嫁接苗经过 7～10 天伤口开始愈合，接穗开始生长，而砧木的侧芽生长也很迅速，如果不及时去掉，会直接影响接穗的生长发育。因此，在伤口愈合后，要及时地去除砧木侧芽，并且应在晴天上午进行操作，以免病毒通过伤口侵染植株。

去除固定物：茄子嫁接去嫁接夹不宜过早，否则容易使嫁接苗从砧木接口处折断。因为茄子的茎的木质化程度较高，所以可以晚一些去嫁接夹，不会影响茄苗生长发育。茄子嫁接10天后接穗可断根，嫁接后40天左右可以定植移栽。

5. 炼苗

嫁接后 20 天左右，可以清楚辨认嫁接苗是否成活，剔除接穗死亡的嫁接苗，去除成活嫁接苗砧木上萌发的侧芽，喷一次杀菌剂，揭开遮阳网进行炼苗。当接穗长出新叶后可喷施一次 0.2%叶面肥以促进嫁接苗生长。

在进行日光温室冬春茬生产栽培时，苗期处于寒冷冬季，气温低、光照短，不利于幼苗生长，因此，在育苗过程中要注意防寒保温，争取光照，使幼苗健壮发育。

苗龄的确定：苗龄因品种、育苗方式和环境条件不同而有异。冬春茬栽培多在温室中育苗，其苗龄为：早熟品种 60～70 天，中晚熟品种 80～90 天（若应用电热温床育苗，则早熟品种可缩短到 40～50 天，晚熟品种可缩短到 50～60 天）。北方地区 11 月上旬至 12 月上旬定植，供应期在翌年 1 月上旬至 6 月，则播种期在 9 月上旬至 10 月上旬。

工作任务 2　茄子定植和田间管理

▌**任务描述**　　　　作为蔬菜生产技术员，要熟悉并掌握定植前准备工作、定植过程中操作方法及定植后缓苗期种苗管理要点，及时补苗，确保定植种苗的质量和成活率。学会对茄子田间管理中的温、光、水、气、肥进行调节和整枝等，为茄子高效生产提供有力支撑。

通过学习本工作任务，设施茄子生产时，学生应能熟练掌握土壤和棚室消毒、施肥、作畦、定植等操作的关键要点，以及茄子设施栽培中的水肥管理、温湿度管理、植株调整、病虫害防治等田间管理要点，做到促控结合，为实现茄子生产的高产优质目标创造良好的条件。

▌**任务目标**　1. 掌握茄子定植的标准。

2. 能进行茄子定植前的各项准备工作。

3. 掌握茄子田间管理关键技术要点。

茄子定植　　　茄子田间管理

相关知识

1. 温度

茄子喜欢较高的温度,怕寒冷。在发芽期,以 25～30℃为宜;在苗期,白天以 25～30℃为宜,夜间以 18～25℃为宜;在开花结果期,则以 30℃左右为宜。若温度低于 15℃,则植株生长衰弱,出现落花落果现象。若温度低于 10℃,就会引起植株新陈代谢的紊乱,甚至使植株停止生长。若温度低于 0℃,就会使植株受到冻害。当温度高于 35℃时,又会使植株发生生理障碍,严重时会产生僵果。

2. 光照

茄子对光照时间长短反应不敏感,也就是说,只要在温度适宜的条件下,不论哪个季节都能开花结果。但茄子对光照强度要求较高,其光饱和点为 40 klx,在茄果类中属中等强度光照。在自然光照下,日照时间越长,越能促进发育,并且使花芽分化早、花期提前。如果光照不足,则侧花芽分化晚,开花迟,甚至造成长花柱花减少,中花柱花和短花柱花增多。

3. 水分

茄子在高温、高湿环境条件下生长良好,对水分的需要量大。但是,茄子对水分的需求又随着生育阶段的不同而有所差别,在门茄"瞪眼"以前需要水分较少,在对茄收获前后需要水分最多。茄子坐果率和产量与当时的降水量及空气相对湿度呈负相关。空气相对湿度长期超过 80%,容易引起病害的发生。田间最大持水量保持在 60%～80%最好,一般不能低于55%,否则会出现僵苗、僵果。茄子喜欢水但又怕涝,如果地下水位高、排水不良,则容易烂根,雨水多、空气湿度大会造成授粉困难,落花落果严重,因此春夏秋季要注意排水。

4. 土壤

茄子对土壤要求不严,但以富含有机质、疏松、排水良好的壤土为宜,pH 值以 6.8～7.3 为宜。茄子比较耐肥,又以嫩果为产品,对氮肥要求较高,钾肥次之,磷肥较少,其中氮、磷、钾的比例是 3:1.5:2.5,故施肥时可以把总量 1/3～1/2 的氮肥、钾肥和全部的磷肥作为底肥,其余的作为追肥施入。此外,茄子容易出现缺镁症,缺镁时会妨碍叶绿素的形成,叶脉周围变黄,因此应补充镁肥。

任务实施

(一)茄子定植前准备

1)土壤和棚室环境消毒。定植前先将棚内的残株、杂草清理干净,然后进行消毒。每亩用500g的45%百菌清烟剂，防治真菌病害。使用异丙威烟剂可防治白粉虱、蚜虫等。密闭熏蒸一昼夜后，次日清晨打开通风口放风。线虫发生地块应在翻地前撒施10%噻唑膦颗粒剂30～75kg/hm²或5%阿维菌素颗粒剂45～75kg/hm²防治。6～7月可浇大水泡地并覆盖地膜，利用紫外线进行高温杀菌消毒。

2）旋地施肥。一般每亩施腐熟有机肥 5000kg、三元复合肥 40kg，视种植情况还可添加其他微量元素肥。将底肥均匀撒施于地面，深翻两遍 30cm 深即可起垄。

3）整地作畦。定植规格为双行植，畦高 30cm、宽 85cm，株距为 30～40cm。密度为每亩 2000～2200 株。

4）挖穴、铺设滴灌带和地膜。首先按照株距 40cm、行距 60cm 的标准挖定植穴，然后在畦面上沿定植行，在距定植穴 3～5cm 处铺上滴灌带，末端扎紧固定，滴灌带滴孔向上，最后覆打孔地膜，绷紧压实（打孔地膜株行距与定植株行距应一致）。

（二）茄子定植

1. 确定定植密度及定植时间

1）定植密度。按照株距 40cm、行距 60cm 的标准，采用高畦双行栽培。每亩栽植2000～2200 株。

2）定植时间。定植一般选在晴天下午进行。

2. 定植操作

1）选择定植方法。首先按照定植穴进行栽苗，然后覆土，适当压实，覆土深度以不超过子叶为宜。

2）确定定植深度。定植深度主要取决于蔬菜品种的生物学特性。茄子容易生不定根，适当深栽可促发不定根，增加根系数量，易于成活。

3）浇缓苗水。定植后一次性浇足缓苗水。

3. 缓苗期管理

1）茄子种苗缓苗期的管理。不论是哪种栽培形式，定植后都应严密覆盖塑料薄膜，用土将薄膜四周压好；尽量提高畦温，促进缓苗。上午阳光照到畦面时，要及时揭开棉被，使植株多见光。缓苗期一般不通风，若中午光照太强，幼苗发生萎蔫，则可适当搭盖部分棉被，使畦内出现花荫，午后撤去。

2）缓苗后的管理。定植后 5～6 天，若心叶放绿，则是缓苗的标志。幼苗一旦缓苗，就应及时通风。白天维持畦温为 25℃，夜间维持畦温为 15～17℃。通风的原则是由小到大，即一天当中随气温升高，通风口的个数增多，同时通风口也由小加大。

3）及时补苗。及时开展查苗巡苗工作，在巡查过程中，如果发现有缺棵、死棵、病棵等现象，则要及时进行补苗，保证苗齐、苗壮。

茄子定植如图 2-14 所示。

图 2-14　茄子定植

（三）茄子田间管理

1. 温湿度管理及光照管理

1）温度管理。茄子是一种喜温而耐热的植物，其最适温度为 25～30℃。苗期时，白天温度控制在 25～30℃，夜间温度控制在 15～20℃，当温度处于 15℃ 以下时，植株生长缓慢，并会造成落花。温度低于 10℃ 时会影响作物生长。

2）湿度管理。茄子生长所需的空气相对湿度最佳为 70%～80%，春季温度升高，蒸发量加大，易造成空气相对湿度降低，不利于茄子正常生长发育。因此须有效提高棚室的空气相对湿度，可以进行适量浇水，加大蒸发；或者对棚室进行喷水，增加空气相对湿度；也可以采用覆盖遮阳网等措施适当遮阴，降低温度，增加空气相对湿度。

3）光照管理。茄子对光照时间和强度有一定的要求。在日照长、强度高的条件下，茄子生长旺盛，花芽质量好，果实产量高，着色佳。

2. 水肥管理

茄子浇水要按照实际需求进行，不能对其定时定量浇水。浇水前要通过查看土壤墒情来进行判断，茄子在定植前要浇透，幼苗期需水量少，坐果后需水量增加。茄子喜水又不耐水，土壤潮湿通气不良时，易引起沤根，空气湿度大容易发生病害，因此要合理地把控茄子生长的水分需求。

冬季茄子的浇水量应适当减少，此时水温低，浇水多会明显降低温度，导致茄子的生理活动受到影响，阻碍茄子的生长发育。因此，冬季浇水一方面要在晴天进行，另一方面要减少浇水量，利用地膜覆盖进行保湿，减少浇水次数。在夏季，应避免在中午高温时浇水，宜选在早晨进行。此外，浇水还应注意：阴天不浇晴天浇。

肥料以底肥、冲施肥、叶面肥三者合一进行施用。底肥以完全腐熟的农家肥为主，如稻壳鸡粪、羊粪有机肥等，再辅以适量三元复合肥和钙肥。冲施肥又称滴灌施肥。坐果后就可进行冲施，通常是由平衡肥（氮∶磷∶钾=1∶1∶1）、高钾膨果肥（氮∶磷∶钾=2∶1∶3）、钙肥组合而成的。中途视土壤情况还可添加微生物菌肥。叶面肥可在坐果后穿插其中，进行叶面喷施，叶片可直接吸收，见效快。茄子的水肥管理应遵循少量多次的原则。

3. 植株调整

1）搭架。在畦的南北方向架起铁丝支架，在棚室中央拉一条东西方向的铁丝，起到支撑固定的作用，还可使用其他物件用以支撑。

2）绑蔓。在生长结果期，果实膨大且植株较高，此时应绑蔓吊秧，对其进行固定。

3）整枝。整枝可分为单干整枝和双干整枝两种整枝方式。

单干整枝：每株茄子只留 1 个枝干作为主枝，在门茄以上结两个果实，长到采收标准一半大小时，侧枝留 2～3 片叶摘心；以后每级发出侧枝都留两个果实，一个侧枝留 2～3 片叶摘心。

双干整枝：在对茄以上，留下 2 个枝干，每枝留 1 个茄子，每层果留 2 个茄子。到后期，根据环境条件可以留 3 个枝干。

4）打杈。除所留主干外，其余侧枝一概清除。杈子在 4～7cm 时除去最佳。整枝打杈宜在晴天无露水时进行，不宜在下雨前后或有露水时进行。打杈时不保留基部，将其彻底抹除，打杈后须施药杀菌，防止伤口受到病害的侵染。

5）疏花疏果。疏果时，一般大果型品种留 2～3 个果，中果型品种留 3～5 个果，小果型品种留 4～6 个果。待果实坐住以后再疏掉果形不整齐、形状不标准、同一果穗发育太晚太小的果实。茄子一般不进行疏花，但须把畸形花摘去，即表现出双柱头、萼片多、花瓣多、花柱短而扁、子房畸形等的花朵。

6）打老叶。在温室大棚中栽培，为增加透光、通风量，需要对下部叶片进行清理，将黄叶、病叶打去，每次打叶不超过 5 片，打掉的老叶及时深埋或烧掉。

（四）适时采收

大棚茄子采收必须要适时，门茄应适当早采收，以免影响植株生长，对茄以后的茄子达到采收标准时采收，采收早影响产量，采收晚品质下降，还影响上部果实生长。对茄以后茄子采收标准：茄子萼片与果实相连接的环状带趋于不明显或正在消失时，果实光泽度好。采收最好在下午或傍晚进行。采收时，要防止折断枝条或拉掉果柄，最好用剪刀采收。

茄子果实成熟如图 2-15 所示。

图 2-15　茄子果实成熟

综合评价

综合评价以自我评价和小组评价相结合的方式进行，指导教师（或师傅）根据考核评价和学生学习成果进行综合评价。

1. 根据任务完成情况，检查任务完成质量。

2. 归纳总结定植操作技术要点并进行应用推广，提出提高茄子定植成活率的措施与方法，并进行试验和推广。

3. 走进不同规模、不同地域的企业，按照企业生产标准化要求，对该企业的生产管理实施过程、规章制度完善性进行点评，评价一下茄子种植田间管理是否规范合理，提出田间管理的合理化建议。

茄子设施生产考核评价表如表 2-2 所示。

表 2-2　茄子设施生产考核评价表

班级：　　　第（　　）小组　　　姓名：　　　　时间：

评价模块	评价内容	分值	自我评价	小组评价
理论知识	1. 掌握茄子设施生产的茬口安排	10		
	2. 掌握茄子设施生产的品种选择	10		
	3. 掌握茄子设施生产的工作流程和田间管理要点	10		
操作技能	1. 能进行茄子设施育苗生产	20		
	2. 能进行茄子设施嫁接育苗	20		
	3. 能运用茄子设施生产技术进行生产流程管理	20		
职业素养	1. 以人为本，具有绿色蔬菜产品生产的理念	5		
	2. 团队合作，具有精益求精的职业精神	5		

综合评价：

指导教师（或师傅）签字：

工作领域 5

辣椒设施生产

【核心概念】

辣椒设施生产是指利用人工建造设施，为辣椒提供适宜的温、光、水、气等环境条件而进行的优质、高产、高效栽培。栽培生产包括育苗、定植前准备、定植、田间管理、采收等环节。

【学习目标】

1. 了解辣椒生物学特征。
2. 掌握辣椒设施生产茬口安排。
3. 掌握辣椒设施生产品种选择。
4. 能进行辣椒设施育苗生产。
5. 掌握辣椒设施生产田间管理要点。

辣椒别名番椒、辣子等，为茄科辣椒属植物，在温带地区为一年生草本植物，在热带地区为多年生灌木。辣椒产量高，供应期长，适应性强，我国各地均可栽培。辣椒分为味辣的辣椒和味甜的甜椒两大种群。

知识准备 辣椒生物学特征

一、辣椒植物学特征

1. 根

辣椒根系不如茄子根系发达，根量少，入土浅，主要根群分布在表土 30cm 土层内，横向分布范围为45cm；根系再生能力较弱。

2. 茎

辣椒的茎直立，基部木质化，茎上不易产生不定根，茎顶部有一顶芽（叶芽），分枝习性为双杈分枝，也有三杈分枝的。一般小果型植株高大，分枝多，开展度大；大果型植株矮小，分枝少，开展度小。根据植株的分枝能力强弱不同，一般将辣椒分为无限分枝型和有限分枝型两类。

1）无限分枝型。植株高大，生长苗壮。主茎长到 7～15 片叶时，顶芽变为花芽，花芽下位形成分枝，一般有两个分枝，长到 1～2 片叶后顶芽又形成花芽，再抽生分枝，依次陆续抽生各级分枝，陆续开花结果。生长至上层后，由于果实生长的影响，分枝规律有所改变，或枝条生长势强弱不等。

2）有限分枝型。植株矮小，主茎长到 5～13 片叶时，形成顶生花簇而封顶，花簇下的腋芽抽生侧枝，侧枝上的腋芽还可抽生副侧枝，侧枝和副侧枝着生 1～2 片叶后，顶端又形成花簇而封顶，植株不再分枝生长。簇生的朝天椒和观赏的樱桃椒属于此类型。

辣椒基部主茎各节叶腋均可抽生侧枝，但开花结果较晚，应及时摘除，以减少养分消耗。

3. 叶

辣椒为单叶互生、全缘，其叶呈卵圆形或长卵圆形，先端渐尖，叶面光滑，略带光泽。

4. 花

辣椒的花为完全花，花小，呈白色或绿白色，顶生，单生或簇生于分叉点上。辣椒为常异花授粉植物。

5. 果实

辣椒的果实为浆果，果汁少，果梗粗壮，果面光滑或皱缩，果皮与胎座分离形成空腔，果实下垂或向上着生，果实形状有扁柿形、长灯笼形、扁圆形、圆球形、羊角形、牛角形、长或短圆锥形、长指形、短指形、樱桃形等。

6. 种子

辣椒的种子呈肾形，扁平稍皱，为浅黄色，有光泽，种皮较厚，发芽不如茄子快。种子千粒重为 6.7g，发芽年限为 3～4 年。种皮有粗糙的网纹、较厚。辣椒的种子发芽率较低。

二、辣椒生育期特征

辣椒生育期一般分为 4 个时期：发芽期、幼苗期、开花期和结果期。

1. 发芽期

从播种到第一片真叶出现为发芽期，一般辣椒播种后 5～8 天出土，15 天出现第一片真叶。发芽期种子生长适温为 25～30℃，不能耐旱也不能过湿，处于干爽环境下最好。

2. 幼苗期

从第一片真叶开始展开到第一个花蕾现蕾为幼苗期，幼苗期的持续时间一般是 30～50 天，生长点上也开始分化出第一个花蕾，幼苗期的温度、光照、水分及肥料供给要及时且充足，让花芽正常分化，对早熟和高产有帮助。

3. 开花期和结果期

从第一个花蕾现蕾到第一个果坐果为开花期，以后即为结果期。开花期能持续 20～30 天，开花期和结果期一起进行且结果期时间更长，有 60～100 天。在管理上应当加强水肥灌溉并防治病虫害，提升产量，同时保证茎叶正常生长。

辣椒生育期特征如图 2-16 所示。

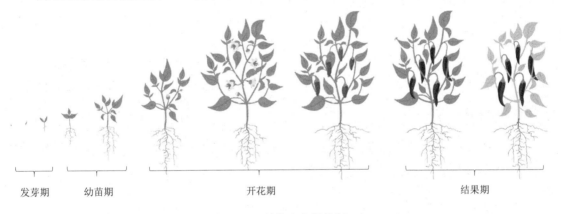

发芽期　　幼苗期　　　　　开花期　　　　　　结果期

图 2-16　辣椒生育期特征

工作任务 1　辣椒设施育苗

▌任务描述　　某现代农业科技有限公司计划进行辣椒设施种植，但不太熟悉辣椒设施生产茬口及品种选择问题，作为蔬菜生产技术员，应对该公司提出的问题给出满意的解答或提出科学可操作的实施方案。

通过学习本工作任务，学生应能熟练掌握辣椒设施生产茬口安排及品种选择的原则和方法，了解辣椒设施生产茬口及品种选择过程中存在的问题，并就存在的问题提出科学可行的解决办法。

任务目标　1. 掌握辣椒生产品种选择的方法。

2. 掌握设施辣椒生产茬口安排。

3. 熟悉辣椒设施育苗基本操作规程。

▌相关知识

辣椒设施育苗

（一）辣椒设施生产茬口

1. 秋冬茬

秋冬茬主要是指在深秋到春季这一段时间内供应市场的栽培茬口，主要供应元旦市场。秋冬茬辣椒 7 月上旬播种育苗，苗龄为 60～70 天，9 月上中旬定植，10 月中旬开始采收。

有些地区管理水平较高，冬春茬辣椒可越夏栽培，立秋前剪枝更新，转入秋冬茬生产。老株更新必须保证植株健康，无病虫害，根系未受损伤，剪枝后可较好地萌发新枝。

2. 越冬茬

越冬茬是温室栽培的主要茬口，也是经济效益高、栽培难度大的茬口。越冬茬辣椒一般在 8 月末至 9 月初播种育苗，苗龄为 70～80 天，11 月上中旬定植，翌年 1 月上旬收获。

3. 冬春茬

冬春茬辣椒于 11 月下旬播种育苗，翌年 1 月下旬定植，3 月中旬开始收获，植株生育正常，易受病虫危害，管理好可越夏栽培。

4. 早春茬

早春茬辣椒于 12 月下旬播种育苗，翌年 3 月下旬定植，5 月中旬进入采收期，延长持续结果期。

一般秋冬茬比越冬茬产量高，越冬茬比冬春茬产量高，冬春茬比早春茬产量高，原因在于其持续结果期不同，秋冬茬比越冬茬长，越冬茬比冬春茬长，冬春茬比早春茬长。

（二）辣椒品种选择

辣椒的品种非常丰富，宜选用耐寒、耐弱光、生长势强、坐果能力强、抗病、丰产、味甜或微辣的品种。辣椒多种多样的品种如图 2-17 所示。

1. 按果实形状分

灯笼椒　植株粗壮高大，叶片肥厚，花大，果大，果实有扁圆形、圆形、圆筒形或钝圆形，颜色有红色、黄色、紫色等，味甜、微辣或不辣。主要品种有中椒 11 号、农发甜椒、甜杂 7 号、京椒 1 号、紫生 2 号、白星 2 号、甜杂新 1 号等。

图 2-17　辣椒多种多样的品种

牛角椒　植株长势强或中等，果实下垂、粗大、呈牛角形，果肉厚，味微辣或辣。主要品种有中椒 6 号、农大 21 号、丰椒 1 号、华椒 17 号、洛椒 4 号、江蔬 2 号等。

羊角椒　植株长势强或中等，分枝性强，叶片较小或中等，果实下垂、呈羊角形，果肉厚或薄，味辣。主要品种有寿光羊角黄、洛椒 2 号、洛椒 5 号、秦椒 2 号等。

线椒　植株长势强或中等，果实下垂，线形稍弯曲或果面皱褶，果实细长，果肉厚，味辣，坐果数较多，多用作干椒栽培。主要品种有 8212 线辣椒、咸阳线辣子、湘潭尖椒、伊利辣子、陕椒 2001、天椒 1 号、天椒 2 号、韩星 1 号等。

圆锥椒　植株中等或高大，低矮丛生，茎叶细小，果实较小、呈圆锥形或圆筒形，多向上生长或斜生，味辣，产量低，在生产上多用作干椒或观赏栽培。主要品种有邵阳朝天椒、日本三鹰椒、成都二斧头、昆明牛心椒、广东饶平观心椒等。

樱桃椒　植株长势中等或较弱，低矮，叶片较小，果小如樱桃，呈圆形或扁圆形，朝天着生或斜生，成熟椒具有红、黄、紫色等，味极辣，产量低，主要用作干椒或观赏栽培。主要品种有四川成都的扣子椒、五色椒等。

2. 按用途分

菜椒　又称青椒，果实含辣椒素较少或不含。植株高大，长势旺盛，果实大，肉厚，以采收绿熟果鲜食为主。

干椒　又称辛辣椒，果实多为长椒形，含辣椒素较多，以采收红熟果制干椒为主。

水果椒　又称彩色辣椒，果实为灯笼形，颜色多样，在绿熟期或成熟期呈现出红、黄、橙、白、紫等多种颜色。果实色泽鲜艳亮丽，汁多味美，营养价值高，适合生食。主要品种有白公主、紫贵人、佐罗、麦卡比、扎哈维、黄力土、白玉等。

观赏椒 植株长势中等或较弱，株冠中等或较小，果实为红色、黄色或橘红色等，叶片中等或较小，包括樱桃椒、圆锥椒及一些水果椒，以观赏为主。

特别提示

调研当地辣椒生产品种应做到以下几点。

1）了解当地气候条件，并结合市场需求变化，制定科学可行的辣椒生产茬口及品种选择方案。

2）了解辣椒新品种的品种特性和种植要点。

3）认识、了解当地常见的辣椒生产设施类型及特点。

任务实施

1. 培养土的配制及消毒和种子处理

1）培养土配制。选用 1～2 年内未种过茄果类蔬菜、瓜类蔬菜的田园土。田园土宜在 8 月高温时掘取，经充分晾晒后，打碎、过筛，储存于室内并用薄膜覆盖，保持干燥状态备用。使用时加入 30%草炭、30%腐熟的有机肥、复合肥 $1kg/m^3$、过磷酸钙 $0.8kg/m^3$，充分掺匀。

2）培养土消毒。一般 1000kg 培养土用 40%福尔马林溶液 200～300mL 加水 25～30kg 进行消毒。喷洒后充分拌匀堆置。覆盖一层塑料薄膜，闷闭 6～7 天后揭开，翻动摊开，待药味散尽后即可使用。培养土消毒主要是防止猝倒病和菌核病的发生。培养土消毒也可用 70%五氯硝基苯粉剂与 50%福美双或 65%代森锌可湿性粉剂等量混合后消毒。一般每立方米的培养土拌混合药剂 0.12～0.15kg，可防止猝倒病和立枯病的发生。

3）种子处理。播种前将种子放在温水中浸泡 15 分钟，后转入 55～60℃的温汤热水中，用水量为种子量的 5 倍左右，使用过程中不断搅动以使种子受热均匀，使水温维持在 55～60℃范围内 20～30 分钟，以起到杀菌作用。然后降低水温至 28～30℃或将种子转入 28～30℃的温水中，继续浸泡 8～12 小时。

2. 设施育苗方法选择

1）苗床育苗法。铺好床土，整平。播种前一天浇足底水，水渗后将催好芽的种子撒播在畦面上，播种后要及时覆 1cm 培养土，喷一层薄水，插小拱棚，扣地膜保温保湿。辣椒苗床育苗如图 2-18 所示。

图 2-18　辣椒苗床育苗

2）穴盘育苗法。将草炭和蛭石按 2:1 的比例掺匀后，装入 128 孔穴盘，刮平基质后压穴，穴深 0.8～1cm，每穴播 1 粒种子，覆盖蛭石，浇透水。辣椒穴盘育苗如图 2-19 所示。

图 2-19　辣椒穴盘育苗

3. 苗期管理

1）出苗期的管理。控制较高的湿度和温度，播种前应及时浇透苗床。遇低温时应覆盖保温，温度控制在 22～26℃，夜间不低于 18℃。在出苗过程中要防止幼苗"戴帽"，如果"戴帽"现象较少，则可人工挑开；如果"戴帽"现象较多，则可喷适量水或撒些湿润的细土。

2）破心期的管理。在保证幼苗正常生长所需温度的前提下，应使幼苗多见光。晴天可撤除全部覆盖物，遇上低温寒潮，只在夜间和早晚覆盖，白天要加强光照；同时要控制浇水，降低湿度，使床土表面见干见湿；及时间苗，以防因幼苗拥挤和下胚轴伸长过快而成"高脚苗"。

3）旺盛生长期的管理。确保适宜温度，增加光照；保证水分和养分供应，每隔 2～3 天浇一次小水，不要使床土"露白"。结合浇水喷施 2～3 次浓度为 0.1%～0.2%氮、磷、钾含量各 15%左右的复合肥营养液；适时疏松表土。

4）炼苗期的管理。为了提高幼苗对定植后环境的适应能力，缩短缓苗时间，在定植前6～10天控制水肥，并揭除覆盖物以降温、通风，进行幼苗锻炼。

工作任务2 辣椒定植和田间管理

任务描述　作为蔬菜生产技术员，要熟悉并掌握辣椒定植前工作准备、定植过程中操作方法及定植后缓苗期种苗管理要点，确保定植的质量。加强辣椒的田间管理，包括温湿度调控、水肥管理、病虫害防治。

通过学习本工作任务，学生应能够熟练掌握设施辣椒施肥、起垄、定植等操作的关键要点，并做好全方位定植防护工作；能熟练掌握辣椒设施种植温度调控、水肥管理、保花保果措施等田间管理要点。因地制宜、分类指导、科学管理，多举措做细做好田间管理工作，为当地农民增产增收奠定坚实基础。

任务目标　1. 掌握辣椒定植的标准。
2. 能进行辣椒定植前的各项准备工作。
3. 掌握辣椒设施生产田间管理关键技术要点。

辣椒定植

辣椒田间管理

相关知识

辣椒边现蕾，边开花，边结果。它的生长期长，但根系不发达，根量少，入土浅，不耐旱也不耐涝，耐肥能力强。

1. 喜温不耐寒，忌高温

辣椒对温度要求较严格。种子发芽期适温为25～30℃，高于35℃或低于15℃不易发芽；幼苗生长及花芽分化期白天适温为20～25℃，夜间适温为15～20℃；茎叶生长期白天适温为27℃左右，夜间适温为20℃左右；开花结果期白天适温为25～28℃，夜间适温为16～20℃，低于10℃不能开花，幼果不易膨大，并且易出现畸形果，温度低于15℃会导致受精不良，易落花；温度高于35℃，花器官发育不全或柱头干枯不能受精从而落花。温度过高还易诱发病毒病和果实日烧病；果实发育和转色的最佳温度为25～30℃。

2. 耐弱光性

辣椒为短日照植物，对光周期要求不严格，但在较短日照、中等光照强度下开花结实速度快。光饱和点约为30klx，光补偿点为1.5klx，超过光饱和点，会因加强光呼吸而消耗更多养分。种子在黑暗条件下易发芽；秧苗生长发育则要求具有良好的光照条件；生长发育期间要求具有充足的光照，以利开花坐果。

3. 不耐旱、不抗涝

辣椒对水分要求很严格，它既不耐旱也不抗涝，淹水数小时植株就会萎蔫。适宜土壤相对湿度为60%~70%，适宜空气相对湿度为70%~80%。种子发芽需要较多水分；幼苗期需水量较少，幼苗移栽后需水量增加，但应适当控制水分，促进根系发育；初花期需水量增大；果实膨大期要求较充足的水分。

4. 需肥量大

辣椒生长发育需肥量大，需要充足的氮、磷、钾肥料，对氮、磷、钾的吸收比例为1：0.5：1。幼苗期需肥量少；初花期需肥量不大，可适当施些氮、磷肥；盛花期和结果期对氮、磷、钾的需求量较大；在盛果期，一般应采收1次果实追施1次肥。

5. 土壤要求的广泛性

辣椒对土壤要求不十分严格，在pH值为6.2~7.2的微酸性和中性土壤均可以栽培。以地势高燥、土层深厚、富含有机质、背风向阳、排灌方便的田地为好。不宜栽种在低洼积水或盐碱地上，否则根系发育不良，叶片小，易感染病毒病。

6. 不宜连作

辣椒忌与同科蔬菜、瓜类蔬菜连作，前茬可以是绿叶菜类，或为休闲地，可与早甘蓝、大蒜、速生绿叶菜间作套种，可与秋白菜、萝卜或越冬菜套种。

7. 产量高、经济效益高

1）上市早、经济效益高。辣椒是喜温性植物，生长发育需要有较高的温度，设施覆盖能满足其温度要求，可以提早成熟提早上市。辣椒产量高，经济效益好。

2）生产安全性高。设施的保护作用可避免自然灾害对辣椒生产的影响。辣椒在早春完全覆盖条件下生产，病虫害发生不严重，不需要使用化学农药，产品食用安全性高，基本达到绿色食品标准要求。

> **特别提示**
>
> 根据辣椒需肥规律和土壤肥力的高低，首先施足底肥，在辣椒生长发育的各个时期，按照它对养分的要求增施不同种类和数量的肥料，实行科学追肥。做到"一控、二促、三保、四忌"。一控即开花期控制施肥，以免落花、落叶、落果；二促即幼果期和

采收期要及时追肥，以促幼果迅速膨大；三保即保不脱肥、不徒长、不受肥害；四忌即忌用高浓度肥料，忌湿土追肥，忌高温时追肥，忌过于集中追肥。

▌任务实施

（一）辣椒定植

设施内每亩可施用优质有机肥4000kg、过磷酸钙30kg。深翻30cm以上，耙平，沿南北向起垄，采用高垄栽培，一般垄高15～25cm，垄面宽65～70cm，垄沟宽25～30cm，定植前覆盖地膜。定植前10～15天，逐步进行低温炼苗，夜间温度可降至10～12℃；定植前半个月，扣好塑料大棚，以提高地温。一般选择晴天上午进行定植，株距为30～33cm，每亩定植3000～4000株，及时浇透定植水。

（二）辣椒田间管理

1）温度调控。定植后一周内密闭大棚，促使发根缓苗。缓苗后逐渐放风调节棚内温度。开始时可在大棚两端拦一个高150cm的挡风幕，防止底风直接吹入棚内。白天棚内气温保持在28～30℃，夜间气温保持为15℃以上；随着天气转暖，当夜间棚外气温高于15℃时，昼夜都要注意小通风。

2）水肥管理。定植后，在辣椒封垄前进行一次施肥浇水。每亩沟施复合肥20kg、尿素15kg，或腐熟的粪肥400～600kg。门椒收获后，第2、3层果实的膨大生长需要大量肥料，每亩随水施粪稀2000kg或硫酸铵、尿素15～20kg，加硫酸钾15～20kg。以后每浇2～4水追1次肥，盛果期一般随水追肥2～3次。

3）中耕、除草。定植后随着天气转暖，田间出现杂草，杂草是辣椒主要害虫（蚜虫）寄生的主要场所。在生产上应及时进行中耕、除草，既可消灭蚜虫，又可增加土壤通气性。

4）保花保果措施。选用抗病、抗逆性（抗高温、耐低温、耐寒、耐涝）强的品种，加强水肥管理，在生产上应注意按需要和比例施用氮、磷、钾三要素，特别是氮素肥料不能过多或过少，增强植株抗性。对早春温度过低或夏季温度过高引起的落花，可以用25～30mg/L的防落素或30～35mg/L的辣椒灵，辣椒灵等溶液在花期喷洒；或用毛笔蘸取10～15mg/L的2,4-D溶液涂花柄。在此期间要注意防治蚜虫，可喷施药剂进行防治，喷药时可酌情加0.2%磷酸二氢钾或0.3%尿素进行叶面追肥。设施辣椒生长状况如图2-20所示。

（三）辣椒适时采收

以采收嫩果上市的辣椒对商品成熟度指标要求不严格，只要果实充分长大，果肉亦厚，果色变深，表面具有较好光泽时就可采收。一般开花后 35～40 天果实即可长足，为采收适期。门椒、对椒应及早采摘，以免影响植株长势。

图 2-20　设施辣椒生长状况

综 合 评 价

综合评价以自我评价和小组评价相结合的方式进行，指导教师（或师傅）根据考核评价和学生学习成果进行综合评价。

1. 根据任务完成情况，检查任务完成质量。

2. 归纳总结定植操作技术要点并进行应用推广，提出提高辣椒定植成活率的措施与方法，并进行试验和推广。

3. 走进不同规模、不同地域的企业，按照企业生产标准化要求，对该企业的生产管理实施过程、规章制度完善性进行点评，评价一下辣椒种植田间管理是否规范合理，提出田间管理的合理化建议。

辣椒设施生产考核评价表如表 2-3 所示。

表 2-3　辣椒设施生产考核评价表

班级：　　　第（　　）小组　　　姓名：　　　时间：

评价模块	评价内容	分值	自我评价	小组评价
理论知识	1. 掌握辣椒设施生产的茬口安排	10		
	2. 掌握辣椒设施生产的品种选择	10		
	3. 掌握辣椒设施生产的工作流程和田间管理要点	10		
操作技能	1. 能进行辣椒设施育苗生产	20		
	2. 能运用农业技术措施防治辣椒病虫害	20		
	3. 能运用辣椒设施生产技术进行生产流程管理	20		

续表

评价模块	评价内容	分值	自我评价	小组评价
职业素养	1. 以人为本，具有绿色蔬菜产品生产的理念	5		
	2. 团队合作，具有精益求精的职业精神	5		

综合评价：

指导教师（或师傅）签字：

1. 番茄壮苗标准是什么？

2. 简述番茄设施育苗技术要点。

3. 简述番茄日光温室冬春茬栽培定植后的管理要点。

4. 简述如何解决辣椒苗期出现的问题。

5. 简述茄子种植常见的病虫害及防治方法。

6. 简述茄子贴接法操作技术要点。

7. 简述防止辣椒落花落果的方法。

8. 简述辣椒对外界环境条件的要求。

模块 3

瓜类蔬菜设施生产

　　瓜类蔬菜种类较多，属葫芦科一年生或多年生草本植物，包括黄瓜、甜瓜、南瓜、西瓜、冬瓜、丝瓜、苦瓜、佛手瓜、西葫芦及蛇瓜等。瓜类蔬菜一般原产于热带或亚热带地区，整个生育期要求较高的温度，不耐轻霜，要求较大的昼夜温差。西瓜、甜瓜、冬瓜、节瓜和南瓜耐热，要求气候干燥而阳光充足；黄瓜、普通甜瓜和其他瓜类耐热性都较差，能够适应温暖多雨的气候。西葫芦、南瓜、冬瓜、西瓜、甜瓜和笋瓜等瓜类蔬菜根系比较强大，有一定程度的耐旱能力；黄瓜根系较弱，一般不耐旱。瓜类蔬菜在设施栽培上有很多共同点。本模块的主要内容有黄瓜、西瓜和甜瓜的设施生产，包括生产茬口及品种选择、设施育苗和田间管理等。

【学习导航】

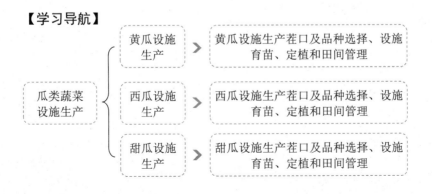

黄瓜设施生产

【核心概念】

黄瓜设施生产是指利用人工建造设施，为黄瓜提供适宜的温、光、水、气等环境条件而进行的优质、高产、高效栽培。栽培生产包括育苗、定植前准备、定植、田间管理、采收等环节。

【学习目标】

1. 了解黄瓜生物学特征。
2. 掌握黄瓜设施生产茬口安排。
3. 掌握黄瓜设施生产品种选择。
4. 能进行黄瓜设施育苗生产。
5. 能进行黄瓜设施嫁接育苗。
6. 掌握黄瓜设施生产田间管理要点。

黄瓜以幼果为食用器官，营养丰富，为世界性的主要蔬菜之一。黄瓜营养价值高，含有人体必需的多种营养成分和矿物盐，每100g鲜果中含干物质3～6g，其中碳水化合物为1.6～4.1g，蛋白质为0.4～1.2g，以及多种矿质元素和维生素等。黄瓜还含有丙醇二酸，它能抑制体内多余的糖转化为脂肪，有助于减肥。

近年来，随着市场需求的增加，黄瓜越来越受到广大菜农的青睐。黄瓜设施生产带来显著的经济效益，而且实现周年生产，能均衡蔬菜市场供应。

知识准备　黄瓜生物学特征

黄瓜为葫芦科一年生蔓生或攀缘草本植物。

一、黄瓜植物学特征

1. 根

黄瓜属于直根系，分为主根、侧根和不定根。黄瓜根系较浅，主要的根群分布在 0～20cm 的土层中，耐旱能力不强，栽培时必须经常保持土壤湿润。黄瓜根系木栓化早，容易断根，断后再生能力差，故不适合大苗移栽。

2. 茎

黄瓜为攀缘茎，蔓生、中空，含水量较高，易折断。一般长 2～2.5m。在高温、弱光、水分稍多时，易徒长。主蔓叶腋间可抽生侧蔓，早熟品种侧蔓少，中晚熟品种侧蔓多。

3. 叶

黄瓜的子叶为椭圆形，子叶的大小、厚薄与苗的生长好坏有关。子叶大而肥厚，幼苗的根系发育好，生长健壮。真叶呈掌状、五角形，互生，表面被有刺毛和气孔。自第五片真叶开始在各叶腋间发生卷须，植株开始攀缘生长。真叶叶面积较大，蒸腾能力强，缺水时立即萎蔫，因此，黄瓜对土壤水分和空气湿度要求较高。真叶从生长点向下 15～30 片叶的同化量最大。

4. 花

黄瓜的花为退化型腋生单性花，花序退化为花簇，每朵花分化初期均有萼片、花冠、蜜腺、雌雄蕊、初生突起。在形成萼片和花冠后，雌蕊退化，形成雄花；雄蕊退化，形成雌花；雌雄蕊都有所发育，则形成两性花。雄花常腋生多花，雌花腋生单花或多花。花冠呈钟状，5 裂，黄色。雌花子房下位，3 室，侧膜胎座，花柱短，柱头 3 裂。雄蕊 5 枚，组成 3 组并联成筒状。黄瓜的花为虫媒花，雌雄同株异花。早熟品种在主蔓上自二、三节生第一雄花；以后连续数节发生雌花，或间歇数节再生雌花。晚熟品种雌花着生晚。黄瓜花的形态如图 3-1 所示。黄瓜花在早晨 5～6 时开放，开花前一天花粉就有发芽力，花粉在花药裂开后 4～5 小时内授粉率最高，高温时花粉寿命最短。

图 3-1　黄瓜花的形态

5. 果实

黄瓜的果实为瓠果，由花托和子房发育而成，如图 3-2 所示。果实的形状、大小、色泽因品种不同而异。黄瓜的果实具有单性结果的能力，即使在没有昆虫授粉的情况下，子房照样可发育成种子不发育的果实。这一特性在设施栽培中具有重要意义，因为一般设施中昆虫较少，授粉困难，大多数黄瓜品种具有单性结实的特点，所以黄瓜很适合在设施内栽培。

6. 种子

黄瓜的种子呈长椭圆形，扁平、黄白色，如图 3-3 所示，陈种子为灰白色。每条黄瓜有种子 100～300 粒，种子千粒重为 23～25g，寿命为 2～3 年。

图 3-2　黄瓜的果实　　　　图 3-3　黄瓜的种子

二、黄瓜生育期特征

1. 发芽期

从种子萌动到第一片真叶出现为发芽期，第一片真叶展开标志着发芽期的结束，由异养阶段过渡到自养阶段。发芽期需要积温 197～217℃，历时 10～13 天。

2. 育苗期

从第一片真叶展开到茎蔓伸长为育苗期。这一时期在叶面积、叶片数、根系增加的同时进行花芽分化，是黄瓜产量形成的时期。黄瓜的幼苗如图 3-4 所示。

图 3-4　黄瓜的幼苗

3. 初花期

从茎蔓伸长到根瓜坐住为初花期，是黄瓜为大量开花结果打基础的时期，在生产上既要防止徒长，又要防止坠秧，保持地上部与地下部、营养生长与生殖生长的平衡。

4. 结果期

从根瓜坐住到拉秧为结果期。这一时期时间的长短受环境条件的影响，露地夏秋茬黄瓜结果期只有一个多月，而日光温室冬春茬黄瓜结果期长达 160～170 天。

黄瓜生育期特征如图 3-5 所示。

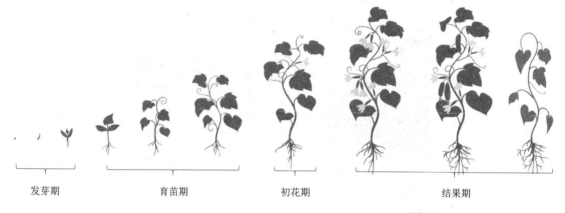

发芽期　　　　　育苗期　　　　　初花期　　　　　结果期

图 3-5　黄瓜生育期特征

工作任务 1　黄瓜设施育苗

▌任务描述　某现代农业科技有限公司计划进行黄瓜设施种植，但不太熟悉黄瓜设施生产茬口及品种选择问题，作为蔬菜生产技术员，应对该公司的问题给出满意的解答或提出科学可操作的实施方案。

通过对当地气候条件的了解，结合市场需求变化，制定科学可行的黄瓜设施生产茬口及品种选择方案，指导进行设施育苗和嫁接苗的培育。

▌任务目标　1. 掌握黄瓜生产品种选择的方法。

2. 掌握黄瓜设施生产茬口安排。

3. 熟悉黄瓜设施嫁接育苗基本操作规程。

4. 能进行黄瓜嫁接后管理。

黄瓜设施育苗

▌相关知识

科学合理地安排黄瓜设施生产茬口，能够提高种植者的经济效益，满足市场供应和消费者的要求。

（一）黄瓜生产茬口

日光温室黄瓜生产有冬春茬、秋冬茬和春茬 3 种茬口。冬春茬黄瓜生产效益较高，是大多数黄瓜产区的主要栽培类型，即于秋末冬初在日光温室内定植黄瓜，冬末开始采收，生育期跨越冬、春、夏三季，采收期长达 160 天以上。黄瓜设施栽培核心是采用嫁接换根，大温差培育适龄壮苗，增施有机肥，垄作覆膜暗灌，进行变温管理，提高植株的抗逆性，延长生长期，获得高产量、高效益。秋冬茬黄瓜生产以深秋初冬供应市场为主要目标，采收期可延至春节前，是衔接大中棚和冬春茬黄瓜生产的茬口，是北方黄瓜周年供应的重要环节。秋冬茬黄瓜一般在 9 月中下旬定植，10 月中旬开始采收，元旦后拉秧。春茬黄瓜上市期比大棚黄瓜上市期提早 45～60 天。一般于 12 月下旬至翌年 1 月上旬播种，2 月上中旬定植，3 月上中旬开始采收，7 月上旬拔秧。蔬菜大棚黄瓜生产有两种茬口，即春季早熟生产和秋季延迟生产，春季早熟生产是主要生产茬口。

（二）黄瓜品种选择

黄瓜品种很多，在设施生产上要根据不同的环境条件和茬口选择适宜的品种。

1. 日光温室冬春茬品种选择

日光温室冬春茬对黄瓜的耐低温、耐弱光能力要求非常高，因此必须选择耐低温、耐弱光、雌花节位低、节成性好、抗病性强、品质好的品种。具有代表性的华北型保护地黄瓜新品种有津优 358 号、新农黄 1 号、中农 37 号、中农 50 号、京研 118、津优 319、中农 33 号、津美 79、京研优胜、科润 99、津优 336、京研 109、绿园 7 号、津优 316、津冬 365。具有代表性的华南型黄瓜新品种有甘丰春玉、唐秋 209、百福 10 号、力丰、龙早 1 号、东农 812、盛秋 2 号、吉杂 17、唐杂 6 号、龙园黄冠、龙园翼剑、燕青。水果型黄瓜新品种有京研迷你 9 号、津美 11 号等。

2. 日光温室秋冬茬品种选择

日光温室秋冬茬多从中晚熟品种中选择适宜品种。较适宜的品种有津杂 1 号、津杂 2 号、津研 7 号、夏丰 1 号、京旭 2 号、中农 1101 和秋棚 1 号等。

3. 大棚春提早栽培品种选择

大棚春提早栽培选择耐寒、雌花节位低、节成性好、抗病性强、产量高、品质好的早熟品种。在生产上普遍采用的有长春密刺、新泰密刺、山东密刺、津杂 1 号、津杂 2 号、中农 5 号、鲁黄瓜 4 号、碧春、农大 12 等。

4. 大棚秋延后栽培品种选择

大棚秋延后栽培品种应具有耐热性、抗病性和丰产性。目前使用较多的品种有津研 4 号、津杂 1 号、津杂 2 号、秋棚 1 号、秋棚 2 号、京旭 1 号、京旭 2 号、津春 4 号和中农 8 号。

5. 露地夏秋地膜覆盖栽培品种选择

露地夏秋地膜覆盖栽培应选择抗病、耐热、丰产的品种。目前使用较多的品种有津杂 1 号、津杂 2 号、津春 4 号、中农 8 号等。

特别提示

调研当地黄瓜生产品种应做到以下几点。

1）了解黄瓜主要品种的特点、品质、糖度、抗病性。明确各个品种的生育期、果实发育期。

2）通过市场调查了解、分析当地黄瓜市场消费需求。

任务实施

（一）播种期安排与播种量确定

根据茬口和上市季节要求安排播种期。一般日光温室栽培宜在 10 月上旬至 10 月底播种；早春大棚栽培宜在 2 月上旬播种。播种量为 2250～3000g/hm²。若采用嫁接育苗，则嫁接用黑籽南瓜的用种量为 22.5～30kg/hm²。

（二）种子处理

1）药剂消毒。先用清水浸种 15 分钟，捞出后放入 40%福尔马林 150 倍液浸种 40～60 分钟，或用 0.1%多菌灵盐酸盐水溶液浸种 1 小时，用清水冲净后再浸种；也可用相当于种子质量 0.3%的 50%多菌灵拌种后直接播种。

2）热水烫种。先用凉水浸没种子，再向浸种子的容器内注入开水，边倒水边向一个方向搅拌，使水温迅速升至 55～60℃，经 1～2 分钟注入凉水使水温降至 25～30℃后浸种。

3）催芽。将消毒处理过的种子用 30℃的水浸种 4～5 小时，捞出后用干净的湿纱布包好，置于 25～28℃下保湿催芽，每 6～12 小时用清水冲洗 1 次，当85%的种子露白时即可播种。

（三）苗床准备

选择前茬不是瓜地的菜园地作苗床，苗床宽 1.2m；可以用穴盘育苗，穴盘规格为 40cm×30cm×6cm；或者使用营养钵育苗，营养钵规格为直径 8～10cm、高 10～12cm。育苗时准备好充足的营养土，以备盖籽和装钵之用，配制营养土宜选用2/3优质菜园土和1/3腐熟有机肥混合。将营养土中的土块打碎，充分整平，并用 50%多菌灵 200～300 倍液进行土壤消毒。

（四）播种及苗床管理

1. 播种

将配好的营养土装入营养钵中，使营养土距钵口 1cm，然后用手稍微压实。将营养钵摆放整齐，浇透水，待水下渗后即可播种。每钵播 1～2 粒种子，种子上覆盖 1～1.5cm 厚的营养土，土上再覆盖一层地膜并加盖小拱棚。若用穴盘育苗，则每穴播种子 1 粒。

2. 嫁接苗播种

若黄瓜应用嫁接栽培，则除常规播种黄瓜外，还要播种黑籽南瓜。如果采用靠接法，则黄瓜要比黑籽南瓜早播种 5～6 天；如果采用插接法，则黑籽南瓜要比黄瓜早播种 4～5 天。

3. 苗床管理

苗床管理又分为嫁接前管理和嫁接后管理。

嫁接前管理的要点：播种后使床内温度保持为25～28℃。经过 3 天幼苗即可出土，要及时覆盖地膜。根据苗床土壤或营养钵土壤肥力情况，根外喷施 0.2%磷酸二氢钾溶液，缓苗后转入正常生长管理。

嫁接后管理的要点：嫁接后 1～3 天内苗床要保持高温，以后温度逐渐降低。嫁接后应及时用草苫或遮阳网遮盖，防止水分蒸发，也可根据棚内湿度情况每天喷水 1～2 次，3 天后适当通小风。在一般情况下，靠接苗10 天后断根，插接苗 10 天后伤口愈合，可转入正常苗床管理，培育壮苗。

关键技术 **培育黄瓜适龄壮苗**

培育适龄壮苗是瓜类生产中高产、稳产、抗病的基础。苗龄过小，长势弱，抗性必然差，必将影响以后的产量。苗龄过大，秧苗过大，定植时伤害较严重，不利于定植后缓苗，也将影响黄瓜的生长发育。

黄瓜春季保护地早熟栽培一般选用壮苗定植，要求有 4～5 片真叶，叶片较大，呈深绿色，子叶健全，厚实胀大，株高 15cm 左右，下胚轴长度不超过 6cm，茎粗 5～6mm，能见雌瓜组，根系发达、较密、白色，没有病虫害。如果株高超过 17cm，茎粗小于 5mm，节间长，叶片薄而色淡，刺毛软，见到瓜纽，根系很稀，则为徒长苗。如果株高低于 13cm，茎粗小于 5mm，叶片小而色深，节间很短，近生长点叶片抱团，瓜纽明显超过生长点，则为老化苗或僵苗。

（五）黄瓜嫁接育苗及管理

黄瓜适应能力强，南北方地区均有种植，嫁接育苗可以提高黄瓜的品质和产量，广泛应用在黄瓜设施栽培中。黄瓜嫁接育苗及管理包括确定播种期、砧木培育、接穗培育、嫁接、嫁接后管理等工作内容。

1. 确定播种期

为了使砧木和接穗的最适嫁接期协调一致，应从播种期上进行调控。播种期的确定取决于所采用的嫁接方法。例如，采用插接法的接穗小，应先播砧木南瓜，3～4 天后再播接穗黄瓜。

关键要点

1）所播种子都应催芽，如果播种干籽，则既会使苗期延长，也会使砧木和接穗的最适嫁接期难以达到一致。

2）一般接穗的播种量要比计划苗数增加 20%～30%，而砧木的播种量又要比接穗的播种量增加 20%～30%。

2. 砧木培育

（1）种子处理与浸种催芽

黑籽南瓜种子（特别是新种子）休眠性很强，须进行处理打破休眠，否则发芽率低。打破休眠的方法：一是高温法，在温箱或烘干箱中首先把种子置于 30℃下 4 小时，然后将温度调至 50℃处理 4 小时，最后将温度调至 70℃处理 72 小时后取出种子，缓慢冷却后浸种 24 小时；二是药物浸种，首先用温水将种子浸泡 1～2 小时并搓洗除去杂物，然后用 15～20mg/L 的赤霉素水溶液浸种 24 小时，或用 25%过氧化氢浸种 20 分钟，最后用温水浸种 12 小时；三是热水烫种，先将种子用凉水浸泡 10～20 分钟，再用种子质量 3～5 倍的 70℃热水烫种，注意要不断搅拌，待温度下降后用温水浸种 12 小时。

（2）播种与出苗

砧木的育苗基质可以采用营养土，也可以采用其他的基质，如草炭混合基质，根据实际情况进行确定。草炭混合基质可用 2:1 的草炭、蛭石混合而成，也可用 1:1:1 的草炭、蛭石、废菇料配制而成。配制基质时可加入瓜类蔬菜专用肥，加入的肥料应与基质混拌均匀。砧木黑籽南瓜可选用 72 孔穴盘育苗，播种深度为 1～1.5cm，播种时将所有南瓜种子全部朝同一个方向,这样出苗后子叶方向整齐,嫁接操作时效率高,嫁接后成活率高。播种后用约1cm厚的蛭石覆盖,然后将育苗穴盘喷透水,以水从穴盘底孔滴出为宜。出苗前苗床内的温度应稳定控制在 28～30℃,地温保持在 20℃左右,基质水分含量保持在 70%～80%。

（3）砧木苗的管理

砧木苗的管理要点如下。

1）脱壳与防病。南瓜种子容易"戴帽"出土,出苗后应及时除去戴帽苗的种皮,同时可喷施72.2%霜霉威水剂1000倍液,预防猝倒病发生。

2）控制苗床温度和湿度。黄瓜靠接需要细长的南瓜苗,而插接则需要粗壮的南瓜苗,但只有保证嫁接时的茎高能达到 4cm 才便于嫁接和定植,一般南瓜子叶节高 5～7cm,过高易倒伏。因此,砧木出苗后要保持较低的温度,白天温度在 25℃以下。

3）水肥管理要精心。浇水的原则是宁干勿湿及不让苗床潮湿过夜,做到"白天湿,夜间干;有风湿,无风干;晴天湿,阴天干"。苗床周围水分蒸发快,容易缺水,应注意管理。复合肥（20-5-20 或 20-20-20）施肥浓度为 50mg/L,也可使用专用肥,浇水施肥应按秧苗生长状况和天气情况灵活掌握。

3. 接穗培育

（1）种子处理与浸种催芽

黄瓜种子表面常附有导致枯萎病、炭疽病、细菌性角斑病的多种病原菌,播种前进行种子消毒十分必要。较好的做法是温汤药剂浸种,不但能杀死附着于种子表面的病原菌,而且能杀死侵入种子里面的病原菌。方法是:将种子放入干净的容器内,先放一点凉水泡 20 分钟,再加热水使水温达到 55℃,浸种 20 分钟。浸种期间要不断搅拌种子,随时观察温度计,维持浸种水温。待水温降到 30℃左右时加 50%多菌灵 500倍液（500g 水中加 1g 多菌灵）浸种 1 小时。捞出种子用水淋洗后继续用 30℃温水浸种 4～5 小时。浸种后首先用清水冲洗 2～3 遍,然后将种子表面水分滤干,用干净的湿布包好,在 26～30℃下进行催芽。经 12 小时左右即可出芽,24 小时出齐,芽长0.3cm 时即可播种。

（2）播种与出苗

砧木南瓜秧苗子叶展平至第 1 片真叶顶心是播种接穗黄瓜的有利时机,从黄瓜第 1 片真叶出苗至第1片真叶出苗48小时之内都是嫁接的良好时机。接穗在穴盘内的时间很短,对基质和肥料的要求不严格,可以将草炭和珍珠岩以 2∶1 的比例混匀后作为基质。在穴盘中铺 1～1.5cm 的基质作底,可加铺一层珍珠岩然后播种,一张 54cm×28cm 的平盘可播种 800～1000 粒,播完后覆盖1.5cm 厚的蛭石或珍珠岩。待幼苗拱出时将苗移到阳光下,子叶展平后及时嫁接。

4. 插接法嫁接

（1）准备工作

嫁接前须做好以下准备工作。

1）给砧木苗喷洒 75%百菌清可湿性粉剂 600 倍液，以防止在嫁接后的保湿期间感染病害。

2）嫁接前给黄瓜苗浇足水，并喷一次 72.2%霜霉威水剂 1000 倍液。

3）准备配套的嫁接工具并用 75%乙醇消毒，洗净手并消毒。

4）将砧木掐去真叶，用嫁接针或竹签剔除砧木生长点。

5）当南瓜苗大小不一时需要分级移苗，将大小相同的苗移入同一个穴盘中，使每个穴盘中的砧木苗长势一致。

6）选择晴天，在温室内或避风遮阴处进行嫁接操作。

（2）嫁接操作

黄瓜穴盘育苗插接法嫁接操作可按以下步骤进行。黄瓜插接法嫁接如图 3-6 所示。

图 3-6 黄瓜插接法嫁接

1）选择与接穗茎同样粗细的嫁接针和锋利的刀片，用 75%乙醇消毒，进行嫁接操作的人也须洗净手并消毒。

2）右手拿嫁接针，针头斜面向下，沿南瓜一侧子叶的上侧插向对面子叶的下侧，左手食指指肚放在对面子叶下方，以感觉插针的程度，感觉到针扎时停止扎针，但先不要把针抽出。插针时右手要感觉阻力，如果感觉阻力小，则很可能是插进砧木茎空腔了，要重新插。正确的插针位置是空腔之上、叶柄底下的实心区域。

3）一人专门负责切取接穗，将黄瓜苗从穴盘内取出，左手拇指和食指捏住两片子叶，将茎秆置于中指上，右手拿刀片在子叶下方 1cm 处切单面楔形，斜面长度为 0.5～1cm。对于出苗晚、茎不够粗的黄瓜苗，须换细的嫁接针嫁接，或让苗在穴盘内生长半天或 1 天，待茎粗一些再进行嫁接，否则将影响成活率。

4）进行嫁接操作的人用右手拇指和食指捏住穗茎，用食指和中指将嫁接针抽出，左手扶稳南瓜苗，将接穗迅速插入插孔，在接穗茎能承受的情况下，插入的接穗越紧越好。

5）嫁接完一个穴盘后用复合肥营养液浸泡穴盘，使其吸足水但不湿到嫁接伤口。随即将穴盘放入准备好的苗床上，先盖上薄膜，再扣上小拱棚。如果气温很高，就可以不盖薄膜只扣小拱棚和遮阳网，防止嫁接苗感病和失水萎蔫。

5. 嫁接后管理

黄瓜嫁接后需要 7～9 天的特殊管理，总的原则是前 3 天高度保湿、遮光，第 4 天及以后逐渐降低空气湿度，增加光照时间和光照强度，最后过渡到正常的光照和湿度进行管理。

（1）前 3 天的管理

以小拱棚为例，嫁接后不通风，保持薄膜内湿度接近 100%，以薄膜上能见水珠为宜。为补足嫁接苗子叶失水，可对其进行适当喷雾，上午嫁接的可在中午前和下午各喷一次水雾；下午嫁接的可在傍晚前喷一次水雾；嫁接后的第 2 天和第 3 天的上午及下午也要各喷一次水雾，所喷水雾量要少，不宜过多，尤其要注意不宜有水滴流入嫁接伤口内。加盖多层遮阳网或无纺布，将光照控制在 5klx 以下；嫁接苗伤口愈合的适宜温度为 25～30℃，最适温度为 28℃。通过遮阳、保温或加温等措施，保持白天温度为 25～30℃，夜间温度为 20℃左右。

（2）第 4 天及以后的管理

去掉薄膜，适当降低温度，每天早晚通风，逐渐加大通风的时间和强度，发现秧苗有萎蔫现象时可适当喷水。若因怕秧苗萎蔫而不通风，则会影响秧苗输水导管的形成，同时造成温度高或光照少，接穗出现徒长现象。通风以在拱棚顶部沿拱棚长度方向开缝通风为宜。

每天早晨和傍晚光照弱时逐层去掉遮阳网，给予 30 分钟至几小时的光照，要视秧苗的承受能力、外界光照强度和温度状况决定去掉几层遮阳网。光照时长以用手感觉黄瓜子叶略发软但不下垂为标准。通风和见光时段要避开中午，否则容易伤害秧苗。

第 5 天或第 6 天后穴盘基质或地面干燥时可以通过叶面补水，用复合肥营养液喷洒淋透穴盘，待叶片上的水滴基本晾干后盖膜保湿。

（3）成活后的管理

一般嫁接后 8 天左右，绝大多数秧苗接穗的颜色由深转浅，开始生长，这时应按照常规的温度、水肥、光照、水分进行管理，若强光、高温比较严重，则可单用遮阳网保护 1～2 天。

特别提示

1）在遮阴不通风的特殊管理期间，南瓜容易长出侧芽或不定芽，要注意及时去除。子叶对于瓜类蔬菜幼苗的光合作用有重要作用，因此抹芽时要避免伤害子叶。嫁接成活后应适时除去嫁接夹等固定物，固定物不能除去太早，否则会影响嫁接苗的愈合成活；固定物也不能除去太晚，否则嫁接苗的幼茎会出现纤细现象，影响根茎的正常生长发育。

2）在嫁接成活后还要进行病虫害防治工作，可喷施百菌清、多菌灵、甲基托布津、农用链霉素等进行防治。

3）定植前一周左右进行低温炼苗，白天温度为 22～24℃，夜间温度为 13～15℃。幼苗经过生长和炼苗，具有一叶一心或两叶一心时即可定植，秧苗过大则影响穴盘内幼苗的光照，而且穴盘内的根系容易老化，影响定植成活率。

关键要点

黄瓜嫁接苗成苗标准：砧木和接穗的 4 片子叶完整，植株一叶一心或两叶一心，叶色浓绿、肥厚，无病斑、无虫害，株高 10～12cm，节间短，茎粗壮，砧木下胚轴长 4～6cm，根坨成型，根系粗壮发达，苗龄为 25～30 天，定植后缓苗和发根快、适应性强、雌花多、节位低。

工作任务2 黄瓜定植和田间管理

▌任务描述　　某现代农业科技有限公司计划栽培黄瓜 3hm²。作为蔬菜生产技术员，要指导定植前准备工作、定植过程中操作方法及定植后田间管理等。

▌任务目标　1. 掌握黄瓜定植的标准。
　　　　　　　2. 能进行黄瓜定植前的各项准备工作。
　　　　　　　3. 掌握黄瓜田间管理关键技术要点。

▌相关知识

1. 攀缘性

黄瓜的茎为攀缘茎，蔓生、中空、含水量高、易折断。长出 6～7 片叶后，不能直立生长，需要搭架或吊蔓栽培。黄瓜的茎能无限生长，叶腋间有分生侧蔓的能力，掐尖破坏顶端优势后，主蔓上的侧蔓由下而上依次发生。

2. 喜温性

黄瓜为葫芦科喜温植物，适宜生长的温度范围为 10～40℃，光合作用最适温度为 25～32℃。温度降到 6℃以下黄瓜难以适应；温度在 10～12℃时黄瓜生理活动失调，生长缓慢或停止生长，因此，在栽培中 10℃为黄瓜栽培最低温度；温度在 40℃以上黄瓜同化作用急剧下降，生长停止；温度在 45℃以上经过 3 小时，茎叶虽不受害但叶片颜色变淡，落花落蕾严重；温度在 50℃持续 1 小时，黄瓜出现日灼，严重时凋萎；当设施内温度达 60℃时，经 5～6 分钟，黄瓜组织被破坏从而枯死。

黄瓜对地温敏感。地温低，根系不伸展，吸水吸肥能力弱，茎不伸长，叶色变黄。黄瓜根系伸展最低地温是 8℃，根毛发生最低地温是 12～14℃，地温 12℃以下根系生理活动受到阻碍，底层叶变黄，最适地温为 20～25℃，最低不低于 15℃。黄瓜生长要求一定的昼夜温差，理想的昼夜温差是 10℃左右，设施内白天应保持在 25～30℃，夜间应保持在 15～20℃。根据这一习性进行昼夜变温管理，更符合黄瓜生物学特征，有利于黄瓜生长发育。

3. 喜湿性

黄瓜喜湿不耐旱，也不耐涝。黄瓜根系大部分集中在 10～30cm 深的表土层中，根系横向半径为 30cm。因此，栽培黄瓜时，要保持土壤湿润，一般要求土壤湿度保持 80%～85%，空气相对湿度白天为 80%左右，夜间为 90%左右。在水分供应充足时，黄瓜可以忍耐 60%以下的空气湿度。在栽培上做到小水勤浇，使用滴灌带可以达到相应要求。

4. 喜光、耐弱光

黄瓜生长最适宜的光照强度为 40～60klx。当设施内光照强度降到自然光照的 1/2 时，黄瓜同化量基本不下降，当设施内光照强度降到自然光照的 1/4 时，同化量就要降低 13.7%，并且造成黄瓜生长发育不良。因此，设施栽培中覆盖材料为玻璃或塑料薄膜时必须保持清洁，以增加设施的透光性。

5. 雌花形成与单性结实性

黄瓜属短日照作物。在幼苗期，低温、短日照有利于花芽向雌性转化，可促进雌花形成。黄瓜雌花分化的日照时间以每天 8～10 小时为宜。低温、短日照是黄瓜雌花形成的重要条件，特别是低温（13～15℃），其有利于植株体内营养物质的积累，能刺激雌花的分化形成。昼夜温差小，幼苗徒长，则有利于雄花的分化。

在生产上，降低夜温和缩短日照处理能增加雌花数。日光温室冬春黄瓜栽培的苗期有较大的温差和草苫覆盖出现的短日照条件，因此雌花多，雄花少。

6. 需肥特性

黄瓜设施生产产量高，对土壤肥力要求很高，须增施有机肥。每生产 1000kg 黄瓜需要从土壤中吸收氮 1.9～2.7kg，五氧化二磷 0.8～0.9kg，氧化钾 3.5～4kg，三者比例为 1∶0.4∶1.6。黄瓜生产要求全肥，如果土壤中氮肥不足，则植株营养不良，底部叶片老化早衰，并且影响根系对磷肥的吸收；磷肥主要能促进黄瓜花芽分化，苗期必须有充足的磷肥；钾肥能促进瓜条和根系的生长。后期如果缺钾，则植株生长慢，并且严重减产。黄瓜进入摘瓜期后，需钾最多，其次为氮，再次为钙、磷，最少的为镁，因此进入摘瓜期后，必须进行多次追肥。氮、磷、钾有 50%～60% 是在结瓜盛期吸收的，黄瓜产量越高，吸收的营养元素就越多。

7. 不宜连作

黄瓜设施生产连作会使病虫害加重，化学防治会增加产品中的农药残留量，影响黄瓜的安全质量，在生产上，黄瓜设施栽培应与非葫芦科作物实行 3 年以上的轮作。目前日光温室黄瓜生产一般采用嫁接育苗形式生产或与其他蔬菜植物进行短期轮作。

8. 产量高、反季节供应和经济效益高

以日光温室冬春茬黄瓜生产为例，其每亩产量高达 9000～13 000kg，产值高，经济效益好。同时，使用设施栽培黄瓜可避免自然灾害对生产的影响，实现反季节供应。

任务实施

（一）日光温室冬春茬黄瓜定植和田间管理

1. 定植前准备

（1）覆盖棚膜及温室消毒

定植前 1 个月把棚膜覆盖好，并进行温室消毒。消毒可使用敌敌畏 200mL，加入硫磺 1.5～2kg，与锯末混匀点燃，闷棚 1～2 天，可有效地杀死室内的病虫卵。对于根结线虫病较严重的温室，还可以每亩施石灰氮 80kg，充分混匀。

（2）施肥与整地

每亩施充分腐熟有机肥 4000kg、复合肥（15-15-15）50kg，其中 2/3 撒施土壤表面，深翻 20～25cm，后期再集中沟施或者通过水肥一体化追肥。冬季温室栽培黄瓜应起高床，并采取滴灌或膜下暗灌的方法，床宽 1.2m（含沟宽 40～50cm）、高 15cm 左右，并使用地膜覆盖，相关数据如图 3-7 所示。

黄瓜定植

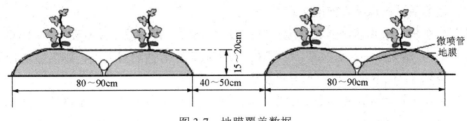

图3-7　地膜覆盖数据

2. 定植

（1）定植适期

当黄瓜秧苗达壮苗标准即可定植。越冬栽培的黄瓜宜于 11 月中下旬至 12 月上旬定植，此时定植可在春节前上市；早春大棚栽培的黄瓜宜在 3 月上中旬定植，此时定植的黄瓜可在 5 月 1 日前后上市。

（2）定植方式方法及密度

定植最好在晴天 10 时到 15 时一次完成。定植前 2 天将苗床浇透水便于起苗。定植时，首先选择大小一致的秧苗按 30～35cm 的株距在垄顶按穴栽苗，然后浇足定植水，最后用土封好切膜孔。每亩栽植 3200～3500 株。

3. 田间管理

（1）定植后温度管理

缓苗期　密闭保温。定植后温室密闭 3～4 天，不放风，提高室内气温和地温，白天气温保持在 25～33℃，夜间气温保持在 17～20℃，地温保持在 15℃以上。

幼苗期　大温差管理。缓苗后到 5～6 叶期开始伸蔓，处于幼苗期，应继续进行大温差管理。

初花期　促根控秧。初花期应以促根控秧为中心，尽量控制地上部分生长，促进根系发育。在生产上，严格控制水分，不发生干旱不浇水。白天温度若超过30℃，则从温室顶部放风，降温到 25℃以下，缩小放风口，降到 20℃闭风。下午降到 15℃时覆盖草苫。覆盖草苫后室温回升 2～3℃，前半夜保持温度为 15～16℃，后半夜保持温度为 12～14℃。

（2）茎蔓管理

茎蔓伸长 20cm 时，开始吊蔓。

关键要点

　　吊蔓一般用于拱杆牢固的温室栽培。吊蔓时，每株瓜苗用一根尼龙绳或塑料捆扎绳。上端固定在瓜苗行上方的铁丝或温室拱杆上，下端打宽松活结系到瓜苗基部；也可在地面南北方向上拉一条绳作为地线，拉紧牢固，把吊绳下端固定在地线上，将瓜蔓牵引缠绕在吊绳上。吊蔓时注意抑强扶弱，将茎蔓控制在南低北高的一条斜线上。

（3）缓苗后至根瓜采收前的管理

缓苗后至根瓜采收前，白天温度控制在 23～28℃，夜间温度控制在 12～16℃，夜间不低于 10℃，晴天午间温度高于 32℃时开天窗通风。若遇阴雪天气，则当室内最低温度连续 2 天降到 8℃以下时，采取加温措施。

及时揭盖保温材料，尽量延长光照时间，阴雨天气也要揭苫，使植株接受散射光，连阴雨雪天气过后，采取回苫、喷水措施，防止闪苗。在生产上严格控制土壤水分，防止植株徒长。当根瓜长至 10～15cm 时，浇一次水，并结合浇水每亩施入尿素 10kg。采用水肥一体化灌溉的方式处理。

（4）结瓜期管理

温度管理　结瓜初期处在光照弱、温度低的季节，天气变化无常，严寒季节应加强变温管理。晴天应尽量早揭草苫，清洁屋面，使室温尽快上升，白天温度控制在25～32℃，夜间温度控制在15～18℃。每天日出后及时揭开保温材料，以揭开后温度不降为宜。具体操作为：上午室内温度控制在 25～32℃，超过 33℃时开始放风；下午室内温度控制在20～25℃，当温度降至 25℃时关闭风口，当温度降至 18℃时覆盖保温材料；前半夜室内温度控制在 15～20℃；后半夜室内温度控制在 12～15℃。经过这样变温管理的植株，即使短时间内气温降到 5℃也不会受害。

水肥管理　当根瓜长 10cm 时开始第一次追肥灌水，每亩施肥量折合尿素 15kg，追肥灌水采用膜下暗灌，结束后将垄头地膜封严，防止水分蒸发，提高室内空气温度。每次追肥灌水后要放风排湿。晴天加强放风。第二次追肥灌水在第一次后 25～30 天或在根瓜采摘后进行；第三次追肥灌水在二瓜采摘后（进入 3 月）进行。此后（3 月以后）隔一次水用一次肥，每次用肥量大体一致，或根据长势增减。灌水约半月左右一次，灌水后要加大放风量，延长放风时间。

冬春茬黄瓜在水肥充足的情况下，容易长侧枝，不仅消耗养分，还影响光照，容易引起植株徒长。在生产上，可以将 7 叶以下的全部侧枝及时摘除，上部侧枝在雌花后留 1～2 片叶摘心，及时摘除多余的花、卷须、畸形果、下部老叶、病叶，使养分集中供应结瓜，同时增加植株的透光性能。

光照管理　保持膜面清洁，白天及时揭开草苫，若遇阴雨天气，则在室内植株不受冻的前提下，尽量揭开保温材料，使植株多见散射光，每天让植株见光 4～5 小时，久阴骤停，应陆续见光。

植株调整　植株的龙头接近屋面时开始进行落蔓，落蔓一般选择在晴天下午进行。落蔓前打掉下部老叶，落下茎蔓在植株基部畦垄地膜上盘绕，注意不要让嫁接部位与土壤接触。每次下放的高度以功能叶不落地为宜。调整好瓜蔓高度后，将绳子重新系到直立蔓的基部，拉住瓜蔓。之后随着瓜蔓的不断伸长，定期落蔓。

结瓜管理　冬春茬黄瓜植株无雄花，黄瓜大多数靠单性结果。果实发育生长速度慢、产量低。生长调节剂具有防止雌花脱落和刺激果实膨大的作用，增加产量效果十分明显。

同时可以增施二氧化碳,当温室内发生二氧化碳亏缺时,在晴天上午进行二氧化碳施肥,适宜浓度为 600~800mg/kg,进行二氧化碳施肥后 2 小时内不放风。

关键要点

生长调节剂应从根瓜开始使用,用 20mg/L 的 2,4-D 涂抹花柄,提高坐果率;雌花开放期用 20mg/L 的赤霉素浸花能延长花冠的保鲜时间,提高瓜条的商品性状,同时能够促进幼瓜的生长,提早收获;在发棵期,当瓜蔓发生旺长,不利于坐果时,除控制水分和降温外,还可以用助壮素喷洒心叶和生长点,连续 2~3 次,直到心叶颜色变深、发皱为止;冬季瓜秧出现花打顶或药害,停止生长时,用 20mg/L 的赤霉素涂抹龙头,能够刺激生长点恢复生长。结果期管理要特别注意,防止出现化瓜和花打顶。

（5）后期管理

4 月以后,室外气温达 15℃以上,此时应逐渐加大底脚风,同时后墙开窗放对流风。雨天防雨水进室。此期间结合病虫防治用 0.1%~0.5%尿素和磷酸二氢钾溶液进行根外追肥,以延缓茎叶衰老,防止植株早衰。

根据植株长势及时疏花疏果,及时摘去畸形瓜,保留生长正常的瓜。

4. 采收

黄瓜适合早采,单瓜前期重 100~150g,中后期重 150~250g,尤其根瓜必须早采,不能影响上部的瓜和蔓的生长。若前期连阴天,则应当及时早采,以免植株早衰或得病。特别是结瓜前期,温度、光照条件好,水肥供给充足,应尽量早采,提高采收频率,到了天气转冷、光照较弱时,应降低采收频率,尽量轻采收,保持一部分生长正常的瓜延迟采收。

（二）大棚春茬黄瓜定植和田间管理

1. 定植前准备

（1）选择品种并准备壮苗

大棚春茬黄瓜生产应选择早熟、抗病、耐低温、主蔓结瓜、根瓜结瓜部位低、瓜码密、耐弱光的品种。目前在生产上选用较多的品种有津春 3 号、津优 2 号、津优 3 号、长春密刺等。

准备适龄壮苗。2 月上旬在大棚内搭塑料薄膜小拱棚,采用营养钵或 50 孔穴盘基质护根育苗,使用草苫保温防寒。壮苗标准:秧苗日历苗龄为 45 天左右,长出 4~5 片叶,株高 15~20cm,子叶呈匙形,子叶下胚轴高 3cm,75%以上出现雌花,叶色正常,根系发达,子叶肥厚。

（2）施肥整地

定植前 20 天施肥、整地、扣棚、烤地增温。大棚春茬黄瓜生产采用多层覆盖，即大棚套中棚加小拱棚。覆盖材料采用高保温 PE（polyethylene，聚乙烯）无滴多功能膜或 EVA（ethylene-vinyl acetate copolymer，乙烯-醋酸乙烯酯共聚物）消雾高保温膜。每亩施充分腐熟有机肥 4000kg、磷酸二铵 15～20kg（或每亩施生物有机混合肥 150kg，加过磷酸钙 100kg 或 45%复合肥 50kg），分两次施入。翻地前铺施 1/3～1/2 的有机肥，深翻后将土壤粪肥充分搅拌均匀。定植前 7 天，深开定植沟，把另外的有机肥和磷酸二铵拌均匀后起垄作畦。畦含沟宽 1.2m（沟宽 40cm）、深 30cm，平整畦面，覆盖地膜。

2. 定植

当大棚内气温稳定在 10℃以上、10cm 深土壤稳定在 10～12℃时进行定植。按照株距 25～30cm、行距 50～55cm 的标准进行栽植，栽植密度为每亩 4000 株左右。定植结束后，立即覆盖拱棚保温。定植如图 3-8 所示。

图 3-8　定植

3. 田间管理

（1）温度管理

定植后立即闷棚，目的是提高地温，尽快缓苗。定植后 5～7 天，白天棚内温度保持在 30～35℃，以提高地温。缓苗后根据天气情况适时放风，应保持温度在 24～28℃的时间为 8 小时以上，夜间最低温度维持在 12℃左右。

（2）水分管理

水分管理一般遵循勤施薄水的原则，浇足定根水。根瓜初生时控水分，当根瓜坐住（瓜长 10～13cm）时开始浇水。黄瓜进入盛瓜期时大量浇水，每 2～3 天浇水 1 次，浇水宜在早晚进行。

（3）追肥

追肥以薄肥勤施的原则进行。盛瓜前期结合浇水每采收 100kg 黄瓜施尿素或复合肥

2kg。盛瓜中后期以喷施叶面肥为主。

（4）吊蔓和整枝

大棚黄瓜生产用吊蔓法。主蔓结瓜品种一般要摘心，待主蔓长到 25 片真叶时进行。第一瓜以下侧蔓要及早除去，中期及时打掉底部黄叶、老叶，改善大棚的通风透光条件。

（三）黄瓜植株生理病害诊断与管理

1. 苗期植株生理病害诊断与管理

闪苗　通风量过大或通风口位置距离幼苗过近，造成苗床温度突然大幅度下降，幼苗叶片因发生冷害而呈水浸状，这种现象被称为闪苗。初期幼苗叶片萎蔫，以后受害部位逐渐干枯形成不规则状斑块。闪苗严重时也可造成苗床局部植株成片枯死。一旦出现闪苗，则应及时放下草苫、遮阳网，防止因光照过强、失水过度而加剧冷害。

烤苗　苗床光照过强、温度过高或幼苗距离透明覆盖物过近使得叶片急剧失水，造成叶缘或生长点变白、干枯，这种现象被称为烤苗。苗期遇晴好天气，苗床应及时通风、降温，并避免幼苗与薄膜直接接触或距离过近。

徒长　徒长幼苗表现为叶片薄、叶色淡、叶片与茎夹角小，茎细、节间长，株型小等。出现徒长现象的主要原因在于苗床温度高，尤其是夜间温度偏高，偏施氮肥、湿度大而光照较弱也会导致徒长。遇幼苗徒长，苗床应加强通风，适度降温、降湿。

花打顶　花打顶表现为植株节间极度短缩，并形成雌花和雄花间杂的花簇，花呈抱头状。花打顶现象既可以出现在苗期，也可以出现在其他生育期。造成黄瓜花打顶的原因：一方面可能是外界环境条件不适宜所致，如温度偏低、光照较弱，并且持续时间较长，造成花芽过度分化；另一方面则可能是管理措施不当所致，如过量施肥、浇水量不足或蹲苗过度、伤根过多等，造成植株根系吸水困难，体内水分供应不足。设施生产时，施肥浓度过高也会造成花打顶现象的出现。

2. 定植后植株生理病害诊断与管理

沤根　根部颜色变为褐色，地上部常伴随出现叶片暗绿、叶缘干枯现象。沤根的原因是土壤温度低于 10℃，并且持续时间长，或土壤湿度过高、透气性差等。解决办法：提高苗床温度和土壤温度，减少浇水量，床面及时中耕，增施有机肥，提高土壤通透性，等等。

烧根　烧根现象可以出现在苗期和定植初期。症状表现为根系和叶片变黄，地上部萎蔫，叶片及叶脉皱缩，严重时也可出现叶缘干枯现象。造成烧根的原因多是播种或定植前施肥量过多或不均匀，尤其是速效性化肥施用量过多，同时浇水量又不足，造成土壤溶液浓度过高，进而导致根细胞水分外渗。未经腐熟的有机肥施用后在土壤中会继续腐熟分解、产生热量，从而使土壤局部温度过高造成烧根。解决办法：使用腐熟的有机肥，严格限制化肥施用，注意将肥料与土壤充分混匀。发生烧根后应及时浇水，降低土壤溶液浓度，以减轻烧根危害。

从外观上看，正常幼苗的茎粗及节间长短适度、均匀，刺硬，叶片较大、平展，叶色浓绿而有光泽，叶缘在早晨吐水较多，为长势强健的表现。茎节过长、过细，刺软，叶色较淡，叶片薄、过大，叶柄与茎夹角小于45°，与浇水过多、偏施氮肥、夜间温度过高、湿度过大或光照较弱有关；茎节过短、过粗，叶片皱缩、叶面积小、色泽暗淡，叶缘在早晨无吐水现象等为植株长势弱、老化的症状，与土壤缺水、施肥过多、温度偏低有关。

3. 开花结瓜期植株生理病害诊断与管理

黄瓜果实膨大期间，卷须伸展、挺拔，与茎部夹角为45°左右，是植株生育正常的表现。卷须先端及早变黄或卷起，卷须细而短，呈弧状下垂，是植株老化或土壤缺水、温度过高或过低等的表现；卷须较粗，与茎部夹角较小，表明植株生长过于旺盛，与浇水过多、偏施氮肥、温度偏高等有关。卷须先端发黄，说明植株将要感染病害。雌花花冠颜色鲜黄，子房粗而长、顺直，正在开放的雌花距离植株生长点50cm左右，其间具有展开叶4～5片，是植株生育正常的表现。雌花花冠颜色淡黄，子房短小、细而弯曲，开花节位距离生长点过近等，是温度低、光照弱、缺水缺肥等造成植株长势衰弱的表现。雌花开得多，但瓜条不见膨大，是昼夜温差小、土壤水分多、氮肥过多导致的营养生长过旺，结瓜受到抑制的表现。

化瓜是冬春茬结瓜期常见现象，出现的主要原因是结瓜期光照严重不足，光合效率低、生产物质少，雌花和幼果得不到充足的营养供应，从而造成幼果黄化脱落，叶片色淡、变薄。此外，生殖生长过旺、瓜码太密、坐瓜太多、果实间相互争夺养分，也会造成化瓜。为此可向叶片上喷施1%葡萄糖水，化瓜能有所缓解。控制灌水，适当降低夜温，加大昼夜温差，白天在保持一定温度的条件下尽量延长光照时间，都会对缓解化瓜有一定效果。

关键技术 **黄瓜病虫害诊断与防治**

1. 主要病害诊断与防治
（1）黄瓜霜霉病
症状：苗期、成株期均可发病，主要损害叶片，叶片染病后，叶缘或叶背面涌现水浸状病斑，病斑逐步扩展，受叶脉制约，呈多角形淡褐色或黄褐色病斑，当湿度大时，叶背面或叶面长出大批灰黑色霉层。后期病斑破裂或连片，致使叶缘卷缩干涸。黄瓜霜霉病危害状如图3-9所示。

图3-9 黄瓜霜霉病危害状

防治措施：采取变温管理，早上拉开草苫后，放风排湿 0.5 小时，此后紧闭棚室，将棚温迅速提高到28℃以上。温度上升到30℃时开棚放小风，上午将温度控制在28～32℃，午后如果棚温持续升高，则可加大放风量，将温度降到 20～25℃。入夜后，前半夜将温度控制在18～20℃，后半夜将温度控制在14℃以下，同时适时浇水。进入 4 月后，如果发现病株，则可选晴天上午密闭棚室，将温度升到45℃并维持 2 小时，以杀灭棚内的病菌。为了避免黄瓜霜霉病的发生，可每星期闷棚 1 次，闷棚后适当放风，放风量先小后大，同时大棚尽量选用无滴膜，还应该适当地增加营养，培养壮苗，也可施用75%百菌清可湿性粉剂 600 倍液，每隔7～10 天喷药 1 次，正反叶面喷药防治。

（2）黄瓜灰霉病

症状：主要损害黄瓜的花、瓜条、叶片、茎蔓，多从花上开始侵染。受害后，花和幼瓜的蒂部初呈水浸状、褪色，病部逐步变软、糜烂，外表密生灰褐色霉层，之后花瓣枯败脱落。病害轻者生长停滞，烂去瓜头，重者全瓜糜烂。烂瓜、烂花落在茎叶上会致茎叶发病。叶部病斑初为水浸状，后变为灰褐色，病斑中间生有灰褐色霉层。叶片上常见直径为20～25mm的大型枯斑，有时有明显轮纹。茎上发病后易造成糜烂，瓜蔓折断、植株枯死，受害部位可见灰褐色霉状物。黄瓜灰霉病危害状如图 3-10 所示。

图 3-10 黄瓜灰霉病危害状

防治措施：同黄瓜霜霉病。在生产上，要留意棚内的温湿度情况，同时加强其水肥管理，及时消除病残体，发病后及时摘除病花、病瓜、病叶，带出棚外埋掉。

（3）黄瓜白粉病

症状：以叶片受害最重，其次是叶柄和茎，一般不危害果实。发病初期，叶片正面或背面产生白色近圆形的小粉斑，逐渐扩大成边缘不明显的大片白粉区。抹去白粉，可见叶面褪绿，枯黄变脆。发病严重时，叶面布满白粉，变成灰白色，直至整个叶片枯死。黄瓜白粉病侵染叶柄和嫩茎后，症状与叶片上的相似，只是病斑较小，粉状物也少。黄瓜白粉病危害状如图 3-11 所示。

防治措施：发病前可用27%高脂膜80 倍液等进行叶面喷雾，每隔5～7 天喷 1 次，防治2～3 次。

（4）黄瓜炭疽病

症状：从幼苗到成株皆可染病。幼苗染病，多在子叶边缘出现半椭圆形淡褐色病斑，上有橙黄色点状胶质物。成叶染病，病斑近圆形，直径为 4～18mm，呈灰褐色至红褐色，严重时，叶片干枯。茎蔓与叶柄染病，病斑呈椭圆形或长圆形、黄褐色，稍凹陷，严重时病斑连接，绕茎一周，植株枯死。瓜条染病，病斑近圆形，初为淡绿色，后呈黄褐色，病斑稍凹陷，表面有粉红色黏稠物，后期开裂。黄瓜炭疽病危害状如图 3-12 所示。

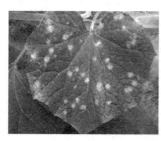

图 3-11　黄瓜白粉病危害状

图 3-12　黄瓜炭疽病危害状

防治措施：可选用农抗 120 杀菌剂 150～200 倍液防治。

2. 主要虫害诊断与防治

黄瓜栽培生产主要虫害有白粉虱、蚜虫、潜夜蝇，如图 3-13 所示。防治措施：在幼苗定植前 1～2 天用阿克泰 1500 倍液在苗床上喷淋灌根，药效可持续 15 天以上；若已发生虫害，则可使用阿克泰 5000～7000 倍液加功夫 2000 倍液，或者使用吡虫啉+高效氯氰菊酯喷雾，此法还可兼治蓟马、螨类等虫害。

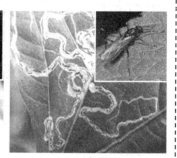

（a）白粉虱　　　　　　　　（b）蚜虫　　　　　　　　（c）潜夜蝇

图 3-13　黄瓜栽培生产主要虫害

综 合 评 价

综合评价以自我评价和小组评价相结合的方式进行，指导教师（或师傅）根据考核评价和学生学习成果进行综合评价。

1. 根据任务完成情况，检查任务完成质量。

2. 归纳总结定植操作技术要点并进行应用推广，提出提高黄瓜定植成活率的措施与方法，并进行试验和推广。

3. 走进不同规模、不同地域的企业，按照企业生产标准化要求，对该企业的生产管理实施过程、规章制度完善性进行点评，评价一下黄瓜种植田间管理是否规范合理，提出田间管理的合理化建议。

黄瓜设施生产考核评价表如表 3-1 所示。

表 3-1 黄瓜设施生产考核评价表

班级：　　第（　）小组　　姓名：　　　时间：

评价模块	评价内容	分值	自我评价	小组评价
理论知识	1. 掌握黄瓜设施生产的茬口安排	10		
	2. 掌握黄瓜设施生产的品种选择	10		
	3. 掌握黄瓜设施生产的工作流程和田间管理要点	10		
操作技能	1. 能进行黄瓜设施育苗生产	20		
	2. 能进行黄瓜设施嫁接育苗	20		
	3. 能运用黄瓜设施生产技术进行生产流程管理	20		
职业素养	1. 以人为本，具有绿色蔬菜产品生产的理念	5		
	2. 团队合作，具有精益求精的职业精神	5		

综合评价：

指导教师（或师傅）签字：

工作领域 7

西瓜设施生产

【核心概念】

西瓜设施生产是指利用人工建造设施，为西瓜提供适宜的温、光、水、气等环境条件而进行的优质、高产、高效栽培。栽培生产包括育苗、定植前准备、定植、田间管理、采收等环节。

【学习目标】

1. 了解西瓜生物学特征。
2. 掌握西瓜设施生产茬口安排。
3. 掌握西瓜设施生产品种选择。
4. 能进行西瓜设施育苗生产。
5. 能进行西瓜设施嫁接育苗。
6. 掌握西瓜设施生产田间管理要点。

西瓜主要种植在热带地区，喜温暖干燥的环境，不耐寒、耐旱、不耐湿，喜光喜肥，以土质疏松、土层深厚、排水良好的砂壤土最佳。

知识准备　西瓜生物学特征

一、西瓜植物学特征

西瓜是葫芦科西瓜属一年生蔓生藤本植物，形态一般近似于球形或椭圆形，颜色有深绿、浅绿，带有黑绿条带或斑纹；瓜籽多为黑色，呈椭圆形，头尖；茎枝粗壮，有淡黄褐色的柔毛；叶片如纸，呈三角状卵形，边缘呈波状。花果期为 5～6 月。因 9 世纪自西域传入中国，故名西瓜。据明代徐光启所著的《农政全书》记载："西瓜，种出西域，故之名。"明代李时珍在《本草纲目》中记载："按胡峤于回纥得瓜种，名曰西瓜。则西瓜自五代时始入中国；今南北皆有。"

1. 根

西瓜属于直根系，主根入土深达 80cm 以上。在主根近土表 20cm 处形成 4～5 条一级根，与主根形成 40°角，在半径约 1.5m 范围内水平生长，其后再形成二、三级根，组成主要的根群，分布在 30～40cm 深的耕作层内，在茎节上形成不定根。

西瓜根系生长的特点主要表现在 3 个方面。一是根系发生较早。出苗后 4 天主根长 9cm 左右，侧根长 30 条左右；出苗后 8 天主根长 12cm，一级根长 50 条以上，二级根长 20 条以上；出苗后 15～16 天长出 1 片真叶的幼苗，主根长 14cm，一级根长 60 条，二级根长 31 条。之后各级侧根生长迅速。出苗后约 60 天，开始坐果时，根系生长达高峰。二是根纤细，易损伤，一旦受损，则木栓化程度提高，新根发生缓慢。因此，幼苗移植后恢复生长缓慢。三是根系生长需要充分供氧。在土壤通气性良好的条件下，根的生长旺盛，根系的吸收性能加强；在通气不良的条件下，则抑制根的生长和吸收性能。在土壤结构良好、空隙度大、土壤通气性好的条件下根系发达。西瓜的根不耐水涝，在植株浸泡于水中的缺氧条件下，根细胞腐烂解体，影响根系的生长和吸收性能，造成生理障碍。因此，在连续阴雨或排水不良时根系生长不良。土质黏重、板结，也影响西瓜根系的生长。

2. 茎

西瓜的茎包括下胚轴和子叶节以上的瓜蔓，其为革质、蔓性，前期呈直立状。茎上有节，节上着生叶片，叶腋间着生苞片、雄花或雌花、卷须和根原始体。根原始体接触土面时发生不定根。

西瓜的茎的特点：前期节间甚短，种苗呈直立状，4～5 节以后节间逐渐增长，至坐果期节间长 18～25cm；分枝能力强，根据品种、长势可以形成 4～5 级侧枝。当植株进入伸蔓期，在主蔓上 2、3、4、5 节间发生 3～5 个侧枝，侧枝的长势因着生位置而异，在整枝时留作基本子蔓；当主、侧蔓第 2、3 朵雌花开放前后，在雌花节前后各形成 3、4 个子蔓或孙蔓。之后坐果，植株的生长重心转移为果实的生长，侧枝形成数目减少，长势减弱。

3. 叶

西瓜的子叶为椭圆形，真叶为单叶，互生，由叶柄、叶片组成。西瓜的叶有较深的缺刻，为掌状裂叶。

西瓜的叶的形状与大小因着生的位置而异。第 1 片真叶呈矩形，无缺刻，而后随叶位的长高裂片增加，缺刻加深。第 4、5 片以上真叶具有品种特征，第 1 片真叶叶面积为 10cm² 左右，第 5 片真叶叶面积达 30cm²，而第 15 片叶叶面积可达 250cm²，是主要的功能叶。叶片由肉眼可见的稚叶发展成为成长叶需 10 天，叶片的寿命为 30 天左右。

4. 花

西瓜的花为单性花,雌雄同株,部分雌花的小蕊发育成雄蕊,花单生,着生在叶腋间。雄花的发生早于雌花,雄花在主蔓第 3 节叶腋间开始发生,而雌花着生的位置在主蔓 5~6 节。雄花有萼片 5 片、花瓣 5 枚,呈黄色,基部联合,花药有 3 个,呈扭曲状。雌花柱头宽 4~5mm,先端 3 裂,雌花柱头和雄花的花药均具蜜腺,靠昆虫传粉。

西瓜的花芽分化较早,在两片子叶充分发育时,第 1 朵雄花芽就开始分化。当第 2 片真叶展开时,第 1 朵雄花分化,此时为性别的决定期。4 叶期为理想坐果节位的雌花分化期。苗期的环境条件,与雌花着生节位及雌雄花的比例有着密切的关系:较低的温度,特别是较低的夜温有利于雌花的形成;在 2 叶期以前日照时数较短,可促进雌花的发生。充足的营养、适宜的土壤和空气温度可以增加雌花的数目。西瓜的花寿命较短,清晨开放,午后闭合,被称为半日花。无论雌花或雄花,都是当天开放的生活力较强,授粉、受精、结实率最高。西瓜的花开花早,授粉的时间与雌花结实率有密切的关系,上午 9 时以后授粉结实率明显降低。授粉时的气候条件影响花粉的生活力,而对柱头的影响较小。两性花多在植株营养生长状况良好时发生,子房较大,易结实,并且形成较大果实,对生产商品瓜影响不大。第 2 朵雌花开放至采瓜约需 25 天。

5. 果实

西瓜的果实由子房发育而成。瓠果由果皮、内果皮和带种子的胎座 3 个部分组成。果皮紧实,由子房壁发育而成,细胞排列紧密,具有比较复杂的结构。最外面为角质层和排列紧密的表皮细胞,下面是配置 8~10 层细胞的叶绿素带或无色细胞(外果皮),其内是由几层厚壁木质化的石细胞组成的机械组织。往里是内果皮,即习惯上所称的果皮,由肉质薄壁细胞组成,较紧实,通常无色,含糖量低。内果皮厚度与栽培条件有关,它与储运性能密切相关。食用部分为带种子的胎座,主要由大的薄壁细胞组成,细胞间隙大,其间充满汁液。西瓜的果实为三心皮、一室的侧膜胎座,着生多数种子。

6. 种子

西瓜的种子为扁平状,呈长卵圆形,种皮色泽为黑色,表面平滑,千粒重为 28g 左右。西瓜的种子的主要成分是脂肪、蛋白质。据测定,其种仁含脂肪 42.60%、蛋白质 37.90%、糖 5.33%、灰分 3.30%。西瓜的种子吸水率不高,但吸水进程较快,新收获的种子含水量为 47%,在 30℃下干燥 2~3 小时,含水量降至 15%以下。干燥种子吸水 2~3 小时后含水量升至 15%以上,24 小时达到饱和状态。种子发芽适温为 25~30℃,最高为 35℃,最低为 15℃。新收获的种子发芽适温范围较小,只有在 30℃下才能发芽,而储藏一段时间后的种子可在较低温度下发芽。干燥种子耐高温,利用这一特性进行干热处理,可以钝化病毒或杀死病原,达到防病的目的。西瓜的种子具有嫌光性,反应部位是种胚,当温度在发芽适温范围内时，嫌光性不能充分显示出来，而在 15～20℃下充分表现嫌光性。西瓜的种子寿命为 3 年。

二、西瓜生育期特征

西瓜生育期长短因品种而异，极早熟种仅 80 天，晚熟种可达 130 天，目前栽培的多数品种为 100 天左右。西瓜生育期具体可分为 4 个时期。西瓜生育期特征如图 3-14 所示。

图 3-14　西瓜生育期特征

1. 发芽期

从种子吸水膨胀、发芽出土、子叶展开到第 1 片真叶显露（破心）为发芽期。这一时期一般为 10 天左右，在 25～30℃时仅需 7～8 天，在 15～20℃时则需 13～15 天。这一时期的生长活动主要依靠种子内储存的营养，子叶展开后光合作用加强，生长中心是下胚轴和主侧根。芽苗健壮特征：下胚轴粗、较短且直立，侧根多、色白，子叶平展、肥大厚实、色深绿，叶脉明显。弱苗则表现为：下胚轴细长（俗称高脚苗或窜杆子），软弱易弯腰；子叶不平展，叶薄色浅。产生弱苗的原因多为温度偏高，超过 25℃，湿度大，光照不足。

2. 幼苗期

从破心到 5～6 片真叶展开为幼苗期。这一时期长短与栽培条件有关，在 20℃下一般为 30 天左右。到第 2 片真叶展开时，约需 13 天，子叶停止生长。幼苗期生长中心是根系和茎顶端。这一时期末顶端已有 8～9 片稚叶和 2～3 个叶原基，低节位出现侧芽，下胚轴停止生长。幼苗健壮特征：茎粗壮，叶肥大厚实、色浓绿，叶脉明显，叶柄较粗短，子叶节以上密被茸毛，干、鲜质量大。

幼苗期正常为 30 天左右，当苗期小于 25 天，达到 6 片叶，则是生长过快，小于 20 天则是明显徒长，如果苗期超过 35 天，则是生长缓慢，超 40 天则是僵苗。僵苗的特征是老化瘦小，根黄褐，叶不平展，色发灰、暗无光。低温、干旱会造成叶面发灰无光泽；营养不良会造成苗弱小发黄；在遭受盐碱危害时，会出现叶尖发黄的现象；温度较高时容易使得叶片变小，叶上部出现黄边，枯干部分显白色；遇到大风时，叶片出现青枯；在遭遇施肥过多或药害时，下胚轴呈现蒜头状。

3. 伸蔓期

从 5～6 片真叶展开到坐果节位雌花开放为伸蔓期。这一时期在 20～25℃下约需 25～29 天，节间伸长，由直立转为匍匐生长，速度加快。这一时期根系继续旺长，但伸展速度逐渐变慢。伸蔓期结束时，西瓜的根系已基本形成，叶面积为最大值的 55% 左右。这一时期的生长中心是茎顶端。伸蔓期植株健壮特征：除品种间差异外，高产西瓜蔓粗壮，直径达 5～7mm，叶片肥大厚实、呈三角形。成熟叶长宽相近，可达 15～18cm，节间长稍大于叶柄长。叶柄、节间、叶长三者比例近 7：8：10。全身密被茸毛。

徒长的特征：叶柄粗明显大于茎粗，柄长大于叶长；叶片薄而狭长上冲，色浓绿有光泽；茸毛稀疏；茎顶粗扁，高扬头。通常采用控制水肥、及时重压蔓或顶的措施进行抑制，徒长严重时，可采取主蔓摘心的方法，以侧蔓代替主蔓。营养缺乏的特征：缺氮——叶柄短，叶小色浅，叶片在中午时向内卷；缺磷——叶薄色淡；缺钾——蔓叶软，叶脉不明显。

4. 结果期

自理想坐果节位雌花（第二、三个）开放到果实成熟为结果期。这一时期早熟种需 28～30 天，中熟种需 30～35 天，晚熟种需 35～40 天，可分为 3 个阶段。

1）坐果期。坐果期指从开花到幼果茸毛稀疏的时期，也叫胎毛期。在 20～25℃下，此阶段需 5～6 天，此时营养生长与生殖生长并进，但以营养生长为主，蔓叶继续生长。中期蔓叶与果实激烈争夺养分，即果实细胞分裂增殖阶段。如果此阶段营养生长过旺，则会造成化瓜。极度干旱、阴雨天气、光照不足、低温，都会影响坐果和幼果生长。此阶段要控制营养生长，缓施水肥，及时辅助授粉，整枝压蔓，做瓜台促进坐瓜。

2）果实膨大期。果实膨大期指从褪毛到果实定个的时期，一般需 20～25 天，生长中心是果实，蔓叶生长逐渐缓慢，根的生长日趋停止，但根毛仍不断更新。果实膨大期前段称幼果膨大期，约为 7 天，瓜皮有光亮，花纹不明显，果实细胞增殖与膨大并进，是决定瓜个大小的时期，生长速率很高，应在褪毛后幼果为鸡蛋大小时重施果肥，巧浇水。果实膨大期后段称粉霜期，约为 15 天，果皮花纹明显，着生蜡质白粉，瓜瓤细胞迅速膨大，瓜皮细胞增殖并膨大，表现出品种特征。果实膨大期结束时瓜的体积（定个）、质量已达 85%，瓜瓤已变色，但色浅含糖低，不可食用。

3）成熟期。成熟期指从果实定个到成熟采收的时期，一般需 5～7 天。此阶段主要是瓜内糖分的积累转化，营养生长基本停止，瓜瓤、种子表现出品种特征。

结果期的特征：坐果期子房、花冠肥大，果柄粗，叶柄、节间、叶长比例协调，易坐瓜。主蔓果位雌花开放时距蔓顶 30～40cm 为健壮，超过 50cm 为营养生长较盛，要注意控制，超过 60cm 为徒长，要严控，低于 20cm 为营养不良，要促生长。蔓顶早晚扬头直立、午间平展为适宜。

工作任务 1　西瓜设施育苗

‖任务描述　某现代农业科技有限公司计划育西瓜苗 10 万株。作为蔬菜生产技术员，应根据公司的需要制订出详细的设施育苗计划，内容包括穴盘、基质等物料投入和生产计划安排等；根据育苗需求制定详细的工艺流程和技术规范。

‖任务目标　1. 掌握西瓜设施生产品种选择的方法。
2. 掌握西瓜设施生产茬口安排。
3. 能进行西瓜设施嫁接育苗。
4. 能进行西瓜设施嫁接后管理。

西瓜设施育苗

‖相关知识

（一）西瓜生产茬口

1. 早春茬

早春茬包括小拱棚、地膜+小拱棚、地膜+近地面覆盖和风障+小拱棚等栽培形式。早春茬可比当地露地生产提早 20～25 天定植，在育苗上可以采取育苗移栽、芽苗移栽和直播等方式，但使用育苗移栽可以较充分地利用保护设施达到提早成熟和上市的目的。

2. 春季早栽培

塑料大中棚的春季早栽培是目前普遍发展的西瓜生产茬口，它的设备相对简单，生产技术也比较好掌握。特别是其上市期多在当地日平均气温上升到20℃以上时，此时市场已开始大量消费西瓜，具有理想的经济效益和社会效益。在黄淮海地区一般是 1 月底前后播种育苗，3 月上中旬定植，5 月上旬采收头茬瓜，6 月上旬采收二茬瓜。

3. 秋延迟栽培

黄淮海地区的秋延迟栽培一般是 8 月中旬前后播种育苗，8 月底或 9 月初定植，在日平均温度降到 18℃ 前扣膜，11 月上中旬采收。其他地区可参照这个时间段。这茬西瓜播种期不能太晚，特别是在黄淮海地区，因为该地区 11 月经常遇到连阴天和雨、雪天气。

4. 冬春茬

黄淮海地区的冬春茬一般是 1 月初播种育苗，2 月中下旬定植，4 月上中旬上市。第二茬瓜赶到 5 月上中旬与塑料大中棚春提早的头茬瓜上市时间基本一致。西北和东北地区可酌情推迟播种期。

（二）西瓜品种选择

西瓜设施育苗应选早熟、丰产、质优、抗病性强、商品性好的优良品种。塑料大棚与露地相比光照较弱，早春栽培时温度较低、湿度较大，易生病害，因此塑料大棚栽培的品种还应具有低温生长性和结果性好、耐潮湿、耐弱光、抗病、丰产等特点，以避免引起西瓜坐瓜不良和果实厚皮空心。

京欣二号　中早熟西瓜杂种一代，全生育期为 90 天左右，果实成熟期为 30 天左右。植株生长势中等，坐果性能好。果实呈圆形，果皮带有绿底条纹，有蜡粉。瓜瓤为红色，保留了京欣一号果肉脆嫩、口感好、甜度高的优点。果皮薄，耐裂性能比京欣一号有较大提高。高抗枯萎病，耐炭疽病，较耐重茬。单瓜重 5kg 左右，一般每亩的产量为 4000kg 左右。

抗病苏蜜　全生育期为 90～95 天，开花后 30～32 天果实成熟。植株生长势稳健，易于坐果。主蔓第 1 朵雌花出现在第 9 叶节，以后每隔 4～5 叶节出现 1 朵雌花。果实呈长椭圆形，果皮呈墨绿色，红瓤，质细可口，中心含糖量为 10%～12%，果皮厚 1cm 左右，较耐储运。高抗枯萎病，可在 2～3 年轮作或连作地种植。每亩栽 700～800 株，每亩的产量为 2500～3000kg。

早佳（84-24）　主蔓第 6 节着生第 1 朵雌花，以后每隔 4～6 节着生 1 朵雌花，果实呈圆形，果皮厚约 1cm，绿底覆青黑色条斑，果肉呈桃红色，单果重 5～8kg。早熟品种，开花至成熟需 28 天，耐低温、弱光照，不耐储运。肉质松脆多汁，中心可溶性固形物含量为 12%，边缘可溶性固形物含量为 9%。一般每亩的产量为 2500～3200kg。

大果冰激凌 中早熟大果礼品西瓜，全生育期为 75～80 天，从开花到果实成熟需 28 天左右。果实呈正球形，如同篮球，绿色果皮上覆盖墨绿色清晰条带，外观极为秀美，果肉为深黄色和浅黄色相结合，形同"双色"，肉质极为细嫩松脆，入口即化，中心糖度在 13% 以上，风味高雅，品质极优。果皮厚 0.8cm，单果重 3～5kg，每亩的产量在 4000kg 以上。大果冰激凌是礼品西瓜中的"大个头"，是近几年最受欢迎的礼品瓜之一，适宜在全国各地温室大棚和露地推广种植，也是露地反季节秋播的好品种。

小兰（台湾农友） 特小凤西瓜改良种，小型黄肉西瓜，极早熟，夏季栽培生育期为 65 天，春秋季栽培生育期为 85 天。结果力强，单株可结 4～6 个果。果实呈圆球形至微长球形，果皮为淡绿色，覆盖青黑色狭条斑，果皮厚 3mm 左右，果重 1.5～2kg。

早春红玉（日本） 橄榄型小型西瓜，果径为 20cm 左右，果重 2kg 左右。早熟品种，开花后 28～30 天成熟，全生育期约为 70 天。果皮呈浅绿色，覆盖青黑色条斑，厚 3mm 左右，不易裂果，保鲜时间长，耐运输。果肉呈浓桃红色，糖度较高，中心、边缘含糖量均达 13% 以上，风味、口感极佳，可食用果肉占单瓜质量的 75% 以上。

特别提示

调研当地西瓜生产品种应做到以下几点。

1）了解西瓜主要品种的特点、品质、糖度、抗病性，明确各个品种的生育期、果实发育期。

2）通过市场调查了解、分析当地西瓜市场消费需求。

■任务实施

采用嫁接技术可以解决西瓜重茬问题，有效防止枯萎病的发生，增强嫁接抗逆性和吸肥能力，有效提高西瓜的产量、品质和效益。

（一）选种

1. 砧木选择

砧木应选择亲和力强、抗枯萎病、耐根腐病、抗地下害虫、对西瓜品质无不良影响的品种，可选择饱满、成熟度高的南瓜种子或瓠瓜种子。南瓜较耐低温，适合早春早熟西瓜品种嫁接时作砧木；瓠瓜较耐高温，适合中晚熟西瓜品种嫁接时作砧木。

2. 接穗选择

根据种植地土壤和要求上市的时间、产量、瓜形等，选择早中晚熟的优质西瓜品种作为接穗。

（二）编制西瓜生产方案

西瓜设施生产主要是在春季，普遍方式是常规地爬式和立体吊蔓式。西瓜设施生产季节茬口安排如表 3-2 所示。大棚西瓜春季早熟生产覆盖方式如表 3-3 所示。

表 3-2　西瓜设施生产季节茬口安排

季节茬口	播种期/（月/旬）	定植期/（月/旬）	收获期/（月/旬）	备注
温室春季早熟生产	12/上中～1/上	1/中下～2/上中	4/上中	嫁接或不嫁接
大棚春季早熟生产	2/上中	3/上中	5/上中	不嫁接

表 3-3　大棚西瓜春季早熟生产覆盖方式

覆盖方式	播种期/（月/旬）	定植期/（月/旬）	收获期/（月/旬）
三层覆盖生产	2/上中	3/上中	5/中下
二层覆盖生产	2/中下	3/中下	5/下～6/上

关键要点

　　种植茬口安排和品种选择是西瓜设施生产十分关键的一步，将直接影响西瓜设施生产其他阶段的工作内容。作为蔬菜生产技术人员，要熟练掌握设施西瓜生产茬口安排和品种选择的原则和方法，通过安排适时生产的茬口，选择稳定高产抗病的品种，确保设施西瓜生产的稳产增收。

（三）浸种

一般接穗种子比砧木种子迟 3～4 天播种。在浸种时，首先用 60～70℃的水浸泡，并持续搅拌 10～20 分钟，使水温降到 35℃；然后将南瓜种子浸 8～12 小时，瓠瓜种子浸 20～24 小时，西瓜种子浸 4～6 小时，水温保持在 20～30℃；最后用 50%多菌灵 600 倍液或 70%甲基托布津浸种 3～5 分钟，捞出沥水。

（四）催芽

1. 砧木催芽

先将砧木种子平铺在铺有湿纱布或湿棉布的盘内，再盖上一层湿纱布或湿棉布，置于恒温箱或培养箱内，温度设置为 30～33℃。南瓜种子催芽 18～20 小时后开始露白，一般催 22～24 小时种子露白达 70%以上，此时即可播种；瓠瓜种子催芽 22～24 小时后开始露白，瓠瓜种子露白后每隔 3～4 小时挑选露白种子 1 次，置于高于常温 10℃以上存放，待种子露白 70%以上后一起播种或露白种子分批播种。

2. 接穗催芽

先将接穗种子平铺在铺有湿纱布或湿棉布的盘内，再盖上湿纱布或湿棉布，置于恒温箱或光照培养箱内，温度设置为 30～33℃。西瓜种子催芽 16～18 小时后开始露白，每隔 2～3 小时观察 1 次，露白 60%以上即可播种。

（五）播种

1. 基质准备

基质可用育苗专用基质，如 0～10#育苗基质或泥炭土。泥炭土每立方米加复合肥（15-15-15）1.5kg、过磷酸钙 1kg、40%五氯硝基苯 400g 拌匀并浇透水，用薄膜覆盖 3～4 天，进行土壤杀菌后使用。

2. 砧木播种

砧木通常用 50 孔穴盘播种。首先将基质平铺于穴盘上，不必压实，用刮刀在穴盘上将多余的基质推到盘外，用另一盘装好的基质用力往下压，将下一盘的基质压紧，压到基质为穴盘的 1/2～2/3 高度；然后先将砧木种子平放于穴盘内，再铺上基质压紧，用刮刀在穴盘上将多余的基质推到盘外，摆放到畦上或架上并浇透水。

3. 接穗播种

接穗用穴盘播种。首先将基质装入穴盘 1～2cm 深，将接穗种子均匀地撒在基质上，尽可能不要叠在一起；然后用基质覆盖接穗种子，厚度为 1cm 左右；最后浇透水即可。

（六）播种后管理

砧木、接穗种子如果在早春 1、2 月播种，则须在大棚内进行并加小拱棚薄膜覆盖。等种子出土后，若大棚内温度达到 20℃以上，就可以掀开薄膜。砧木种子戴帽出土后，及时人工去除种子壳，以保证子叶及时充分展开。种子出土后要注意预防猝倒病，可喷乙蒜素、噁霉灵或乙酸铜 800 倍液防治。种子出土后每隔 5～7 天浇水 1 次，可加腐殖酸水溶肥料 300～500 倍液或含氨基酸水溶肥料 2000 倍液灌根，促进砧木生长健壮，特别是促使砧木下胚轴粗壮，有利于嫁接成活和提高嫁接速度，其他时期只需保持土壤湿度。

关键技术 西瓜育苗常见问题及处理技术

1. 出苗不齐

出苗不齐主要是苗床温度和湿度不均、床面不平整、覆土厚薄不匀或床面板结等原因造成的。解决方法如下。①播后覆土厚薄要均匀，并在苗床上覆盖地膜，保持苗床温度、湿度均匀。②当出苗不齐或没有出苗迹象时，检查苗床中的种子，若胚根尖端发黄腐烂，则说明种子已不能正常发芽，应仔细查找原因，改善苗床环境条件，并立即补种；若胚根尖端仍为白色，则说明还能正常发芽，应加强温度和湿度管理，促进种子发芽。③出现大小苗时，可把大苗移到温室前沿温度较低处，小苗摆在温室靠后墙附近，以使幼苗长势整齐一致。

2. 戴帽出土

出现戴帽出土现象的主要原因是播种时底水不足或覆土过薄，种子尚未出苗表土已变干，使种皮干燥发硬，难以脱落。解决方法如下。①覆土厚度要合适，一般为 1～1.5cm，播种后在苗床覆盖一层地膜，既可升温，又可保持土壤湿润，使种皮柔软易脱落。②当覆土薄或床面出现龟裂时，要适当喷水，并撒盖一层较湿润的细土，增加土表湿润度和土壤对种子的摩擦力，帮助子叶脱壳。③对少量戴帽苗，可在早晨种壳湿润、柔软时进行人工脱壳。

3. 沤根

沤根表现为根部发黄发锈，严重时根系表皮腐烂，不长新根，幼苗易枯萎。沤根属于生理性病害，主要是床土温度过低、湿度过大引起的。解决方法如下。①改善育苗条件，保持合适的温度，加强通风排湿，勤中耕松土，增加通透性；严格控制浇水。②如果土壤过湿，则可撒些细干土或煤灰吸水，使床土温度尽快升高。③采用多层覆盖以利于保温和地温升高，在温度较低的连阴、雨、雪天进行临时加温。

4. 烧根

烧根表现为根尖发黄，不长新根，但不烂根，地上部分生长缓慢，矮小脆硬，不发棵，叶片小而皱。烧根主要是肥害引起的。解决方法如下。①配制营养土时使用的有机肥必须经过腐熟，控制化肥使用量。②出现烧根的，应视苗情、墒情和天气情况，适当增加浇水量和浇水次数，以降低土壤溶液浓度。

5. 苗徒长

苗徒长主要是光照不足、夜温过高、氮肥和水分过多、播种密度过大、幼苗相互拥挤遮阴、通风不良等引起的。解决方法如下。①若遇连阴、雨、雪天，则揭去不透明覆盖物，使幼苗见光。②出苗后夜温保持在15℃左右，随着幼苗的生长，逐渐加大昼夜温差，适当控制浇水量和氮肥施用量，可叶面喷施磷钾源库 800 倍液。③及时进行分苗，使用营养钵育苗的方式将苗摆稀。

6. 苗僵化

苗僵化主要表现为苗叶小、色深，茎细、节短，生长缓慢，根细少，主要是低温、干旱或缺肥等引起的。解决方法如下。①加强增温、保温措施，减少通风量，尽可能使苗床接受更多的光照，提高床温。②加强苗期水肥管理，适时适量浇水。③注意营养土中的肥料比例，缺肥引起的苗僵化可通过叶面喷施海精灵生物刺激剂叶面型1000倍液解决。

7. 闪苗和闷苗

秧苗因不能迅速适应温湿度的剧烈变化而导致猛烈失水，并造成叶缘上卷，甚至叶片干裂的现象被称为"闪苗"；而升温过快、通风不及时所造成的凋萎被称为"闷苗"。解决方法如下。①通风应从背风面开口，通风口由小到大，时间由短到长。②阴雨天气（尤其是连阴天）应适当揭苫，让种苗见光。③出现症状时，可叶面喷施海精灵生物刺激剂叶面型+芸苔素内酯补救。

8. 猝倒病

猝倒病属于西瓜苗期病害，受害初期幼苗近地面基部呈水渍状病斑，随后病部变黄褐色从而干枯收缩似线状，子叶尚未凋萎，幼苗即成片折倒。解决方法如下。①加强苗床管理，做好保温、通风工作，不要在阴雨天浇水，保持苗床干湿适宜。②发现病苗及时用15%噁霉灵500～800倍液喷施防治。

9. 立枯病

西瓜立枯病多发生在育苗的中后期。刚出土的幼苗受害，其茎基部产生椭圆形暗褐色病斑，病苗白天萎蔫，夜间恢复正常，当病斑绕茎一周时，病部凹陷，茎基部干枯缢缩，幼苗倒伏死亡。解决方法如下。①出苗后，严格控制温度、湿度及光照，可结合炼苗揭膜、通风、排湿。②发现病苗及时用58%甲霜灵锰锌500倍液，隔10天喷1次。

（七）嫁接前准备

1）嫁接时间确定。当穴盘砧木生长至子叶展开、第1片真叶初现（南瓜砧木生长至第1片真叶展开、第2片真叶初现），接穗子叶展开时即可进行嫁接。嫁接前2天，应对砧木、接穗喷杀菌剂，以预防猝倒病、脚腐病等病害发生；嫁接前1天，将砧木浇透水，但不宜过湿，以预防根腐病发生。

2）嫁接工具准备。嫁接前应准备好嫁接操作台、嫁接竹签或嫁接针（1.6mm、1.8mm）、不锈钢刀片、嫁接夹、棉布、干湿温度计等，在用于摆放嫁接苗的畦上搭小拱棚，并铺好地膜、塑料薄膜和遮阳网，有条件的可将大棚的外遮阳网和内遮阳网先展开，加强遮阳效果。

（八）嫁接方法

1. 插接法

1）去除砧木生长点。左手拇指和食指捏住砧木真叶，右手拿不锈钢刀片剔除砧木生长点和真叶；或左手捏住砧木子叶，右手用眉夹（平口）夹去生长点和真叶。在生产中可提早1～2天去除生长点，既可增加下胚轴粗度，又有利于去除生长点的伤口愈合，还能提高嫁接速度。

2）插砧木。根据砧木下胚轴大小选择嫁接针大小，左手拇指和食指捏住砧木子叶下胚轴，右手拿嫁接针，将嫁接针斜面紧贴在一片子叶叶柄中脉基部，向另一片子叶叶柄基部呈 35°～45°斜插，插孔深度为 0.6～0.8cm，以左手食指或拇指的手面感觉嫁接针即将穿透砧木下胚轴表皮或刚穿破砧木下胚轴表皮为宜，嫁接针暂不拔出。

3）削接穗。从接穗穴盘中切取西瓜接穗，用左手拇指和食指捏住接穗 2 片子叶，将接穗的下胚轴搭在左手的中指上，右手拿刀片在接穗子叶下方 0.5～0.8cm 处呈 30°～35°向下轻微用力斜削，以中指手面感觉到刀片时停止用力，将接穗下胚轴削成单斜面，斜面长 0.6～0.8cm，切面平滑无污染。在生产中操作熟练者可先一次性削 10 个接穗再插接穗。

4）砧穗结合。拔出砧木上的嫁接针，左手捏住砧木子叶下胚轴，右手迅速将接穗下胚轴单斜面朝下插入砧木，接穗子叶与砧木子叶拓开，右手稍微用力，使接穗插稳，切不可用力过大，将接穗折断，以免影响成活，接穗子叶最好与砧木子叶呈十字形交叉。幼苗嫁接好后立即放入小拱棚内，喷雾保湿并盖好塑料薄膜与遮阳网。

插接法如图 3-15 所示。

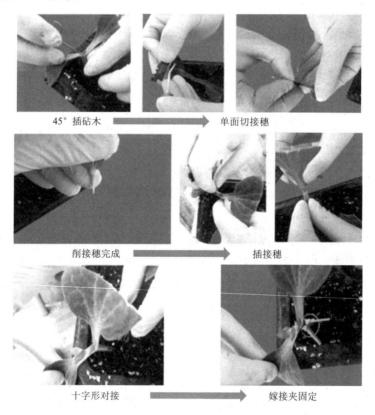

图 3-15　插接法

2. 劈接法

1）去除砧木生长点。左手拇指和食指捏住砧木真叶，右手拿刀片剔除砧木生长点和真叶,剔除干净,同时将子叶切除 1/3,以减少水分蒸发。在生产中可提早 1～2 天去除生长点,以提高嫁接速度。

2)劈砧木。左手拇指和食指捏住砧木子叶下胚轴或左手拇指和食指捏住砧木的 1 片子叶,将砧木扶稳,右手拿刀片沿双子叶内侧方向过轴心向下纵劈 1～1.5cm,过胚轴心,下胚轴外侧不劈开,宽不小于接穗横径。在生产中操作熟练者可一次性劈开 5～10 株砧木,提高嫁接速度。

3)削接穗。在接穗子叶下方 0.5～0.8cm 处将接穗下胚轴削成双楔形,削面长度和砧木切口深度相对应,长度控制在1～1.5cm,楔面平滑无污染。西瓜接穗下胚轴一般为椭圆形,如果下胚轴有牙签粗,则应削更扁的面,这样在固定嫁接夹时不易跑位。在生产中操作熟练者可一次性削 5 个接穗后再固定。

4)结合固定。将接穗楔面全部插入砧木切口,使楔面一侧与砧木外表皮处于同一平面,用嫁接夹从劈口对侧夹住接穗,保证接穗楔面与砧木切口不移位。幼苗嫁接好后立即放入小拱棚内,喷雾保湿并盖好塑料薄膜与遮阳网。

3.贴接法

1)去除砧木生长点。先用刀片从砧木子叶一侧呈 45°斜切去掉生长点,再切除另一片子叶,切口长 7～10mm。

2)削接穗。在接穗子叶下方 5mm 处将胚轴向下削切成相应的斜面。

3)对齐结合。将砧木与接穗切面对齐,贴靠在一起,用嫁接夹固定紧即可。

贴接法如图 3-16 所示。

图 3-16 贴接法

贴接法操作简单，接穗不受苗龄限制，只要切口整齐吻合即可，因此可使嫁接适期拉长，具有效率高、成活率高等优点。

关键技术 **西瓜嫁接的优势**

1）提高西瓜抗枯萎病的能力。嫁接栽培能有效防止西瓜枯萎病造成的死秧，从而解决西瓜地不能重茬连作的问题。

2）提高西瓜的耐低温能力。嫁接苗根系强大，耐低温性能强，这对于西瓜早春保护地栽培极为有利，可以提早栽培，抢早上市。

3）高产稳产。西瓜嫁接苗的根系较自根苗更发达，吸收能力和输导能力增强，同时嫁接苗地上部生长旺盛，叶面积增大，植株的抗病能力提高。

4）节省肥料。西瓜嫁接苗砧木根系强大，吸肥能力较自根苗增强，可以节约 30%左右的用肥。

5）便于无公害西瓜的生产。嫁接西瓜的抗病性强，病害少且发病轻，减少了农药的使用量和使用次数，有利于无公害西瓜的生产。

（九）嫁接后管理

嫁接后嫁接苗的接穗和砧木的接口尚未愈合，须采取特殊的管理措施，创造有利于接口愈合的良好环境条件，只有这样才能让接穗成活。在栽培管理上要注意以下几点。

1. 遮阳与光照

嫁接后 3～4 天全封闭遮阳，禁止见光和通风，防止接穗徒长和因蒸腾失水而萎蔫。一般经过 3～4 天保温、保湿、遮阳后，嫁接苗接口就可愈合，可逐步增加光照和通风。有外遮阳网和内遮阳网的大棚，第 5 天可掀去小拱棚上的遮阳网，第 6～7 天可拉开大棚的内遮阳网，第 9～10 天收起大棚的外遮阳网。若中午前后阳光强烈、温度高于 26℃，则应将大棚外遮阳网盖上，以降低温度，只要嫁接苗不发生萎蔫就不需要遮阳。

2. 湿度

西瓜嫁接苗接口愈合前，为防止植株脱水，嫁接后 3～4 天小拱棚内湿度应保持在 90%以上，这是嫁接苗成活的关键。一般在拱棚内进行地面浇水，上面用塑料薄膜完全覆盖就可以达到要求。

3. 温度与通风

在幼苗接口尚未完全愈合时，小拱棚内温度最好保持在 24～28℃。嫁接后 3 天内不用通风；3 天后若小拱棚内温度过高，湿度大，则易发生根腐病，应及时打开薄膜两头或侧面通风换气，降温后再盖好；5 天后每天早晚将小拱棚薄膜两头或侧面掀起通风换气，逐渐增加通风时间；10 天后嫁接苗已成活，可掀开薄膜全面通风。

4. 去夹与抹侧芽

西瓜嫁接后 1 周嫁接苗接口已愈合完好，使用劈接法的一般需 7～10 天方可去除嫁接夹。嫁接夹去除过早，不利于接口愈合；嫁接夹去除过迟，则影响接穗生长。砧木的顶芽虽已切除，但其叶部的腋芽经过一段时间仍能萌发，应及时抹除砧木萌发的侧芽，防止其与接穗抢夺养分和水分。

5. 病虫害预防

西瓜嫁接后要注意防止根腐病和猝倒病的发生，一般嫁接后 5～6 天喷 1 次杀菌剂，如乙蒜素加噁霉灵 800 倍液，隔 5 天再喷 1 次。

6. 水肥管理

西瓜嫁接 5 天后，如果基质过干，则可适当浇水，保持基质的相对湿度，以供给嫁接苗足够的水分。当接穗第 1 片真叶初展时要追肥，以增加养分，在喷药时可加叶面肥，还可在浇水时加入腐殖酸水溶肥 300～500 倍液或含氨基酸水溶肥 2000 倍液灌根，以增加养分，确保嫁接苗健壮成长。

7. 适时移栽

当西瓜嫁接苗生长健壮、真叶长到两叶一心、基本无病虫害时就可移栽。

工作任务 2　西瓜定植和田间管理

▌任务描述　　某蔬菜专业生产合作社计划栽培西瓜 3hm²。作为蔬菜生产技术员，要指导定植前准备工作、定植过程中操作方法及定植后田间管理等。

通过学习本任务，学生应熟练掌握西瓜设施栽培的施肥、整地、做垄或作畦、定植等操作的关键要点，熟练掌握西瓜设施种植温湿度管理、养分管理、植株调整、病虫害防治等田间管理要点。

▌任务目标　1. 掌握西瓜定植的标准。

2. 能进行西瓜定植前的各项准备工作。

3. 掌握西瓜田间管理关键技术要点。

▌相关知识

西瓜是深根性植物，根系强大，耐旱不耐涝，再生能力差。茎蔓性，分枝性强，茎节易生不定根。开花坐果期温度不得低于 18℃；果实膨大期和成熟期的温度以 30℃最为理想。坐瓜后需较大的昼夜温差，根系生长最适温度为28～32℃。西瓜需肥量较大。

1. 攀缘性

西瓜的茎为攀缘茎，蔓生、中空，含水量高，易折断。当着生 6～7 片叶后，西瓜茎不能直立生长，需要搭架或吊蔓栽培。茎可无限生长，叶腋间有分生侧蔓的能力，掐尖破坏顶端优势后，主蔓上的侧蔓由下而上依次发生。

2. 喜温性

西瓜喜高温干燥的气候，是瓜类蔬菜中耐热性较强的品种。生育适温为24～30℃，当温度低于 16℃时停止生长，授粉受精不良，子房脱落。种子发芽的最低温度为 10℃，最适合温度为25～30℃，在 15℃以下和40℃以上极少发芽，根毛发生的最低温度为14℃，当定植地地温稳定在 15℃以上、气温稳定在 10℃以上时进行设施生产。开花期和坐果期的最低温度为 18℃，最适合温度为25～28℃，低于 18℃会使果实发育不良。果实膨大期和变瓤期的温度以30℃为宜，温度低会使果实成熟推迟，品质下降。西瓜耐热性较强，能忍耐 35℃以上的高温。

3. 喜光性

西瓜属于短日照作物，在正常生长的情况下，短日照可促进雌花的分化，提早开花。但是，8 小时以下的短日照对西瓜的生长发育不利。西瓜是喜光作物，需要充足的光照。据测定，西瓜的光补偿点约为 4klx，光饱和点为 80klx，在这一范围内，随着光照强度的增加，叶片的光合作用逐渐增强。在较强的光照条件下，植株生长稳健、茎粗、节短、叶片厚实、叶色深绿。在弱光条件下，植株易出现徒长现象，茎细弱、节间长、叶大而薄、叶色淡。特别是开花结果期，若光照不足，则会使植株坐果困难，易造成化瓜，所结的果实会因光合产物少、含糖量降低而品质下降。在西瓜早熟栽培育苗过程中，加强通风、透光、晒苗是培育壮苗的措施之一。

4. 耐旱性

西瓜是耐旱作物，有发达的根系，吸水能力较强；西瓜极不耐涝，若土壤水分过多，则会使根系缺氧，容易染病。幼苗期要求空气相对湿度为 50%～60%，开花坐果期要求空气相对湿度为80%左右。西瓜耐旱，不耐涝，坐果期和膨大期为水分敏感期，只有供应适当的水分，才能获得较高的产量。

5. 需肥量大

西瓜是需肥量大的植物，对氮、磷、钾三要素的吸收量随植株的不断增长而增加，到果实膨大期达最大值。在总吸收量中，氮最多，磷最少，钾第二，三者的比例大体为3.5∶1∶2.8。氮肥充足是高产的基础，但氮肥过多易引起营养生长过旺、难坐瓜，延迟生育期，并且会使瓜小、皮厚、不甜。磷肥能促进根系的生长，增强吸收能力和耐寒能力，促进花芽分化，早开花，早成熟，提高品质。钾肥能促进光合作用及糖分的运转、积累，提高含糖量，钾肥又被称为品质肥。增施钾肥可改善氮肥过多造成的不良影响。西瓜在对多种微量元素的吸收中，以钙、镁较多。在果实膨大期缺钙会严重降低抗病性，引起烂脐（即瓜顶花蒂）、瓜瓤出硬块等生理病害。缺镁易导致西瓜枯萎病加重。

6. 对土壤的适应性

西瓜最适宜种植在通透性良好的壤土和砂壤土上，砂壤土西瓜易发苗、生长快、成熟早、品质好，但植株易早衰。栽培西瓜要选疏松、透气性好、能排水的土壤，要求有机质含量丰富，pH 值为 6.5～7.8，地势高燥，排灌方便，土壤盐浓度低于 0.2%。栽培西瓜的地块最好前茬是荒地，其次是禾谷类作物，豆茬及菜地不理想，瓜茬不能连种。

7. 忌重茬

重茬生产会使土传性病害加重，在生产上可采用嫁接育苗的办法解决土传性病害，应与非葫芦科作物实行 3 年以上的轮作。

8. 产量高、经济效益高

西瓜是喜温性植物，其生长发育需要较高的温度，设施覆盖应满足其温度要求，可以提早成熟、提早上市。西瓜在昼夜温差为 8～16℃时积累同化产物多，呼吸消耗少，含糖量高，品质好。设施生产昼夜温差大有利于糖分积累。早春生产的西瓜每亩的产量为4000～5000kg，经济效益高。设施的保护作用可避免自然灾害对生产的影响。早春在完全覆盖条件下生产，病虫害发生不严重，不需要使用化学农药，产品食用安全性高，基本达到绿色食品标准要求。

▌任务实施

（一）西瓜定植

1. 定植前准备

施肥、整地　冬前中耕，耕作层厚度不低于 35cm。定植前 15 天左右施肥、耕肥整

西瓜定植

地、作畦。整地前 5 天充分灌水。待土壤水分通过浸透和蒸发达到适宜时，首先将底肥均匀地施于地面，然后翻耕、碎土。施肥以优质有机肥为主，以无机肥为辅，每亩施优质有机肥 3～4m³，氮、磷、钾复合肥 75kg，饼肥 100kg。在一般情况下，西瓜不宜过多施肥，特别是氮肥，否则会导致植株生长过旺、雌花着生不良、影响坐瓜。

做垄或作畦　常规爬地式生产根据大棚的长、宽来精细作畦，跨度为 6～7m 的大棚，可以在中间开操作沟，分成两行种植，各宽 2.5～3m，四周有排水沟。畦面呈龟背状，铺设滴管带、覆盖地膜；也可以按规格开沟，集中施肥、作畦，铺设滴管带、覆盖地膜。立体吊蔓式生产宽 6m 的大棚可按每个宽 150cm 做 4 个畦，即畦面宽 90cm、沟宽 55cm 左右、深 20cm 左右的小高畦，或按每个宽 1m 做 6 个畦，即畦面宽 60cm、沟宽 40cm、深 20cm 的小高畦。作畦铺设滴管带、覆盖地膜。

2. 炼苗

定植前 7 天适当放风炼苗，锻炼幼苗抗逆性。

3. 定植操作

定植一般在 3～4 叶期进行。大棚西瓜定植时间在 3 月 10 日至 20 日，中小棚西瓜可推迟 10～15 天。按预定的株行距开穴定植，株距为 25cm。大中小棚西瓜每亩定植 900 株，棚室若采用搭架栽培则每亩可定植 1500 株以上。定植时一次性浇足定植水。在定植行上按预定株距，用小铁铲挖比穴盘孔穴稍微大的小土坑作为定植穴。将从穴盘中取出的苗放入定植穴并用土培好，定植深度一般以子叶距离畦面约 2cm 为宜。西瓜定植如图 3-17 所示。

图 3-17　西瓜定植

4. 覆盖薄膜

插好拱架，覆盖薄膜，封闭大棚，进入闷棚管理。

5. 闷棚管理

闷棚管理4～6天，在高温高湿条件下促进缓苗。

西瓜田间管理

（二）西瓜主要生育期管理

1. 缓苗期管理

从定植后到幼苗生长为缓苗期。定植到活棵 3～5 天内要求白天温度为 30℃左右，不高于 33℃，土壤温度在 18℃以上，只有这样才能促进缓苗。主要措施：搭好拱棚、覆盖草苫，闷棚管理。缓苗后进行大温差管理，白天温度为 25～28℃，夜间温度不低于15℃，白天温度超过30℃时通风。定植时浇定植水，缓苗期不再浇水。底肥不足会导致幼苗长势差，故定植缓苗后，可追一次提苗肥，每株浇 0.3%～0.5%的尿素水 1kg。

2. 伸蔓期管理

幼苗缓苗后生长 5～6 片叶的时期为"团棵"。从"团棵"到结瓜部位的雌花开放为伸蔓期，这一时期植株生长迅速，茎由直立生长转为匍匐生长，雌花、雄花不断分化、现蕾、开放。

1）主要管理。伸蔓期实行大温差管理。瓜苗开始甩蔓时，浇 1 次水，促进瓜蔓生长。之后到坐果前不再浇水，通过控制土壤湿度，防止瓜蔓旺长。坐果前不追肥。若长势较差，则可在蔓长 30cm 左右时追施腐熟的饼肥或三元复合肥，每亩追施 5～8kg，促进甩蔓。西瓜茎叶的生长要求较低的空气湿度，相对湿度在 60%左右。

2）整枝压蔓。棚室西瓜采用双蔓整枝，即留一条主蔓和一条侧蔓，以主蔓结瓜为主，多余侧枝尽早摘除；或采用三蔓整枝，即留一条主蔓和两条侧蔓，主侧蔓同时结瓜。在常规生产法下，西瓜主蔓伸长 30cm 左右时进行压蔓，即使主蔓与行向保持 45°并向西瓜行两侧延伸，在瓜蔓不断延伸过程中，每间隔 3～5 节压一块土块，以固定主蔓，在压蔓的同时摘除多余的侧枝。整枝压蔓如图 3-18 所示。

图 3-18　整枝压蔓

3）吊蔓、引蔓、整枝。在幼苗高 20cm 左右时，用塑料绳将苗基部扎住，上部牵引固定在立柱上方铁丝上。瓜蔓不断伸长时，及时进行人工辅助理蔓、引蔓，促使其攀缘向上生长。每株留一条主蔓和一条强壮的侧蔓，用剪刀从分枝处剪去多余侧蔓。

3. 开花坐果期管理

从留瓜节位雌花开放至果实成熟为开花坐果期。单个果实的发育时期又可细分为以下 3 个阶段：坐果期，即从留瓜节位雌花开放至褪毛（果实呈鸡蛋大小，果面茸毛渐稀）；果实膨大期，即从褪毛到定个（果实大小不增加）；变瓤期，即从定个到果实成熟，此阶段果实内部进行各种物质转化，蔗糖和果糖合成加强，果实甜度不断提高。

棚室西瓜生产一般选用第 2 朵雌花坐果，坐住果后，在瓜前留 7～8 片叶摘心。西瓜开花后，温度可适当提高，白天为 28～32℃，夜间为 15～18℃，昼夜温差为 10～15℃时最好。开花授粉时要求空气相对湿度为 70%～75%。因此，西瓜设施栽培一方面一定要覆盖地膜，减少土壤水分蒸发；另一方面要通风换气。每次浇水后都要通风，以降低湿度。

1）水肥管理。坐果期肥料吸收量最高，占全生育期吸收总量的 85% 左右（以果实膨大期吸收量最大，约占 77.5%）。在坐果后，当田间大多数植株的幼瓜长到鸡蛋大小时，结合浇坐瓜水，每亩冲施硫酸钾三元复合肥 30kg，或尿素 15～20kg、硫酸钾 10～15kg，作为膨瓜肥。果实膨大期要进行 1～2 次的叶面喷肥，可喷施 0.3%～0.4% 磷酸二氢钾和 0.4% 尿素溶液。二茬瓜生长期间，根据瓜蔓长势，适当追肥 1～2 次。坐果后在近根部点施、浇水，并增加浇水次数，保持土壤湿润。采摘前 7～10 天结束浇水。头茬瓜收获结束后，及时浇水促进二茬瓜生长。

2）人工授粉。在雌花开放后，上午 9 时～10 时进行人工辅助授粉，将当天开的雄花花粉涂抹在当天开的雌花柱头上，对已授粉的雌花，第二天进行重复授粉可提高坐果率。授粉后，用颜色做出标记，并记清授粉时间，便于今后采收。抗病苏蜜西瓜在开花授粉后 30～32 天就可采收。大果冰激凌、早佳（84-24）、京欣二号等从开花到果实成熟需 28 天左右。

3）护瓜与摘心。立体生产的小型西瓜在幼瓜直径为 10cm 以上、质量为 0.5kg 左右时，采用专用塑料网袋吊瓜。在果实膨大期，为了减少植株营养消耗、集中供应幼果、减轻支架负荷，果实坐住后，在幼果前留 7～8 片叶摘心，去除顶端优势，减少田间后期荫蔽。常规生产在果实褪毛到定个期间，用干净的稻、麦草做成草垫垫在瓜的下面，防地下害虫啃食和病菌危害。同时要沿着同一方向进行翻瓜，使果实着色均匀。

（三）西瓜果实成熟度判断与采收

花皮瓜类成熟时纹路清楚、深淡分明；黑皮瓜类成熟时皮色乌黑、带有光泽。无论何种瓜，只要瓜蒂、瓜脐部位向里凹入，藤柄向下贴近瓜皮，近蒂部粗壮青绿，坐瓜节的卷须焦枯，就是成熟的标志。用拇指摸瓜皮，感觉瓜皮滑而硬则为好瓜，瓜皮黏或发软为次瓜。成熟度越高的西瓜，其分量就越轻。同样大小的西瓜，一般以轻者为好，过重者则是生瓜。将西瓜托在手中，用手指轻轻弹拍，发出"咚、咚"的清脆声，托瓜的手感觉有些颤动，表明这是熟瓜；发出"突、突"声，表明成熟度比较高；发出"噗、噗"声，表明这是过熟的瓜；发出"嗒、嗒"声，表明这是生瓜。采收成熟的西瓜适宜在上午进行。

综 合 评 价

综合评价以自我评价和小组评价相结合的方式进行，指导教师（或师傅）根据考核评价和学生学习成果进行综合评价。

1. 根据任务完成情况，检查任务完成质量。

2. 归纳总结定植操作技术要点并进行应用推广，提出提高西瓜定植成活率的措施与方法，并进行试验和推广。

3. 走进不同规模、不同地域的企业，按照企业生产标准化要求，对该企业的生产管理实施过程、规章制度完善性进行点评，评价一下西瓜种植田间管理是否规范合理，提出田间管理的合理化建议。

西瓜设施生产考核评价表如表 3-4 所示。

表 3-4　西瓜设施生产考核评价表

班级：　　　第（　　）小组　　　姓名：　　　时间：

评价模块	评价内容	分值	自我评价	小组评价
理论知识	1. 掌握西瓜设施生产的茬口安排	10		
	2. 掌握西瓜设施生产的品种选择	10		
	3. 掌握西瓜设施生产的工作流程和田间管理要点	10		
操作技能	1. 能进行西瓜设施育苗生产	20		
	2. 能运用农业技术措施防治西瓜病虫害	20		
	3. 能运用西瓜设施生产技术进行生产流程管理	20		
职业素养	1. 以人为本，具有绿色蔬菜产品生产的理念	5		
	2. 团队合作，具有精益求精的职业精神	5		

综合评价：

指导教师（或师傅）签字：

甜瓜设施生产

【核心概念】

甜瓜设施生产是指利用人工建造设施，为甜瓜提供适宜的温、光、水、气等环境条件而进行的优质、高产、高效栽培。栽培生产包括育苗、定植前准备、定植、田间管理、采收等环节。

【学习目标】

1. 了解甜瓜生物学特征。
2. 掌握甜瓜设施生产茬口安排。
3. 掌握甜瓜设施生产品种选择。
4. 能进行甜瓜设施育苗生产。
5. 掌握甜瓜设施生产田间管理要点。

甜瓜因味甜而得名，其清香袭人故又名香瓜。甜瓜是夏令消暑瓜果，其营养价值可与西瓜媲美。甜瓜主要以成熟的果实作为鲜果消费，外观美丽，香气浓郁，是人们盛夏消暑瓜果中的高档品。此外，厚皮甜瓜还可用于加工瓜汁饮料、发酵酿酒，晾晒后可形成瓜干；薄皮甜瓜还可加工成腌渍品或酱渍品。甜瓜市场需求量很大，全国各地均有生产，设施生产规模小于西瓜。

知识准备 甜瓜生物学特征

一、甜瓜植物学特征

1. 根

甜瓜的根由主根、各级侧根和根毛组成，比较发达，主根可深入土中 1m，侧根长 2～

3m，绝大部分侧根和根毛集中分布在 30cm 以内的耕作层。根除从土壤中吸收无机盐和水分外，还直接参与有机物质的合成。据研究，在根中直接合成的氨基酸有 18 种。

2. 茎

甜瓜的茎为草本蔓生，茎蔓节间有不分权的卷须，可攀缘生长。茎蔓横切面为圆形，有棱，茎蔓表面具有短刚毛，一般薄皮甜瓜茎蔓细弱，厚皮甜瓜茎蔓粗壮。叶腋内着生侧芽、卷须、雄花或雌花。甜瓜的茎分枝性强，子蔓、孙蔓发达。蔓匍匐在地面上生长时，还会长出不定根，可以吸收水分和养料，并可以固定枝蔓。

3. 叶

甜瓜的叶着生在茎蔓的节上，每节 1 叶，互生。甜瓜的叶为单叶，叶柄短，上被短刚毛。叶形大多为近圆形或肾形，少数为心脏形、掌形。甜瓜的叶不分裂或有浅裂，与西瓜的叶不同，与黄瓜的叶近似。甜瓜的叶正反面均长有茸毛，叶背面叶脉上长有短刚毛，叶缘呈锯齿状、波纹状或全缘状，叶脉为掌状网脉。叶片的大小随类型和品种而异，通常叶片直径为 8～15cm。

4. 花

甜瓜的花为雌雄同株，虫媒花，雄花是单性花，雌花大多为具雄蕊和雌蕊的两性花，也被称为结实花。少数品种在低节位时雌花为单性花，到高节位后恢复为两性花。另外，极少数品种的雌花为单性花。甜瓜结实花常单生在叶腋内，雄花常数朵簇生，同一叶腋的雄花次第开放，不在同一日。结实花着生在孙蔓及上部子蔓第一节，气温合适时一般在上午 10 时前开花，如果气温偏低，则开花时间延迟。甜瓜的花如图 3-19 所示。

图 3-19　甜瓜的花

5. 果实

甜瓜的果实为瓠果，由受精后的子房发育而成。甜瓜的果实可分为果皮和种腔两个部分。果皮由外果皮和中内果皮构成，外果皮有不同程度的木质化，随着果实的生长和膨大，木质化的表皮细胞会撕裂形成网纹；甜瓜的中内果皮无明显界限，均由富含水分和可溶性糖的大型薄壁细胞组成，为甜瓜的主要可食部分。种腔的形状有圆形、三角形、星形等，三心皮一室，内充满瓤子。甜瓜的果实的大小、形状、果皮颜色差异很大，是鉴定品种的主要依据。通常薄皮甜瓜个小，单瓜重在 1kg 以下。果实形状有扁圆形、圆形、卵形、纺锤形、椭圆形等。果皮颜色有绿色、白色、黄绿色、黄色、橙色等。外果皮上还有各种花纹、条纹、条带等，丰富多彩。甜瓜的果柄较短，早熟类型甜瓜果柄常熟后脱落。甜瓜的果实成熟后常散发出香气。各种类型的甜瓜如图 3-20 所示。

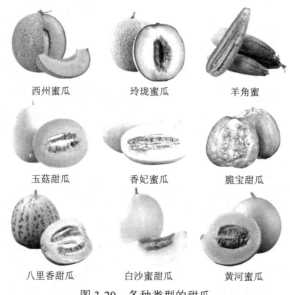

西州蜜瓜	玲珑蜜瓜	羊角蜜
玉菇甜瓜	香妃蜜瓜	脆宝甜瓜
八里香甜瓜	白沙蜜甜瓜	黄河蜜瓜

图 3-20　各种类型的甜瓜

6. 种子

甜瓜的果实一果多胚，通常一个瓜中有 300～500 粒种子。甜瓜种子形状为扁平窄卵圆形，大多为黄白色。甜瓜种皮较西瓜种皮薄，表面光滑或稍有弯曲。甜瓜的种子大小差别较大，薄皮甜瓜种子小，千粒重为 5～20g；厚皮甜瓜种子大，千粒重可达 30～60g。甜瓜的种子由种皮、子叶、胚 3 个部分组成，不含胚乳。在干燥低温密闭条件下，甜瓜种子能保持发芽力 10 年以上，在一般情况下寿命为 5～6 年。

二、甜瓜生育期特征

甜瓜从播种到收获开始需 85～120 天。甜瓜生育期具体可分为发芽期、幼苗期、伸蔓期和结果期 4 个时期。甜瓜生育期特征如图 3-21 所示。

发芽期　　幼苗期　　伸蔓期　　　　　　结果期

图 3-21　甜瓜生育期特征

1. 发芽期

从种子萌动露出胚根、子叶展平到破心为发芽期。这一时期需 7～10 天，主要依靠种子内部储藏的养分生长，生长量小。

2. 幼苗期

从破心到第 5 片真叶出现为幼苗期，需 25～35 天。这一时期以叶的生长为主，茎呈短缩状，植株直立。幼苗期甜瓜的生长量较小，生长速度缓慢。但这一时期是幼苗花芽分化、苗体形成的关键时期。第 1 片真叶出现后花芽分化就开始了，2～4 叶期是分化旺盛的时期，到 5 叶期初期主蔓可分化 20 多节。一棵植株可分化幼叶 138 片、侧蔓原基 27 个、花原基 100 多个。

3. 伸蔓期

从第 5 片真叶出现到第一结瓜部位雌花开放为伸蔓期，需 20～25 天。这一时期地上和地下部分均生长旺盛，生长量迅速增加，甜瓜根系迅速向垂直和水平方向扩展，吸收量不断增加；侧蔓不断抽生，迅速伸长；叶片不断增加，叶面积不断扩大，一个生长点一天就能增加一片新叶，同时花芽进一步分化发育。

4. 结果期

从第 1 朵雌花开放到果实成熟为结果期。这一时期又可分为开花坐果期、果实膨大期和成熟期。

1）开花坐果期。从第 1 朵雌花开放到果实迅速膨大为开花坐果期，需 7 天左右，是植株由营养生长为主转向生殖生长为主的过渡时期，果实的生长优势逐渐形成。

2）果实膨大期。从果实迅速膨大到停止膨大为果实膨大期。这一时期的长短与品种有关，早熟品种为 13～15 天。这时植株生长量达到最大，植株的生长以果实为主。这一时期是果实生长最快的时期，每天增重 50～150g，果肉细胞迅速膨大，营养物质源源不断地向果实运输，是决定果实产量的关键时期。

3）成熟期。果实停止膨大后进入成熟期。这时根、茎、叶的生长趋于停止，果实的体积停止增长，但果实质量仍有增加。这一时期果实除继续累积营养物质外，最主要的特征是内部储藏物质的转化，糖分（特别是蔗糖）的含量大幅度增加。

薄皮甜瓜经 20～35 天成熟，厚皮甜瓜经 30～50 天才能成熟。未熟采收会降低含糖量和风味。

工作任务 1　甜瓜设施育苗

▌任务描述　　某现代农业科技有限公司计划栽培设施甜瓜 3hm²，当地消费者喜爱香甜型的薄皮甜瓜和哈密瓜，当地甜瓜主要上市期为早春 4～5 月和秋季 10 月下旬至 12 月期间。请根据要求制定出合适的设施生产茬口安排，写出详细的生产种植计划、物料投入和生产管理计划。

通过学习本任务，学生应能熟练掌握甜瓜设施生产茬口安排及品种选择的原则和方法，了解甜瓜设施生产茬口及品种选择过程中存在的问题，并就存在的问题提出科学可行的解决办法。

▌任务目标　1. 掌握甜瓜设施生产茬口的安排。

2. 掌握甜瓜设施生产品种选择的方法。

3. 了解甜瓜设施生产茬口及品种选择过程中存在的问题及解决办法。

▌相关知识

（一）甜瓜设施生产茬口

甜瓜喜高温，生长适温为 20～25℃。甜瓜的栽培形式多样，主要有以下几种生产茬口。

1. 日光温室极早熟栽培

日光温室极早熟栽培投资大、使用年限长、种植效益高。

2. 塑料大棚加地膜覆盖春早熟栽培

塑料大棚加地膜覆盖春早熟栽培对种植技术要求高，使用年限较长、种植效益较为可观。

3. 中小棚早熟栽培

中小棚早熟栽培投资少、上市早、效益高，易于调整棚内环境。

4. 越夏栽培

越夏栽培主要利用温室、大棚等可覆盖棚进行栽培。缺点是风味较差、单位产值较低。

5. 秋大棚栽培

秋大棚栽培为反季节栽培，技术要求高，风险较大，应选用中早熟抗病品种，严格掌握播种期，生产的甜瓜易感病，个头小。

6. 秋延后栽培

我国华北地区的秋延后栽培于立秋后播种，11 月采收，也可以在 9 月播种，12 月采收；南方地区的秋延后栽培于 10 月下旬至翌年 2 月播种。秋延后栽培要注意病虫害的防治。

（二）甜瓜品种选择

哈密瓜　哈密瓜是常见的一种甜瓜，果实呈椭圆形，出产于新疆。哈密瓜味道香甜，果实大，清脆爽口，营养丰富，含糖量最高达 21%。据资料记载，清朝年间，哈密王把其作为贡品，因受康熙赏赐而得名哈密瓜。

香瓜　香瓜是新疆"红心脆"的改良品种，外形美观、色彩鲜艳、口感脆甜，含糖量为 13%～16%，具有早生、耐寒、丰产等特点，在生产上种植较多。

皇后　皇后又名新密杂 1 号，生长期在 100 天左右，单果重大约为 5kg，果实呈椭圆形，果皮呈金黄色，有墨绿色的纹路。果肉是橘红色的，肉质细嫩，甜脆爽口，含糖量在 15% 以上。该品种果皮硬，耐运输。

新密杂 9 号　新密杂 9 号又名醉仙，生长期在 78 天左右，结果后单果重约为 1.5kg，果实呈圆球形，果皮呈金黄色。果肉是白色的，肉质甜而多汁，清脆爽口，含糖量在 15% 左右。

含笑　含笑的生长期为 95 天，单果重为 3kg 左右，果实呈椭圆形，果皮是黄色的，有墨绿色的纹路。果肉是浅橘色的，肉质细嫩，香甜爽口，含糖量在 15% 左右。该品种耐储藏，但是在田间时容易裂果，目前栽培量不大。

白兰瓜　白兰瓜产于新疆。果实是圆球形的，瓜柄容易脱落，果皮是黄白色的。果肉呈淡绿色，瓜甜多汁，醇香怡人，含糖量在 12% 左右。该品种耐储藏，抗病性强。

伊丽莎白　伊丽莎白的生长期为 90 天，属于早熟品种，果实是圆形的，皮黄肉白，单果重为 1kg，含糖量为 16%。该品种蔓长 1.5m，节间较短，比较耐湿。

丰乐金蜜　丰乐金蜜属于中早熟品种，成熟期在 40 天左右，单果重可达 2.5kg 左右，果实是圆形的，果皮呈金黄色。果肉是橘红色的，含糖量可达 14%～17%，肉质酥脆，甜而多汁，风味纯正。该品种适合栽种于各种保护地。

早抗京欣　早抗京欣的果实是圆形的，果皮呈绿色，带纹路，单果重为 3.5kg 左右。

果肉是红色的，肉质甜脆，汁多纤维少，一般雌花开花后 30 天左右成熟。该品种适合大棚种植和露地种植。

苏蜜五号 苏蜜五号植株长势中等，易结果，开花后 28 天果实成熟，果实呈椭圆形，果皮呈黑色。果肉是鲜红色的，单果重可达 10kg 左右，瓜中心含糖量可达 12%，瓜边含糖量可达 9%。该品种抗枯萎病能力极强。

台湾蜜露 台湾蜜露的生长期在 75 天左右，常温下可存放 30 天左右，结果率极高，单株可结果 6 个，每亩的产量可达到 4000kg。果肉口味纯正，甜脆酥嫩。该品种的主要特点是高糖、高产、抗病，适合大面积种植。

京欣一号 京欣一号的生长期在 85 天左右，果实近似圆形，果皮光滑、有绿色条纹覆盖。果肉是红色的，甜脆多汁，单果重约为 5kg，含糖量为 12%。该品种适合栽培在土质松软的地方，开花后 30 天成熟。

> **特别提示**
>
> 调研当地甜瓜生产品种应做到以下几点。
>
> 1）了解甜瓜主要品种的特点、品质、含糖量、抗病性，明确各个品种的生育期、果实发育期。
>
> 2）通过市场调查了解、分析当地甜瓜市场消费需求。

▌任务实施

1. 品种选择

选择高产、优质、抗病性强、商品率高、适宜当地栽培的甜瓜优良品种。

甜瓜设施育苗

2. 播前准备

1）设施选择：根据季节不同选用连栋温室、塑料大棚等育苗设施，夏秋季育苗应配有防虫遮阳设施，冬季育苗应配有加温设施。

2）穴盘选择：甜瓜穴盘育苗一般选用 50～72 孔穴的穴盘。

3）基质选择：要求基质疏松、保肥、保水、营养完全。可以选用腐熟的牛粪、鸡粪、炉渣、菇渣等，按一定比例配制；也可以从基质生产厂家购买穴盘育苗基质。将基质装入穴盘中，整平拍实，每 10 个一摞，人工按压出播种坑，坑深 1cm 左右，播种前用喷灌设施喷透基质。

3. 编制甜瓜生产方案

我国北方甜瓜设施栽培以日光温室早春茬产量最高，其次是塑料大棚春早熟栽培。秋冬茬生产在苗期易受高温病毒病影响，坐瓜期遇低温从而影响瓜的膨大，瓜个小，故一般不提倡秋冬季种植。冬季温光条件更差，生产更难，故也不提倡冬季种植。甜瓜设施生产茬口安排参考表如表 3-5 所示。

表 3-5　甜瓜设施生产茬口安排参考表

茬口	播种期/（月/旬）	定植期/（月/旬）	收获期/（月/旬）
塑料大棚春早熟栽培	1/中下～2/上	3/中下	4/下～7/下
春季小拱棚短期覆盖栽培	3/上	4/中下	5/中下
塑料大棚秋延后栽培	7/上中	7/下～8/上	9/上～10/下
日光温室早春茬	12/下～1/上	2/中下	3/上中～6/中
日光温室秋冬茬	8/中下～9/上	9/中下	10/中下～1/上
日光温室冬春茬	10/下～11/上	11/上～12/上	1/中下～6/下

4. 浸种催芽

将处理过的甜瓜种子放入 55℃的热水中不停搅动，等水温降到 20～30℃时，浸种 15 分钟后捞出，用清水洗后再浸泡 6 小时左右。将浸泡好的种子用纱布包好放入 28～30℃的恒温箱催芽，70%的种子露白即可播种。

5. 播种

将发芽的种子播入已装填基质的穴盘中，保证一穴一粒，没有发芽的种子继续催芽，待出芽后再播种。播种后盖 1cm 左右的基质，喷洒清水，盖上薄膜，可以使出苗整齐。

6. 苗期管理

1）温度管理：种苗出土前，白天温度保持在 25～30℃，夜间温度保持在 18～20℃。种苗出土后，白天温度保持在 20～25℃，夜间温度保持在 15～25℃。夏秋育苗要防止高温徒长，早春育苗要避免冷冻。幼苗破心后，一般白天温度保持在 27～30℃，夜间温度保持在 20℃左右。出苗后，应及时揭去薄膜，通风透光，并间苗和移苗补缺。

2）光照管理：一般日出后气温回升（上午 8～9 时），此时就应揭开覆盖物，使幼苗接受阳光，早春下午在苗床温度降低幅度不太大的情况下适当晚盖覆盖物，以增加幼苗受光时间。育苗后期，外界气温稳定在 20℃左右时，使幼苗直接接受日光照射。

3）水肥管理：出苗前一般不浇水，出苗后视基质干湿情况而定。基质现白时，用 30℃左右的温水，结合追肥，于傍晚前后用喷壶喷水。定植前 2～3 天不宜浇水。苗期以营养生长为主，应适当增加氮肥，氮肥、磷肥、钾肥的比例为 3.8：1：2.76，可用瓜类专用液肥进行适时灌根。

7. 病虫害防治

甜瓜苗期主要的病害：一是猝倒病，一旦发现此病，要及时拔除病株，用多效杀菌王、噁霉灵、阿米西达等药剂防治；二是疫病、枯萎病等，可用 40%乙膦铝 200～300 倍液或 70%甲基托布津 500～600 倍液防治。虫害主要有蚜虫和斑潜蝇，可使用吡虫啉和1.8%齐螨素乳油 3000 倍液喷雾，或使用功夫加杀灭菊酯、杀灭菊酯加 40%氧化乐果、杀虫双加水胺硫磷等防治。

工作任务 2　甜瓜定植和田间管理

任务描述　　某现代农业科技有限公司计划栽培甜瓜 3hm²。作为蔬菜生产技术员，要指导定植前准备工作、定植过程中操作方法及定植后田间管理等工作。

任务目标　1. 掌握甜瓜定植的标准。
　　　　　　　2. 能进行甜瓜定植前的各项准备工作。
　　　　　　　3. 掌握甜瓜田间管理关键技术要点。

▌相关知识

1. 温度

甜瓜是喜温植物，要求白天温度保持在 25～30℃，夜间温度保持在 16～20℃，植株处于 13℃时生长停滞，处于 10℃时停止生长，处于 7.4℃时即为冷害。甜瓜开花期适温为 25℃，适宜地温为 22～25℃。甜瓜对高温的适应性强，特别是厚皮甜瓜，在 35℃下生育正常，40℃时仍保持较高的光合作用。但甜瓜对低温较为敏感，在白天温度为 18℃以下、夜间温度为 13℃以下时，植株生育缓慢。厚皮甜瓜的耐热性较薄皮甜瓜强，而薄皮甜瓜的耐寒性则较厚皮甜瓜强。薄皮甜瓜生长的适温范围较宽，而厚皮甜瓜生长的适温范围较窄。

2. 土壤

甜瓜对土壤的适应性较强，各种土质都可栽培。最适宜甜瓜根系生长的土壤为土层深厚、排水良好、肥沃疏松的壤土或砂壤土。甜瓜耐盐碱性强，在 pH 值为 7～8 时能正常生育。在轻度盐碱土壤上种甜瓜，可增加果实的含糖量，改进品质。甜瓜需肥量较大。

3. 水分

甜瓜根系浅，叶片蒸腾量大，需水量较大。甜瓜的根系不耐涝，淹水后根系受损，发生植株死亡。应选择地势高燥的田块种植甜瓜，并加强排灌管理。甜瓜生长要求空气干燥，适宜的空气相对湿度为 50%～60%，空气潮湿则长势弱，影响坐果，容易发生病害。厚皮甜瓜对空气湿度要求严格，薄皮甜瓜耐湿性较强。在设施栽培中，空气湿度大是甜瓜生长发育的主要障碍因子。

4. 光照

甜瓜为喜强光植物，生育期间要求充足的光照，在弱光下生长发育不良。植株正常生长通常要求 10～12 小时的日照时数。植株进行光合作用的光饱和点为 55～60klx，光补偿点为 4klx。若坐果期光照不足，则影响干物质积累和果实生长，使果实含糖量下降，品质差。厚皮甜瓜对光照要求严格，而薄皮甜瓜对光照的适应性较强。

▌任务实施

（一）甜瓜定植

1. 定植前准备

甜瓜定植

清除设施内前茬病残体和杂草，对空间和土壤彻底消毒，减少病原、虫源。结合施底肥，将土壤深翻两遍，每亩施入优质农家肥 5000kg、过磷酸钙 50kg、硫酸钾 20kg 作为底肥。结合施底肥，每亩施入镁肥 3～5kg、硼锌等微肥 2～3kg，可改善果实品质，预防缺素症。温室内栽培甜瓜可首先按 1.3m 的行距开深沟施肥，然后按大行距 80cm、小行距 50cm 起垄覆膜。

2. 定植操作

定植株距为 50cm，在垄上交错开定植穴，摆苗，穴内浇足定植水，尽量保持苗坨不散，待水渗下后封埯。每亩栽植 1800～2000 株。

3. 温度管理

定植初期要求日温为 26～30℃，前半夜温度为 18～20℃，早晨揭苫时气温应不低于 10℃，地温应在 15℃以上。缓苗后应适当降温，日温为 25～28℃，夜温为 15～18℃。开花坐果期的适温为 25℃，高于 35℃和低于 15℃都影响甜瓜的坐果率。果实膨大期日温为 27～

35℃，不超过 35℃不放风，前半夜温度为 16~20℃，早晨揭苦前气温应在 12℃左右，地温最好保持在 20℃以上。

4. 水肥管理

在浇缓苗水时水量不宜过大。在开始生长时浇 1 次伸蔓水，每亩随水施入磷酸二铵 10kg、尿素 5kg、硫酸钾 5kg，促进植株迅速生长。开花坐果期应避免浇水，使雌花充实饱满。果实膨大期是水肥管理的关键时期，10 天浇 1 次小水，整个结瓜期共浇 2~4 次，结合浇膨瓜水，每亩随水冲施磷酸二铵 30kg、硫酸钾 15kg、硫酸镁 5kg。果实接近成熟时（采收前 10 天），要控制水分，保持适当的干燥，以利于糖分的积累。

（二）甜瓜定植后的田间管理

甜瓜田间管理

1. 温度调控

定植后，白天室温为 30℃左右，夜间室温为 17~20℃，以利于缓苗。开花坐果前，白天室温为 25~28℃，夜间室温为 15~18℃，室温超过 30℃时要进行放风。坐果后，白天室温为 28~32℃，不超过 35℃，夜间室温为 15~18℃，保持 13℃以上的昼夜温差，同时要求光照充足，以利于果实膨大和糖分积累。

2. 整枝

薄皮甜瓜在生产上可采取以下 3 种方法进行整枝。甜瓜整枝如图 3-22 所示。

图 3-22　甜瓜整枝

双蔓整枝　适用于温室、大棚甜瓜吊蔓栽培。主要方法是：主蔓二叶一心至三叶一心时掐尖，在下部留两条健壮子蔓吊起，每条子蔓上留 1 个瓜，瓜前选留两条孙蔓（侧枝），每条孙蔓上留 3 个叶片后摘心，保证平均有 7~9 片功能叶促进果实发育。每条子蔓上最多可留 4 个瓜，全株可留瓜 8 个。

三蔓整枝　适用于露地及保护地不吊蔓栽培。主要方法是：主蔓三叶一心至四叶一心时掐尖，每株留 3 条健壮子蔓，第一条子蔓可在第三片叶片处留 1 个瓜，第二条子蔓可在第二片叶片处留瓜，第三条主蔓可在第一片叶片处留瓜。每条子蔓上留 3～4 条孙蔓，每条孙蔓上留 3 片叶片后摘心，全株留 3 个瓜，这样可使果实成熟与上市比较集中。全株有叶片 50 多片，平均每个瓜有 17～20 片功能叶，保证叶片光合产物满足果实膨大及糖分积累，促进果实正常生长发育。

四蔓整枝　适用于露地及保护地不吊蔓栽培，主要特点同三蔓整枝。主要方法是：主茎四叶一心至五叶一心时掐尖，每株留 4 条健壮子蔓，第一条子蔓可在第四片叶片处留 1 个瓜，第二条子蔓可在第三片叶片处留瓜，第三条主蔓可在第二片叶片处留瓜，第四条子蔓在第一片叶片处留瓜。每条子蔓上留 3～4 条孙蔓，每条孙蔓上留 3 片叶片后摘心，全株留 4 个瓜。

3. 人工授粉

厚皮甜瓜在生产上有单层留瓜和双层留瓜等不同留瓜方式。单层留瓜指在茎蔓的第12～15 节留瓜；双层留瓜指在茎蔓的第 12～15 节及第 22～25 节各留一瓜。在预留节位的雌花开放时，于上午 9～11 时取当日开放的雄花，去掉花瓣，将雄花的花粉轻轻涂抹在雌蕊的柱头上，每株须连续授 3～4 朵花。

4. 定瓜与吊瓜

当幼果长到核桃至鸡蛋大小时，要选留瓜，即定瓜。一般小果型品种（指单瓜重小于0.75kg 的品种）每株双蔓上各留 1 个瓜，而大果型品种（指单瓜重超过 0.75kg 的品种）每株只留 1 个瓜。留瓜的原则是：幼瓜果形周正，无畸形，符合品种的特征；生长发育速度快，瓜大小相近时，留后授粉的瓜；节位适中。在果实长到 250g 左右时，及时吊瓜。将细麻绳用活结系到瓜柄靠近果实的部位，把细麻绳挂在上面铁丝上，将瓜吊到与坐瓜节位相平的位置上。吊瓜如图 3-23 所示。

图 3-23　吊瓜

5. 水肥管理

定植后至伸蔓前，瓜苗需水量少，应控制浇水量，水分过多会影响地温的升高和幼苗的生长。若室温偏高、缓苗水浇得不足，植株表现缺水，则可选晴天上午进行膜下灌水，并注意提高室温。

伸蔓期每亩施尿素 15kg、磷酸二铵 10kg、硫酸钾 5kg，施肥后随即浇水。预留节位的雌花开花至坐果期间控制浇水量，防止植株徒长从而影响坐果。定瓜后进入果实膨大期，每亩可追施硫酸钾 10kg、磷酸二铵 20～30kg，随水冲施。隔 7～10 天再浇 1 次大水，采收前 10～15 天不再浇水。双层留瓜时，在上层瓜膨大时第三次追肥，每亩施硫酸钾 15～20kg、磷酸二铵 15～20kg。除施用速效化肥外，还可在果实膨大期随水冲施腐熟的鸡粪，每亩可施用 300kg，或腐熟的豆饼 100kg。在生长期内可叶面喷施 2～3 次 0.3%磷酸二氢钾，使植株叶片保持良好的光合作用能力。

6. 二氧化碳施肥

冬春季温度低、放风少，若有机肥施用不足，则室内易发生二氧化碳亏缺，可进行二氧化碳施肥，使室内二氧化碳的浓度达到 $1g/m^3$ 左右。

（三）甜瓜的采收

甜瓜成熟后要及时采摘销售，否则容易坏、烂。采用先进的采收储藏保鲜技术可以减少损失，提高效益。商品性包装可以提升商品的档次，提高销售价格，创建品牌，提高产品的市场竞争力。

1. 成熟度鉴别

成熟的甜瓜呈现本品种特有的形状和颜色，散发出浓郁的清香味，瓜皮较硬，指甲不易陷入，脐部较软，手捏有弹性。成熟度也可以根据授粉日期进行推算，一般早熟品种成熟需 30～35 天，中熟品种成熟需 35～40 天，晚熟品种成熟需 50 天以上。如果阳光充足，则可提前 2～3 天成熟；如果为阴雨低温天气，则延后成熟。

2. 采收包装

1）根据销售方式确定采收期。
2）采收应在温度较低的早晨和傍晚进行。
3）采收后将甜瓜置于阴凉处，避免重叠挤压。
采收时将瓜柄剪成"T"字形；用软布将瓜面擦拭干净，统一贴上商标，套上泡沫网套；装入带通气孔的纸箱内待运。

3. 储藏保鲜

（1）薄皮甜瓜储藏保鲜

选一阴凉通风处并打扫干净，首先在地面和四周撒上石灰粉，然后在地面或架子上铺一层稻草或麦秸，最后将套上泡沫网套的瓜轻轻摆放 3～4 层，这样可储藏 15～20 天。将套上泡沫网套的瓜先装入竹筐或柳条筐内（不要装满，上部留一些空间），再把筐交叉叠放于阴凉通风的室内，保持室温为 16～18℃，相对湿度为 80%～85%，这样可储藏 20～25 天。将套上泡沫网套的瓜装入有通气孔的纸箱内，经预冷后交叉叠放于冷藏库，保持温度为 4～5℃，相对湿度为 80%～85%，这样可储藏 2～3 个月。此 3 种方法适用于就近、短期销售。

（2）厚皮甜瓜储藏保鲜

1）防腐处理。首先用 55～60℃的温水浸瓜 1 分钟，然后用 0.2%次氯酸钙或 0.1%特克多、多菌灵等浸瓜 1 分钟，晾干后套上泡沫网套待储。

2）储藏厚皮甜瓜主要有 3 种方法。

涂膜储藏法　先用 0.1%托布津等浸瓜 2～3 分钟，捞出晾干后再用稀释 4 倍的 1 号虫胶涂抹瓜面，以形成一层半透明膜，晾干后包装入箱，放于温度为 2～3℃、相对湿度为 80%～85%的环境下储藏。此法可将瓜储藏 3～4 个月。

冷库储藏法　将经防腐和预冷处理的甜瓜装入有通气孔的纸箱内，交叉叠堆于冷库内，早中熟品种保持库温为 5～8℃，晚熟品种保持库温为 3～4℃，保持冷库相对湿度为 85%～90%。此法可将瓜储藏 4～5 个月。

地窖储藏法　选晚熟品种最好。甜瓜预冷后，每层隔板只摆放一层甜瓜，以后定期翻瓜，防止甜瓜与木板接触处腐烂。入窖初期要打开全部通气孔和门窗，当气温下降到 0℃时关闭窖门和通气孔，并保持窖温为 2～4℃、相对湿度为 85%～90%。此法可将瓜储藏至翌年 4～5 月。

关键技术｜甜瓜病虫害防治技术

日光温室内设置黄板诱杀白粉虱、蚜虫、美洲斑潜蝇等，也可释放丽蚜小蜂控制白粉虱。在霜霉病发病初期，进行高温闷棚，即选择晴天密闭薄膜，使室内温度上升到 40～43℃（以瓜秧顶端为准），维持 1 小时，处理后及时缓慢降温。处理前要求土壤潮湿，必要时可在前两天灌一次水并结合进行药剂防治。

综 合 评 价

综合评价以自我评价和小组评价相结合的方式进行，指导教师（或师傅）根据考核评价和学生学习成果进行综合评价。

1. 根据任务完成情况，检查任务完成质量。

2. 归纳总结定植操作技术要点并进行应用推广，提出提高甜瓜定植成活率的措施与方法，并进行试验和推广。

3. 走进不同规模、不同地域的企业，按照企业生产标准化要求，对该企业的生产管理实施过程、规章制度完善性进行点评，评价一下甜瓜种植田间管理是否规范合理，提出田间管理的合理化建议。

甜瓜设施生产考核评价表如表 3-6 所示。

表 3-6　甜瓜设施生产考核评价表

班级：　　　第（　　）小组　　　姓名：　　　时间：

评价模块	评价内容	分值	自我评价	小组评价
理论知识	1. 掌握甜瓜设施生产的茬口安排	10		
	2. 掌握甜瓜设施生产的品种选择	10		
	3. 掌握甜瓜设施生产的工作流程和田间管理要点	10		
操作技能	1. 能进行甜瓜设施育苗生产	20		
	2. 能运用农业技术措施防治甜瓜病虫害	20		
	3. 能运用甜瓜设施生产技术进行生产流程管理	20		
职业素养	1. 以人为本，具有绿色蔬菜产品生产的理念	5		
	2. 团队合作，具有精益求精的职业精神	5		

综合评价：

指导教师（或师傅）签字：

思 考 与 讨 论

1. 简述黄瓜的生产特点。

2. 简述西瓜插接法嫁接育苗的步骤。

3. 简述薄皮甜瓜整枝方式。

4. 简述黄瓜双断根嫁接操作步骤。

5. 简述西瓜育苗过程中产生的问题及其解决办法。

6. 简述甜瓜茬口安排的原则。

模块 4

豆类蔬菜设施生产

豆类蔬菜是豆科中以嫩豆荚或嫩豆粒作为食用器官的一种蔬菜种群，栽培历史有 6000 多年，包括菜豆属的菜豆，豇豆属的豇豆，大豆属的菜用大豆，豌豆属的豌豆，野豌豆属的蚕豆，刀豆属的蔓生刀豆，扁豆属的扁豆，四棱豆属的四棱豆及黎豆属的黎豆，共 9 个属 11 个种。豆类蔬菜蛋白质含量较高，有丰富的营养价值。这类蔬菜均为蝶形花冠，自花授粉，留种容易；直根系，入土深，具根瘤，能固定空气中的氮元素。豆类蔬菜对土壤营养的要求：需氮较少，而需磷、钾较多；土壤排水和通气性良好，pH 值以 5.5～6.7 为宜。除豌豆、蚕豆属长日照植物且适冷凉气候外，其他均属短日照植物，喜温暖，不耐寒。本模块的主要内容有菜豆和豇豆的设施生产，包括生产茬口及品种选择、设施育苗和田间管理等。

【学习导航】

工作领域

菜豆设施生产

【核心概念】

菜豆设施生产是指利用人工建造设施，为菜豆提供适宜的温、光、水、气等环境条件而进行的优质、高产、高效栽培。栽培生产包括育苗、定植前准备、定植、田间管理、采收等环节。

【学习目标】

1. 了解菜豆生物学特征。
2. 掌握菜豆设施生产的茬口安排。
3. 掌握菜豆设施生产的品种选择。
4. 能进行菜豆设施育苗生产。
5. 掌握菜豆设施生产田间管理。

菜豆别名芸豆、四季豆，属于蝶形花科菜豆属。菜豆原产于美洲的墨西哥，我国在 16 世纪末开始引种栽培。菜豆适宜在温带和热带高海拔地区种植，比较耐冷喜光，属异花授粉短日照植物。菜豆根系发达，叶绿色，总状花序，开花多结荚不多。

菜豆营养丰富，蛋白质含量高，食用部分含有 6%蛋白质、10%纤维素、1%～3%糖，既是蔬菜又是粮食作物，是出口创汇的重要农副产品。

知识准备　菜豆生物学特征

一、菜豆植物学特征

菜豆为一年生缠绕或近直立草本植物，茎被短柔毛或老时无毛，羽状复叶具 3 片小叶。托叶呈披针形，长约 4mm，基着，小叶呈宽卵形或卵状菱形，侧生的偏斜，长 4～16cm、宽 2.5～11cm，先端长渐尖，有细尖，基部呈圆形或宽楔形，全缘，被短柔毛。菜豆为总状花序，有数朵生于花序顶部的花；花梗长 5～8mm；小苞片呈卵形，有数条隆起的脉，约与花萼等长或稍较其长，宿存；花萼呈杯状，长 3～4mm，上方的 2 枚裂片连合成 1 枚微凹的裂片；花冠为白色、黄色、紫堇色或红色；旗瓣近方形，宽 9～12mm，翼瓣呈倒卵形，龙骨瓣长约 1cm，先端旋卷，子房被短柔毛，花柱压扁。荚果呈带形，稍弯曲，长 10～15cm、宽 1～1.5cm，略肿胀，通常无毛，顶有喙；种子有 4～6 颗，呈长椭圆形或肾形，长 0.9～2cm、宽 0.3～1.2cm，为白色、褐色、紫色或有花斑，种脐通常为白色。花期为春夏季。菜豆花与菜豆荚果如图 4-1 所示。

图 4-1　菜豆花与菜豆荚果

二、菜豆生长习性

1. 喜温性

菜豆属喜温蔬菜，不耐霜冻，适宜在温带和热带高海拔地区种植，矮生种耐低温能力比蔓生种耐低温能力强，生长发育最适宜的温度为 20℃左右。当气温低于 5℃时开始受冻，遇霜冻会使地上部分死亡。菜豆生长发育要求无霜期在 120 天以上，发芽的最适宜温度为 20～25℃，适宜生长的温度为 18～20℃。幼苗在地温为 13℃时缓慢生长，发根少，短而粗。当温度高于 30℃或低于 15℃时，授粉结实困难。气温和地温对根瘤也有影响，若低于 13℃，则几乎不能形成根瘤。

2. 喜光性

菜豆属异花授粉、短日照植物，生长发育要求阳光充足，如果遇弱光，则开花结荚数会减少，菜豆可在春秋季种植。日照时间短、阳光充足，菜豆开花、结荚、成熟的时间提前；日照时间长、阳光不足，菜豆开花、结荚、成熟的时间延迟，枝叶徒长，甚至不能开花结荚或开花结荚数量减少。

我国栽培的矮生品种和蔓生品种菜豆大多数呈中光性，南北互引可实现开花结实。短日照能促进开花。菜豆对光照强度要求较高，光饱和点为20～25klx，光补偿点为1.5klx。光照过弱使其徒长，若开花结果期光照弱，则会导致花果数量减少。菜豆的叶有自动调节接受光照的能力。光照弱时叶面与光线垂直，光照强时叶面与光线平行。

3. 需肥性

菜豆对土壤条件要求较高，适宜有机质丰富、土层深厚、排水良好的壤土，喜欢湿润的壤土或砂壤土，菜豆在初期对氮、钾的需要量大，在开花结荚期对磷的需要量不大，但缺磷易造成植株及根瘤生长不良，导致开花结荚减少。嫩荚伸长时需大量的钙。菜豆根系比较发达，适合在土层深厚和排水良好的土壤中种植，黏重和排水不良的土壤会使菜豆发育不良。土壤酸碱度以中性和弱酸性为好，最适 pH 值为6.2～7，菜豆不耐盐碱。矮生品种菜豆生育期短，施肥宜早，可以促进发枝。蔓生品种菜豆生育期长，需要多次追肥。硼和钼对根瘤菌的形成和活动有促进作用。

4. 需水性

菜豆根系入土较深，有较强的抗旱力。菜豆开花结荚期连续干旱或阴雨都会引起落花落果，在全生育期内，菜豆要求比较充足而均匀的水分。开花结荚期是需水最多的时期，此时如果缺水，则会对产量影响较大。在我国南方雨水较多的地区，天然降雨通常能满足要求，可以不灌水。菜豆最适的土壤湿度为田间持水量的60%～70%，低于45%会使根系生长恶化，花期推迟，结荚少而小。若长期处于高温干旱的环境中，则菜豆品质下降。菜豆最适宜的空气湿度为65%～75%，过高的空气湿度和土壤湿度，是引起炭疽病、疫病及根瘤病的重要原因。菜豆怕涝，大雨后要及时排水。

5. 生长周期

1）发芽期。从种子萌动到基生叶展开为发芽期，约12天。苗期幼根的生长速度快于茎叶，出苗后10天左右根部开始形成根瘤，主、侧根都可以形成根瘤，开花结荚期是形成根瘤的高峰期，进入收获期，根瘤形成逐渐减少，固氮能力开始下降。

2）幼苗期。从基生叶展开到4～6片真叶展开为幼苗期，此期以营养生长为主，同时进行花芽分化。

3）抽蔓期。从4～6片真叶展开到现蕾开花为抽蔓期，此期茎蔓节间伸长，生长迅速，并孕育花蕾，大量消耗养分，根瘤菌固氮能力尚差。应加强水肥管理，但也要防止茎蔓徒长。

4）开花结荚期。从现蕾开花到采收结束为开花结荚期，此期结荚终止，可以持续 30～70 天。

菜豆生长期特征如图 4-2 所示。

发芽期　　幼苗期　　抽蔓期　　　　　　　　　　　　　开花结荚期

图 4-2　菜豆生长期特征

6. 价值特点

1）营养价值。菜豆营养丰富，鲜豆含丰富的维生素 C。从所含营养成分看，菜豆蛋白质含量高于鸡肉蛋白质含量，钙含量是鸡肉的 7 倍，铁含量是鸡肉的 4 倍。

2）食用价值。菜豆嫩荚约含蛋白质 6%、纤维 10%、糖 1%～3%。干豆粒约含蛋白质22.5%、淀粉 59.6%。鲜嫩荚可作为蔬菜食用，也可制成脱水制品或罐头制品。

3）药用价值。现代医学分析认为，菜豆含有皂苷、脲酶和多种球蛋白等独特成分，具有提高人体免疫能力、增强抗病能力、激活淋巴 T 细胞、促进脱氧核糖核酸的合成等功能，对肿瘤细胞的发展有抑制作用，逐渐受到医学界的重视。

7. 轮作性

菜豆生长期长，产量高，上市量大。为了减轻病害发生，菜豆宜与其他蔬菜轮作 2～3 年。菜豆对盐害敏感，不适宜在盐碱地上栽培。

选作菜豆春季栽培的地块，在上年秋茬作物收获后进行土壤深翻，可经历寒冬冻死土中的害虫，来年春天解冻后即行整地，以提高土温、保持水分，有利于种子发芽、根系生长和根瘤菌活动。

工作任务　菜豆设施生产管理

▌任务描述　　某现代农业科技有限公司承接了市区某大型社区超市全年 8000kg 菜豆需求订单合同。为保证菜豆设施生产稳定供应，作为蔬菜生产技术员，应根据菜豆设施生产相关知识进行菜豆设施生产技术指导，以保证合同的顺利完成。

任务目标 1. 掌握菜豆设施生产茬口的安排。

2. 掌握菜豆设施生产品种选择。

3. 能培育菜豆壮苗。

4. 能进行菜豆设施生产田间管理。

▎相关知识

（一）菜豆生产茬口

根据菜豆对于温度与光照的反应，春秋两季都可播种，并以春播为主，当春季地温稳定在 10℃ 以上时就可以进行播种。北方地区一般在 4 月上中旬播种，长江以南地区在 3 月下旬至 4 月上旬播种，华南地区在 2 月下旬播种。秋播一般在 7 月中旬进行，蔓生品种可提前播种。

菜豆从播种到开花所需积温：矮生品种为 700～800℃，蔓生品种为 860～1150℃。气温越高，生长越快，采收越早，但生长期会变短，产量变低。因此应根据气候特点适期播种。

菜豆在保护地中分为春秋两季栽培，需要注意与其他蔬菜作物轮作 2～3 年以上。

菜豆设施生产方式与茬口安排如表 4-1 所示。

表 4-1　菜豆设施生产方式与茬口安排

生产方式		播种期/（月/旬）	定植期/（月/旬）	收获期/（月/旬）
日光温室生产	秋冬茬	7/下	直播	9/下～10/下
	夏茬	6/中	直播	8/上～9/上
大棚生产	春夏茬	3/上	3/下～4/上	6/下～7/上

（二）菜豆品种选择

根据菜豆茎蔓生长习性不同，可将其分为 3 类。

1. 蔓生品种

蔓生品种的主蔓可达 2～3m（下部花先开，渐及上部），其蔓较长，需要搭架栽培，为无限生长型，能陆续开花结实，成熟期较迟，有较长的收获期，产量较高。主要品种有白粒四季豆、黑粒四季豆、花白四季豆、丰收 1 号等。

2. 矮生品种

矮生品种的茎直立生长，无须支架，上部先开花，渐及下部，花期为 20 天，株高为

40～60cm，主茎长到 4～8 节时顶芽形成花芽，不再继续向上生长，从各叶腋发生若干侧枝，侧枝生长数节后，顶芽形成花芽，开花封顶。矮生品种植株矮生而直立，栽培时不需要搭架，为有限生长型，开花较早，生长期较短，收获期集中，产量较低，较耐低温，适合在早熟保护地栽培。主要品种有优胜者、黄荚三月豆、圆荚三月豆、象山泥鳅豆、黑球芸豆、施美娜等。

3. 半蔓生品种

半蔓生品种是介于蔓生品种和矮生品种之间的类型，其蔓长不超过 1m，荚小，产量低，栽培少。

任务实施

菜豆的栽培应以避开霜季和不在最炎热季节开花结荚为原则。由于菜豆根系再生能力弱，春季栽培一般多用干籽直播，南方地区在 12 月便可利用阳畦、塑料拱棚等设施育苗。育苗的播种期根据定植期和定植苗龄来确定，定植期要求地温稳定在 10℃ 以上，最低气温为 3℃。定植苗龄不宜过大，以免严重伤根，以 25 天左右为宜。

菜豆设施栽培
技术

(一) 春菜豆大棚生产

1. 确定播种期

早春往往多低温阴雨天气，菜地露地直播容易烂种死苗。为了防止这种情况的发生，人们常在保护地内提前育苗，然后定植。北方地区春菜豆栽培普遍采用营养钵或营养土方育苗，取得了早熟、高产的好效果，嫩荚上市时间可比直播栽培提早 7～10 天。春季生产可早育苗，品种可用蔓生品种或矮生品种，在大棚内播种育苗，苗龄为 20～25 天，约在 3 月中旬播种。

2. 种子处理

播种前将菜豆种子晾晒 1～2 天后，放于 1% 甲醛溶液中淘洗 20 分钟，捞出后先用清水漂净，再置温水中浸泡 3～4 小时，取出沥干播种。浸种时间不宜过长，否则会使细胞内蛋白质等生长物质外渗流失，影响发芽。播种时选粒大饱满、有光泽、无病虫害和机械损伤的种子。

3. 无公害生产场地准备

无公害菜豆生产过程中不得使用化学合成的农药、肥料、除草剂和生长调节剂等物质，以及基因工程生物及其产物，而必须遵循自然规律和生态学原理，采取一系列可持续发展的农业技术，协调种植及种养关系，促进生态平衡、物种的多样性和资源的可持续利用。在无公害菜豆生产过程中，必须建立严密的组织管理体系，如生产协会、龙头企业，并统一按照生产技术规程操作。所生产的无公害菜豆产品要经过有机认证机构鉴定认可，并获得有机产品证书。

1）完整性。无公害菜豆基地的土地应是完整的地块，其间不能夹有进行常规生产的地块，但允许夹有有机转换地块；无公害菜豆基地与常规地块交界处必须有明显标记，如河流、山丘、人为设置的隔离带等。

2）转换期。按照无公害蔬菜生产方式进行菜豆生产。菜豆常规生产转为无公害生产应有转换期，转换期的开始时间从提交认证申请之日算起。无公害菜豆的转换期一般不少于 24 个月。无公害菜豆种在新开荒的、长期撂荒的、长期按传统农业方式耕种的或有充分证据证明多年未使用禁用物质的农田，应经过至少 12 个月的转换期。在转换期内必须完全按照无公害农业的要求进行管理。经 1 年无公害转换后的田块中生长的菜豆，可以作为无公害转换菜豆销售。

3）缓冲带。如果基地的无公害地块缺乏天然隔离带，则有可能受到邻近的常规地块污染影响，因此在无公害和常规地块之间必须设置缓冲带或物理障碍物，保证无公害地块不受污染。缓冲带要求在 10m 以上。

4）确保肥源。在大力发展畜牧业的基础上，在田间或村庄建立以秸秆、人畜、家禽为来源的有机肥堆肥场、沼气池，以确保菜豆肥源。

5）轮作。无公害菜豆基地应采用包括绿肥在内的 2 种作物进行轮作。避免以豆科蔬菜为前茬，前茬作物宜栽培施有机肥多而耗肥较少的瓜类（如黄瓜、西瓜、甜瓜等）、马铃薯，以及能减轻菜豆病害的大蒜、圆葱等。前茬作物收获后，要彻底打扫清洁田园，将病残体全部运出基地外，销毁或深埋，以减少病虫害基数。

4. 播种

每穴播种子3粒，播时浇足底水，上覆5cm厚的细土，然后盖地膜保温，床温保持在18～20℃，发芽出土后及时揭去地膜。当有寒潮侵袭时，还要盖保温设施。一周左右长出真叶，之后在白天一般不盖棚，以防幼苗徒长。定植前 2～3 天，夜间也不盖棚，以锻炼幼苗。苗龄为15～20天时即可定植。

关键技术　实现春播菜豆一播全苗

菜豆为喜温作物，生长适温为10～25℃。在我国华北地区，春播一般采用小拱棚和地膜覆盖种植。小拱棚覆盖种植一般于3月中旬播种，地膜覆盖种植一般于4月上旬播种。因播种方式、土壤墒情等诸多原因往往出苗不全，常有缺苗断垄现象，对产量造成较大影响。总结近年来的种植经验，采用以下技术措施，可实现春播菜豆一播全苗、苗齐苗壮，为丰产打好基础。

1. 精细整地，施足底肥

菜豆对土壤的适应性较强，播种前深翻土地，在除草、深翻整地后作畦。菜豆根系较深，一般应深耕 20～25cm，要做到精耕细作，达到土壤细碎、地面平整、墒情良好。作高畦，畦宽 1.1～1.2m。做好播前整地，为一次播种出全苗奠定基础。

施足、施好底肥是确保菜豆优质高产的重要环节。为了防止发生烧苗现象，在施肥之前，要将有机肥充分腐熟、捣碎，结合整地，每亩施腐熟农家肥4000～5000kg、三元复合肥 50kg、生物菌肥 50kg。使用生物菌肥可以增加土壤中有益菌的数量，抑制病原菌在土壤中的传播，防止土传病害的发生。

2. 选用良种，播种前进行种子处理

播种前要进行选种。剔除秕籽、杂籽，以及已发芽、霉烂、损伤的种子，将种子在太阳下晒 1～2 天，可提高种子发芽率，增强发芽势。将选好的种子用 50%多菌灵可湿性粉剂拌种，用药量为种子质量的 0.4%，可预防菜豆枯萎病和炭疽病的发生。

3. 选择合理的播种方式

菜豆春季栽培一般采用直播、小拱棚覆盖种植。播种方式视土壤墒情而定，墒情较好的可直接播种，每穴播 2～3 粒后覆土，覆土后的穴面应稍微低于整个畦面，以防止苗出土后直接接触地膜造成灼伤，然后覆盖地膜，覆膜后浇水。另外，可以在播种前顺畦沟浇水，待水渗下后在畦沟两侧按株距（30～35cm）挖穴，每穴播种 2～3 粒，将种子轻轻按入湿土中，抓畦埂干土覆盖，覆土不宜过厚，1～2cm 即可，覆土后使穴面稍微低于整个畦面，然后覆盖地膜。

播种后随即用小拱棚覆盖保温，7～10 天出苗，断霜后揭膜进行正常管理。出苗后及时于早晚划膜放苗，并用土封闭膜口。

5. 合理定植

蔓生品种行距为 50～60cm、株距为 30～40cm，每亩苗数为 0.8 万～1 万株。矮生品种行距为 35～45cm，株距为 35cm，每亩苗数为 1.7 万～2.4 万株。用种量：蔓生品种每亩为 2.5～3kg，矮生品种每亩为 3.5～5kg。为了培育壮苗，可首先采用营养钵或护根钵育苗，然后栽培，使得菜豆早熟丰产，提早 10 天左右上市。

6. 田间管理

1）苗期管理。播种前数日适当浇水润畦，浇水量不可太多，以免烂种。春菜豆生长发育前期温度低，主蔓生长缓慢，可扩大行距，缩小株距，这样既可争取良好的光照，又有利于侧枝发生。播后盖5cm左右厚的细土。整个苗期一般不浇水，播后温度维持在20～25℃，子叶展开后白天温度保持在 15～20℃，夜间温度保持在 10～15℃。定植前 4～5 天逐渐放风炼苗，夜间温度降为 8～12℃，同时加强中耕以保墒。晚霜后定植，密度与直播栽培相同。定植后浇定根水，以利缓苗，浇水量要小。

菜豆苗期适宜生长发育温度指标如表 4-2 所示。

表 4-2　菜豆苗期适宜生长发育温度指标

时期	日平均温度/℃	夜平均温度/℃
播种至齐苗	20～23	11～14
齐苗至炼苗前	16～24	10～13
炼苗阶段	15～18	6～9

早春菜豆可采用大田地膜覆盖栽培。地膜覆盖可以提高土温，促进早熟。直播时，如果土壤干旱，则要提前 4～5 天浇水保墒。

2）施肥管理。在肥料充足的情况下，蔓生品种在抽蔓期开始追肥，开花结荚后重施追肥，隔7～8天追1次人粪尿。矮生品种生长发育期短，开花早，生长势弱，宜早追肥。

菜豆对氮、磷、钾三要素的吸收量以氮、钾吸收较多，磷吸收较少，还吸收较多的钙。应本着花前少施、花后多施、结荚盛期重施的原则进行追肥。施用氮肥苗期宜少量、抽蔓至初花期要适量，但要视植株生长情况而定。若生长势旺，则要控制氮肥施用。开花结荚以后氮、磷、钾要适当配合，施钾肥多于氮肥。开花后用 0.3%磷酸二氢钾、0.1%硼砂、0.3%钼酸铵混合液进行根外喷施，每隔 8～10 天喷 1 次，连喷 2～3 次，其增产效果显著。同时，还应有针对性地喷施微量元素肥料，根据需要可喷施一定浓度叶面肥防止早衰。设施栽培可增施二氧化碳肥料，浓度为 800～1000mg/kg。在生产中不应使用未经无害化处理和重金属元素含量超标的城市垃圾、污泥和有机肥。

3）间苗、补苗。当菜豆长出第一对初生叶时，要及时查苗、间苗及补苗。幼苗期须间苗1～2次，第1对初生叶受损伤或脱落的苗，以及弱苗、畸形苗、丛生苗都必须去掉。在播种时要在菜田边角播上一些备用苗或营养钵育苗，以做补苗之用。

4）中耕松土。在封垄前要进行中耕松土，尤其是在苗期及定植后，中耕松土能保墒和提高地温，促早发棵。封垄后一般不再中耕。

5）水分管理。除播种时浇足底水外，苗期一般不浇水。定植时浇定植水1次，3～4天后浇 1 次缓苗水，而后至第一花序结荚前不浇水。盛花期则需要勤浇水，直至采收结束都要保持土壤湿润。但当地下土壤水分上升或过湿时，易引起基部叶黄化和脱落，导致落花落荚。

6）植株调整。蔓生品种菜豆抽蔓后要及时搭架。搭架的种类有人字形架、倒人字形架和四角形架，以人字形架为宜。架要搭得高、搭得牢，防止塌架。架搭好后，及时把蔓绕在架上。

关键技术　温室菜豆坐荚技术

每年在早春菜豆栽培管理中都会出现落花落荚严重的现象，而且植株生长势弱、节间长，前期产量不高。

菜豆幼苗期对温度要求较严格，气温在 10～30℃ 内正常生长，适宜花芽分化的温度为 15～25℃；如果温度低于 12℃，或者高于 27℃，经过 2～3 天就会影响花芽分化，或使花芽分化不完全。菜豆开花期适宜温度为 13～26℃，如果白天温度高于 30℃，夜间温度低于 10℃，就会引起落花。

因此，在温室中栽培菜豆要严格控制温度。特别是在开花期间，早晨温度不要低于 13℃，上午当室内温度达到 23℃ 时要通风；中午温度不要超过 28℃，下午温度为 24℃ 时要关风口，夜间温度由傍晚的 20℃ 下降到 16℃，早晨温度控制在 13～15℃。在上午开花期间，空气相对湿度控制在 60%～70%，若室内偏干燥，则可浇小水，或喷施叶面肥增加空气相对湿度，避免浇水过大把已开放的花冲掉，引起落花。菜豆设施生产如图 4-3 所示。

图 4-3　菜豆设施生产

豆类在开花期间不能浇大水。一般是浇荚，不能浇花，否则就会引起落花落荚。当豆荚有 80% 已谢花、长到 3～5cm 时就要浇膨荚水，一般选择在晴天上午浇水，浇水量不宜过大，在生产上可结合追施氮、磷、钾复合肥（15∶10∶20），每亩随水冲施 10～15kg，进入结荚盛期，每隔 7～10 天浇 1 次水，也可先浇 1 次清水，再追 1 次肥料。

为了提高坐荚率，结合防病进行根外追肥，在始花期可喷赤霉酸（A4+A7）+芸苔素，能保花保果，促进营养生长和生殖生长的平衡发展，提高总产量。

菜豆对光照有一定的要求，正常生长要保持 8 小时左右的光照，在冬季，我国北方由于光照时间短，种植的菜豆不但长势弱，而且节间长达 20cm 以上。在植株生长到 40～150cm 的高度，甩蔓还没有爬满架前，植株的趋光性特别强。在光照较弱的温室内，植株叶色浅、叶片薄、茎蔓细长。棚上有灰尘或棚膜质量不好也会影响光照强度。因此在管理上要经常清理棚膜上的灰尘，并在温度允许的情况下尽量早揭晚盖不透明覆盖物，增加作物的见光时间，以提高产量、增加效益。

7. 采收

菜豆一般在开花后 10～15 天、豆荚饱满、颜色由绿色变为淡绿色、种子未显现时及时采收，即在豆荚的长和粗达到最大限度、豆粒刚刚鼓起时采收。及时采收可提高品质和产量，采收过早则影响产量。矮生品种菜豆从播种到采收，春播需 50～60 天，采收时间约为 15 天；蔓生品种菜豆生长较慢，从播种到采收需 60～80 天。采收过迟可使豆荚纤维增多，品质下降，还会影响植株生长，致使落花落荚。

早熟栽培的菜豆在4月下旬采收，矮生品种菜豆每亩产量为500～800kg，连续采收15～20天，蔓生品种菜豆可连续采收30～45天，每亩产量为1000～2000kg。

8. 主要病虫害防治

1）豆荚螟：主要以幼虫蛀入荚内取食豆粒，荚内蛀孔外堆积排泄的粪粒，可为害菜豆、扁豆、豇豆、豌豆及大豆等，旱年害虫发生重于雨水多的年份。防治方法：调整播种期，使荚期避开成虫盛发期。在成虫盛发期和卵孵化盛期喷药，可用 90%晶体敌百虫700～1000 倍液，或青豆一遍净乳油 2000 倍液，或 20%杀灭菊酯 3000～4000 倍液，隔3～5 天喷 1 次，连喷 2～3 次。

2）蚜虫：主要寄主有蚕豆、豇豆，可吸取汁液，引起植株生长势减弱，严重时使植株停止生长，还传播病毒病。防治方法：以药剂防治为主，常用药剂有 40%乐果乳油 1500倍液、10%吡虫啉可湿性粉剂 1000 倍液或 50%避蚜雾 3000 倍液，连喷 2～3 次。

3）细菌性疫病（叶烧病）：可危害多种豆类，主要危害叶片、茎蔓和豆荚，高温多雨、缺肥、杂草多、虫害重的地块发病严重。防治方法：选用耐病品种，进行种子消毒，田间开始发病时可用抗菌剂 401 2000 倍液、1：200 波尔多液或 80%代森锌可湿粉剂 800 倍液，7 天喷雾 1次，也可用 53%金雷多米尔水分散粒剂 600 倍液或 72%克露 800 倍液，连喷 2～3 次。

4）炭疽病：主要发生在近地面的豆荚上，发病初期由褐色小斑点扩大为近圆形斑，病斑中央凹陷，可穿过豆荚侵害种子，边缘有同心轮纹。防治方法：实行轮作，进行种子消毒，增施磷、钾肥，在发病初期用 1：200 波尔多液，或 50%多菌灵，或 80%代森锌可湿性粉剂 800 倍液，或炭枯宁 800 倍液，或 25%施保克 1000 倍液，每隔 5～7 天喷 1 次，连喷2～3 次。

5）锈病：主要危害叶片、茎和荚，以叶片受害最重，发病初期为黄白色小斑点，后渐成为黄褐色凸起的小疱，病斑表皮破裂，散出铁锈色粉末，发病后期产生较大的黑褐色凸斑，表皮破裂，会露出黑色粉粒，在高温高湿环境下发病严重。防治方法：轮作倒茬，发病后可用 25%粉锈宁 2000 倍液，或 40%敌唑酮 4000 倍液，或无锈园 1000 倍液，20 天喷 1 次，连喷 2～3 次。

（二）秋菜豆大棚生产

1. 播种

秋菜豆大棚生产播种期应与露地生产播种期错开，一般应根据从播种到采收所需日数和采收期及大棚内早霜日期决定。秋菜豆从播种到采收需 55～60 天，采收期为 30 天左右，因此播种期在棚内霜期的前 85～90 天。播种方法：均用干籽直播，播时底墒要足，施足底肥，株行距为 55cm×25cm，每穴播 4～5 粒种子。

2. 定植

前茬作物拉秧后，清洁田园，将土壤深翻一遍，晒 3～5 天后再施底肥。每亩施有机肥 5000kg，撒匀后翻入土中，整地做成垄，双行密植时，行距为 65cm，穴距为 35cm，两行交叉栽植。栽苗时，可先开沟顺水栽苗再覆土，也可先栽苗再浇明水。

3. 田间管理

菜豆定植后的 2～3 天内，应中耕培土使土壤疏松，提高地温，促进根系生长，中耕的同时适当向根茎部培土，以利于根茎部不断发生侧根。出土后促进根系生长，防止地上部徒长。菜豆现蕾时进行松土、追肥、插架，并进行最后一次培土，然后灌水。结荚期每 7 天左右灌 1 次水，随水追施 2～3 次肥。夜间外温降至 16℃ 以下时，放下周围薄膜，白天温度升至 26℃ 以上时再放风。

关键技术 ┤菜豆落花落荚的原因及防治措施├

1. 菜豆落花落荚的原因

1）开花结荚习性。在合理密度（20cm×50cm）条件下，植株基部结荚率高于中上部，若种植过密则相反。另外，花序之间存在竞争，前一花序结荚多，则后一花序落花落荚严重，反之相反；同一花序内基部 1～4 朵花结荚率较高，其余花或荚多数脱落。蔓生品种菜豆前期落花主要由植株营养生长和生殖生长不协调引起；中期落花由花与花之间争夺养分引起；后期落花则由植株衰老和不良环境引起。

2）温度。菜豆花粉发育的最适温度为 15～25℃，低于 10℃ 或高于 32℃，花粉都会丧失活力，引起落花。此外，高温会引起植株生长衰退，造成落花落荚。

3）光照。菜豆品种多为中光性，日照长短与开花结荚关系不大。光照影响开花结荚的主要方面在于光照强度，若光照强度降低，则植株开花结荚数明显减小。

4）水肥。在适宜温度条件下，空气相对湿度以 94%～100% 为宜，空气相对湿度过低，花粉的发芽率下降，落花增加；空气相对湿度过高，会降低柱头黏液浓度，引起落花。另外，土壤湿度较大会使植株生长旺盛，开花多，落花也多。湿度过大会引发渍害，造成落叶、落花、落荚；土壤湿度过低则会使花少、荚少，并且荚内发育不完全的种子多，造成荚小、产量低，即农民常说的"老鼠尾巴"多。

菜豆开花结荚期对氮、磷、钾的吸收显著增加。缺乏营养会使生殖器官之间形成养分竞争从而引起落花落荚；但营养过剩，尤其氮素过多，会招致茎叶徒长，同样会引起落花落荚。

5）病虫危害。虫害主要是豆荚螟蛀食花、荚；病害有锈病、叶斑病，会危害叶片，造成叶片早衰、脱落，光合营养供给不足。这些都会引起落花落荚。

2. 菜豆落花落荚的防治措施

1）结合当地气候，适时播种。争取使菜豆有较长的适宜生长季节，保证开花结荚期有适宜的温度。例如，长江流域春菜豆适宜的播种期为2月中旬至3月上旬，保证3月中下旬移栽；秋菜豆7月下旬至8月上旬直播。

2）合理密植。采取适当的搭架方式，保证株间通风透光，生长后期摘老叶，对旺盛植株可摘心、打腰杈。

3）水肥管理。要求花前少施肥，花后适量施肥，结荚期重施，在生产上不偏施氮肥，增施磷、钾肥。田间灌溉不过干或过湿，干旱时引水串沟不浸箱，不在中午灌水而在傍晚灌水；雨天要清沟排渍，保证雨停田干。

4）适时采收。采收以后可减少养分消耗，并在采收后重施追肥2～3次，可以促进菜豆开花，延长采收期，提高产量。

5）及时防治病虫害。对于豆荚螟，可在开花时每隔10～15天用5%锐劲特500倍液喷药1次；锈病可用15%粉锈宁1500倍液防治；叶斑病可用70%甲基托布津800倍液喷防。

4. 采收

当嫩荚充分长大而种子刚开始膨大时，应及时采收，增加采收次数，可提高产量，延缓植株衰老。在采收盛期要摘除下部老叶，以改善下层光照和通风条件，减少病害。

1）鲜食菜豆采收时间。秋菜豆一般在开花后10～15天开始采收，采收期为60～70天。采收过早会使产量降低，采收过晚则嫩荚易老化。在一般情况下，可在结荚前期和后期2～4天采收1次，结荚盛期1～2天采收1次。

2）加工菜豆采收时间。做速冻出口的菜豆，要按产品规格要求确定采收时间，比鲜食菜豆提早3～5天。采收标准为豆荚颜色由绿色转为白绿色，表面有光泽，种子尚未显露或略微显露。一般1～2天采收1次。

5. 病害防治

1）炭疽病。炭疽病发病的最适宜温度为17℃，最适宜湿度为100%。温度低于13℃、高于27℃，湿度在90%以下时，病菌生育受到抑制，病势停止发展。因此，当温室内有结露、雾大时，易发此病。此外，菜豆栽植密度过大、地势低洼、排水不良的地块易发病。防治方法：①控制设施内温湿度；②进行种子消毒；③进行药剂防治，如百菌清、甲基托布津、代森锌等。

2）锈病。高温高湿是锈病发病的主要因素。防治方法：注意排湿防涝，用25%粉锈宁2000倍液、代森锌、多菌灵等。

综 合 评 价

综合评价以自我评价和小组评价相结合的方式进行，指导教师（或师傅）根据考核评价和学生学习成果进行综合评价。

1. 根据任务完成情况，检查任务完成质量。

2. 归纳总结定植操作技术要点并进行应用推广，提出提高菜豆定植成活率的措施与方法，并进行试验和推广。

3. 走进不同规模、不同地域的企业，按照企业生产标准化要求，对该企业的生产管理实施过程、规章制度完善性进行点评，评价一下菜豆种植田间管理是否规范合理，提出田间管理的合理化建议。

菜豆设施生产考核评价表如表 4-3 所示。

表 4-3　菜豆设施生产考核评价表

班级：　　　第（　　）小组　　　姓名：　　　　时间：

评价模块	评价内容	分值	自我评价	小组评价
理论知识	1. 掌握菜豆设施生产的茬口安排	10		
	2. 掌握菜豆设施生产的品种选择	10		
	3. 掌握菜豆设施生产的工作流程和田间管理要点	10		
操作技能	1. 能进行菜豆设施生产的播种和定植	20		
	2. 能运用农业技术措施防治菜豆病虫害	20		
	3. 能运用菜豆设施生产技术进行生产流程管理	20		
职业素养	1. 以人为本，具有绿色蔬菜产品生产的理念	5		
	2. 团队合作，具有精益求精的职业精神	5		

综合评价：

指导教师（或师傅）签字：

豇豆设施生产

【核心概念】

豇豆设施生产是指利用人工建造设施，为豇豆提供适宜的温、光、水、气等环境条件而进行的优质、高产、高效栽培。栽培生产包括育苗、定植前准备、定植、田间管理、采收等环节。

【学习目标】

1. 了解豇豆生物学特征。
2. 掌握豇豆设施生产的茬口安排。
3. 掌握豇豆设施生产的品种选择。
4. 能进行豇豆设施育苗生产。
5. 掌握豇豆设施生产田间管理要点。

豇豆属豆科一年生攀缘植物，又名豆角、长豆角、带豆等，原产于亚洲东南部热带地区。豇豆有矮生、半蔓生和蔓生 3 种，南方栽培以蔓生为主，矮生次之。豇豆在我国栽培历史悠久，南北各地均有栽培。豇豆叶为三出复叶，自叶腋抽生 20～25cm 长的花梗，先端着生 2～4 对花，呈白色、红色、淡紫色或黄色。豇豆一般只结两荚，荚果细长，因品种而异，长 30～70cm，呈深绿色、淡绿色、红紫色，或带有赤斑等。豇豆是我国夏秋季的主要蔬菜之一，对蔬菜的周年供应，特别是 7～9 月蔬菜淡季供应起到重要作用。

知识准备 豇豆生物学特征

一、豇豆植物学特征

豇豆为一年生缠绕、草质藤本或近直立草本植物，有时顶端呈缠绕状，茎近无毛，羽状复叶具 3 片小叶。托叶呈披针形，长约 1cm，着生处下延成一短距，有线纹；小叶呈卵状菱形，长 5～15cm、宽 4～6cm，先端急尖，边全缘或近全缘，有时呈淡紫色，无毛。

豇豆为总状花序，腋生，具长梗；花有 2～6 朵，聚生于花序的顶端，花梗间常有肉质蜜腺；花萼呈浅绿色、钟状，长 6～10mm，裂齿呈披针形；花冠呈黄白色而略带青紫，长约 2cm，各瓣均具瓣柄，旗瓣呈扁圆形，宽约 2cm，顶端微凹，基部稍有耳，翼瓣略呈三角形，龙骨瓣稍弯；子房呈线形，被毛。荚果下垂，直立或斜展，呈线形，长 7.5～70cm、宽 6～10mm，稍肉质而膨胀或坚实，有种子多颗；种子呈长椭圆形或圆柱形或稍肾形，长 6～12mm，为黄白色、暗红色或其他颜色。花期为 5～8 月。豇豆花与豇豆荚果如图 4-4 所示。

图 4-4　豇豆花与豇豆荚果

二、豇豆生长习性

1. 喜温性

豇豆生长发育喜温暖环境，不耐霜冻，生长适宜温度为 20～30℃，15℃以下生长缓慢，5℃以下较长时间会产生冻害，生长明显受抑制。豇豆耐高温，在夏季 35℃时仍能开花和结荚，不落花，但品质不佳。

2. 需水性

豇豆较耐旱但不耐涝，生长前期应适当控水，当主蔓上约有一半花序开始结荚时，要充分浇水以保证土壤湿润。如果南方春季雨水较多，则不必灌水，而夏秋两季属高温干旱，应注意施肥灌水，以减少落花落荚，并防止蔓叶生长早衰，以延长结果、提高产量。

3. 需肥性

豇豆对土壤条件要求不高，只要田块排水良好、土质疏松，就可进行栽植。豇豆豆荚柔嫩，结荚期要求肥料充足。栽培前期施肥宜少，定植成活后约 1 周可追施 1 次稀薄腐熟有机肥。豇豆从现蕾至成熟期，每 7～10 天施肥 1 次，注意增加磷、钾肥的比例，连续施肥 2～3 次。在施足底肥的基础上，幼苗期需肥量少，尤其注意氮肥的施用，以免茎叶徒长、分枝增加、开花结荚节位升高、花序数减少，形成中下部空蔓不结荚。盛花结荚期需肥量多，必须重施结荚肥，促使开花结荚增多，并防止早衰，提高产量。

4. 中光性

豇豆属于短日照作物，但作为蔬菜栽培的长豇豆多属于中光性作物，对日照要求不严格，如红嘴燕、之豇28-2等品种，在我国南方春季、夏季、秋季均可栽培。

5. 攀缘性

豇豆是攀缘植物，在幼苗长到30cm以上时需要及时搭建高度约2m的架子，材料通常选用芦苇、细竹竿、细木条等，豇豆顶部枝头具有缠绕攀爬习性，会自行向上攀爬。

6. 价值高

1）营养价值。豇豆含丰富的维生素B、维生素C和植物蛋白质，能使人头脑宁静，调理消化系统，消除胸膈胀满，可防治急性肠胃炎、呕吐腹泻，有解渴健脾、补肾止泄、益气生津的功效。豇豆中含有易消化吸收的优质蛋白质、适量的碳水化合物及多种维生素和微量元素等，可补充机体的营养。豇豆中所含维生素C能促进抗体的合成，提高机体抗病毒的能力。

2）药用价值。豇豆种子含大量淀粉、脂肪油、蛋白质、维生素B。鲜嫩豇豆含抗坏血酸（维生素C）22mg/kg。

3）食用价值。人们主要食用豇豆的种子或荚果。豇豆在我国大部分地区有栽培。秋季采收成熟的荚果，除去荚壳，收集种子备用；或于夏秋季采摘未成熟的嫩荚果鲜用。豇豆叶有清热解毒的作用。

7. 生长周期

豇豆自播种至豆荚成熟大致分为4个时期：种子发芽期、幼苗期、抽蔓期和开花结荚期。豇豆生育期特征如图4-5所示。

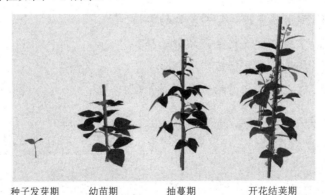

种子发芽期　　幼苗期　　抽蔓期　　开花结荚期

图4-5　豇豆生育期特征

1）种子发芽期。从种子萌动到第 1 对真叶展开为种子发芽期。子叶出土不进行光合作用，只有当真叶展开后才可进行光合作用。发芽过程中水分过多易造成烂种，土壤板结和低温也易造成烂种，种子发芽所需要的水分一般不超过种子量的 50%。因此，种子发芽期要保证疏松的土壤环境。

2）幼苗期。从第 1 对真叶展开到 7～8 片真叶展开为幼苗期。这一时期节间短，茎直立，根系逐渐开展。幼苗期节间不能直立生长而是缠绕生长，同时腋芽萌动开始进入抽蔓期。幼苗期如果遇连阴雨天，气温较低，则容易坏根，抑制生长，重则死苗。夏季高温季节要注意遮阴。

3）抽蔓期。从 7～8 片真叶展开到现蕾为抽蔓期，为 10～15 天。这一时期主蔓迅速伸长，根瘤开始形成。抽蔓期要求较高的温度和较长的光照时间。如果满足生长适宜条件，则茎蔓粗壮，侧蔓生长较快；如果温度低、阴雨天多，则茎蔓生长较弱。土壤水分大不利于根瘤的形成。

4）开花结荚期。从现蕾到种子成熟采收结束为开花结荚期，一般为 50～60 天。早熟品种在 3～4 节主蔓中抽出第一花序节位，大多数品种在生长出 7～9 节主蔓时才进入开花结荚期。豇豆在开花结荚期，一方面开花结荚，另一方面营养器官继续生长。因为生长量大、生长迅速，所以需要协调好营养生长和生殖生长的关系，否则会造成茎叶生长不良，影响开花结荚，因此必须采取相应措施精细管理。

工作任务　豇豆设施生产管理

▌任务描述　　某现代农业科技有限公司承接了某大型社区超市半年 5000kg 豇豆需求订单。为保证设施豇豆生产稳定供应，作为蔬菜生产技术员，应根据豇豆设施生产相关知识进行设施豇豆生产技术指导，以保证订单的顺利完成。

▌任务目标　1. 掌握豇豆设施生产茬口的安排。
　　　　　　　2. 掌握豇豆设施生产品种选择。
　　　　　　　3. 能培育豇豆壮苗。
　　　　　　　4. 能进行豇豆设施生产田间管理。

豇豆设施栽培
技术

▌相关知识

（一）豇豆生产茬口

豇豆生产要加强轮作，设施豇豆生产方式与茬口安排如表 4-4 所示。

表 4-4 设施豇豆生产方式与茬口安排

生产方式		播种期/（月/旬）	定植期/（月/旬）	收获期/（月/旬）
日光温室生产	冬春茬	2/下～3/上	3/中	4～5
	秋冬茬	8/下～9/上	9/下～10/上	12～1
蔬菜大棚生产	夏茬	5/下	直播	7

（二）豇豆品种选择

1. 品种特性

1）蔓生品种。该品种的主蔓和侧蔓均为无限生长型，主蔓高达 3～5m，具左旋性，栽培时须搭支架。叶腋间可抽生侧枝和花序，陆续开花结荚，生长期长，产量高。早熟品种有红嘴燕、之豇 28-2、广州铁线青、龙眼七叶子、贵州青线豇；中熟品种有四川白胖豆、武汉白鳝鱼骨、广州大叶青；晚熟品种有四川白露豇、广州金山豆、浙江 512、贵州胖子豇、江西和广州八月豇、28-2 豇豆、之豇特长 80 等。

2）矮生品种。该品种主茎长到 4～8 节后以花芽封顶，茎直立，植株矮小，株高为 40～50cm，分枝较多。该品种生长期短，成熟早，收获期短而集中，产量较低，如南昌扬子洲黑子和红子，上海、南京盘香豇，厦门矮豇豆，武汉五月鲜，等等。

2. 品种选用

豇豆喜温耐热，生长期长，从晚春断霜后至早秋霜来临前，按不同季节选择相应品种进行春、夏、秋三季栽培，以延长豇豆供应期。春季早熟栽培要选对日照要求不严格的品种，如五月鲜、红嘴燕、之豇 28-2 等，这些品种在春季、夏季、秋季都可栽培；而八月豇、盘香豇、江苏毛芋红和浙江 512 等品种对日照要求严格，只能在秋季栽培，在短日照条件下开花结荚。春夏季栽培生长期延长，茎叶旺盛，结荚期推迟，产量不高。

任务实施

（一）确定播种期

豇豆春季播种宜在当地晚霜来临前进行，此时土壤 10cm 深处地温多稳定在 10～12℃。豇豆秋季播种宜在当地早霜来临前进行。以结荚盛期平均气温处于25℃以上来确定播种时间，以免前期生长不良，后期荚果受冻，产量下降。长江流域露地直播或育苗移植时间为 4 月下旬至 7 月中旬，6 月下旬至 11 月上旬上市；华南地区冬季气温较高，从 3 月上旬至 9 月上旬均可播种，5 月至 12 月分批采收上市。长江流域于 3 月中下旬利用冷床育苗，4 月中下旬定植，结合地膜覆盖栽培；华南地区可于 2 月下旬利用简易塑料薄膜小棚播种，出苗后保持棚内温度为 18～22℃，当长出 1 片复叶时定植于大田（苗期为 10～15

天），可提早上市，增加产量，解决早春淡季供应的问题。

（二）配制营养土

配制营养土要求 pH 值为 5.5～5.7，有机质为 2.5%～3%，每千克营养土含有效磷 20～40mg、速效钾 100～140mg、碱解氮 120～150mg，营养全面；孔隙度约为 60%，土壤疏松，保肥保水性能良好。将配制好的营养土均匀地铺于播种床上，厚度为 10cm。工厂化穴盘或营养钵育苗营养土配方为：2 份草炭加 1 份蛭石。普通苗床或营养钵育苗营养土配方为：无病虫源的田土 1/3，腐熟马粪、草炭土或草木灰 1/3，腐熟农家肥 1/3。禁止使用未腐熟的农家肥。

（三）种子处理

将筛选好的种子晾晒 1～2 天，严禁暴晒。用种子重量 0.5% 的 50% 多菌灵可湿性粉剂拌种子，可防治枯萎病和炭疽病；或用硫酸链霉素 500 倍液浸种 4～6 小时，可防治细菌性疫病。一般每亩栽培用种量为 2.5～3.5kg。

（四）育苗

育苗宜在晴天或"冷尾暖头"进行，干籽播种。在一般情况下，育苗移栽比直播增产 25%～35%。豇豆易发芽，一般不需要浸种催芽。育苗的苗床底土宜紧实，以铺 6cm 厚的壤土为宜，以防止主根深入土内，多发须根，防止移苗时根群损伤大。因此当幼苗有 1 对真叶时即可带土移栽，不宜用大苗移植。有条件的可用营养钵或穴盘育苗，每钵 2 苗或 3 苗。豇豆壮苗标准：子叶完好、无病虫、叶色浓绿，叶片肥厚、健壮，适应性强，第 1 对真叶微展。

春季育苗　春季播种时，种子覆土厚度为 2～3cm，覆盖小拱膜保温。幼苗出土后，加强通风降温，防止徒长。当第 1 对真叶露出而未展开时，即可定植到大田，密度为每亩 3300～3800 穴，每穴 3 株。

夏秋季育苗　夏秋季育苗多采用直播，播种前首先要浇足底水，然后锄松表土，每穴播种 3～4 粒，盖土 3cm 左右，为了防止苗床土壤水分蒸发，最好盖上少量禾草。出苗前不须浇水，否则会引起烂种。

关键技术　**豇豆苗期管理**

1）从播种到出土。豇豆播种之后，一般 5 天左右便会出土。在播种后到出土的这个时间段内，其温度应保持在 28℃ 左右，不可低于 15℃。

2）从出土到成苗。播种大约 1 周之后，地上部分开始伸长。温度可适当降低一些，白天温度保持在 20℃ 左右，夜间温度不可低于 15℃。为避免苗床干旱，可在晴天的时候适当浇水，不可在阴雨天进行，避免烂根死苗。同时要做好病害的防治工作。

3）从成苗到移栽。播种后 2 周左右可以移栽，白天的时候要将拱棚适当揭除，晚上覆盖。

4）确定苗龄。最佳的移栽时间一般应在幼苗长出 2 片左右真叶时进行。叶片在接近平展期的时候，可以适时移栽。移栽过晚，会导致幼苗移栽成活率低。移栽一般在晴天进行，如果天气状况不好，则可以适当推迟。

（五）定植

1. 整地、作畦、施底肥

豇豆设施生产应结合整地、作畦施足底肥，尤其要增施磷、钾肥，一般每亩应施腐熟的堆、杂肥 5000kg 左右，有条件的还应在畦面上沟施少量饼肥或鸡粪作为底肥，采用条施与散施相结合的方式进行施肥。

我国北方为平畦，畦宽约 1.3m；南方为高畦，畦宽（含沟）1.2～1.4m，沟深 25～30cm，以利于排水。每畦可种植双行，以便插架采收。

2. 合理密植

合理密植是豇豆增产的关键之一。例如，早熟品种之豇 28-2，采用畦宽（含沟）1.3～1.4m 的规格种植两行，穴距为 20～23cm，春栽每穴 3 株，每亩保持 13 000～15 000 株，平均每亩产量产达 2500kg。栽植密度依栽培季节、栽培方式和品种而有不同。夏秋季气温高、日照足、雨水少，植株生长快、生育期短，每穴株数可相应增加。采用地膜覆盖栽培，水肥条件好，植株生长旺盛，每穴 2 株。晚熟品种（如罗裙带、乌豇、八月豇等）蔓叶多、分枝性强，不宜种植太密，应相应增加穴距至 30～33cm，每穴 2 株，每亩栽植 7000～7500 株。定植后浇缓苗水，深中耕蹲苗 5～8 天，促进根系发达。

（六）田间管理

1. 植株调整

1）插架引蔓。当植株长到 17～33cm、即将抽蔓时，要及时插架引蔓。一般用竹竿插成人字形，架高 2.2～2.3m，每穴插 1 根，并向内稍倾斜，每 2 根相交，上部交叉处放竹竿做横梁，呈人字形。豇豆引蔓上架一般在晴天中午或下午进行，不要在露水未干时或雨天进行，避免蔓叶折断。引蔓要按逆时针方向进行。搭架形式有如下几种。

① 丛植式：每畦邻近四穴的支架顶部扎成一架，防止因每架株数多而导致后期相互遮阴，对结荚不利。

② 人字架式：每畦对称两穴的支架顶部扎成人字架，上边再加一横置竹竿连接各人字架。此种搭架形式操作简便，通风透光较好，在南方地区广泛应用。

③ 直立式：每穴插一根小竹竿，直立向上，每行用一横置竹竿串联成排，通风透光良好。

④ 倒人字架式：以人字架为基础，将其人字交叉点由原来在离地 1.3m 处下降到 82cm，使架杆的 2/3 在交叉点以上，形成倒人字形。此种搭架形式使叶分布均匀，植株结荚部位 70% 以上在架外侧的畦沟上方，通风透光良好，产量较高。

2）抹芽打顶。第一花序以下侧枝长到 3cm 长时，应及时摘除，以保证主蔓粗壮。主蔓第一花序以上各节位的侧枝留 2～3 片叶摘心，促进侧枝上形成第一花序。当主蔓长到 15～20 节、高 2～2.3m 时，剪去顶部，促进下部侧枝花芽形成。

基部抹芽即将主蔓第一花序以下各节位的侧芽一律抹掉，促进开花。主蔓中上部各叶腋中花芽旁混生叶芽时，应及时将叶芽及抽生侧枝打去。当主蔓长 2m 以上时可根据实际情况进行打顶，以便控制豇豆的生长，促进副花芽形成，同时利于后期的采收。

2. 查苗补苗

当第 1 对初生叶出现时，应到田间逐畦查苗补苗。补栽的苗最好用营养钵在温室大棚内提早 3～4 天播种并育好苗。若采用育苗移栽，则应在缓苗后进行补苗。

3. 水肥管理

豇豆齐苗或定植缓苗后，一般进行一次中耕、松土和追肥，每亩浇施 20% 腐熟人粪尿 750kg 左右。当苗高达到 25～30cm 时，每亩用尿素 15kg，兑水淋施。第一花序开始结荚后，宜加大追肥量，经常保持土壤湿润。一般用 30%～40% 腐熟人粪尿淋蔸，隔 5～7 天追 1 次，连追 3 次。

4. 中耕松土

直播时豇豆苗出齐或定植缓苗后每隔 7～10 天进行 1 次中耕，松土保墒，蹲苗促根，伸蔓后停止中耕。

5. 病虫害防治

豇豆主要病虫害有猝倒病、立枯病、锈病、炭疽病、白粉病、病毒病、蚜虫、豆荚螟、茶黄螨、红蜘蛛、潜叶蝇、白粉虱和烟粉虱。防治方法如下。

1）农业防治。针对当地主要病虫，选用高抗多抗品种；创造适宜的环境条件；培育适龄壮苗，提高抗逆性；控制好温度、空气湿度，施用适宜的水肥，提供充足的光照和二氧化碳；通过放风和辅助加温，调节不同生育时期的适宜温度；深沟高畦，严防积水，清洁田园，避免浸染性病害发生。

2）耕作改制。尽量实行轮作制度，如与非豆类作物轮作 3 年以上；有条件的地区应实行水旱轮作，如水稻与蔬菜轮作。

3）科学施肥。测土平衡施肥，增施充分腐熟的有机肥，少施化肥，防止土壤盐渍化。

4）物理防治。

① 设施防护：在放风口安装防虫网，夏季覆盖塑料薄膜、防虫网，进行避雨、遮阳、防虫栽培，减少病虫害的发生。

② 黄板诱杀：在设施内悬挂黄板诱杀蚜虫等害虫。黄板规格为 25cm×40cm，每亩放30～40 块。

③ 银灰膜驱避蚜虫：铺银灰色地膜或张挂银灰膜条驱避蚜虫。

④ 高温消毒：在夏季，宜利用太阳能对棚室土壤进行高温消毒处理。

⑤ 杀虫灯诱杀害虫：利用频振杀虫灯、高压汞灯和双波灯诱杀害虫。

5）生物防治。一是积极保护、利用天敌，防治病虫害。二是用生物药剂，主要采用农抗 120、印楝素、农用链霉素、新植霉素等生物农药。

6）化学防治。保护地优先采用粉尘剂和烟剂。在生产上要注意轮换用药，合理混用，严格控制农药安全间隔期。

（七）适时采收

春播豇豆在开花后 8～10 天即可采收嫩荚，夏播豇豆在开花后 6～8 天采收。当荚条粗细均匀、荚面豆粒未鼓起、达到商品荚标准时为采收适期。采收时，要保护好花序上部的花，不能连花柄一起采下。一般盛荚期每天采收一次，后期可隔一天采收一次。长豇豆播种后，约经 60 天（春播）或 40 天（夏播）开始采收嫩荚，而开花后经 7～12 天，荚充分长成，组织柔嫩，种子刚刚显露时应及时采收，此时采收豆荚、质地柔嫩，产量高。采收期共 30～40 天。

豇豆每花序有两对以上花芽，通常只结一对豆荚。当水肥充足、及时采收和不伤花序上其他花蕾时，可使一部分花序多开花结荚，这样可以提高结荚率，增加产量。

（八）留种

留种株一般选择具有本品种特征、无病、结荚节位低、结荚集中而多的植株，成对种荚大小一致，籽粒排列整齐，选留中部和下部的豆荚做种，及时去除上部豆荚，使籽粒饱满。当果荚种壁充分松软、表皮萎黄时即可采收，挂于室内阴干后脱粒，晒干后趁热将种子装入缸内，密封储藏，或在缸内滴入数滴敌敌畏和放置数粒樟脑丸密封储藏，防止豆象危害。如果种子量少，则可将豆荚挂于室内通风干燥处，不必脱粒，至翌年播种前取出后脱粒即可。种子生活力一般为 1～2 年。

（九）储藏

刚刚采摘的新鲜豇豆应及时保鲜收藏，一般采用塑料袋密封保鲜。温度应保持在 10～25℃之间，温度过低，烹饪出来的味道很差，炒不熟；温度过高，会使豇豆的水分挥发太快，形成干扁空壳，影响烹饪的味道，容易腐烂变质。

干品的收藏方法：用刚刚采摘的新鲜豇豆，经沸水煮至熟而不烂时捞出沥干，在太阳下晒干或用机械烤干；用时拿出经凉水浸泡至软备用，其味甘而鲜美，回味无穷。

综 合 评 价

综合评价以自我评价和小组评价相结合的方式进行，指导教师（或师傅）根据考核评价和学生学习成果进行综合评价。

1. 根据任务完成情况，检查任务完成质量。

2. 归纳总结定植操作技术要点并进行应用推广，提出提高菜豆定植成活率的措施与方法，并进行试验和推广。

3. 走进不同规模、不同地域的企业，按照企业生产标准化要求，对该企业的生产管理实施过程、规章制度完善性进行点评，评价一下豇豆种植田间管理是否规范合理，提出田间管理的合理化建议。

豇豆设施生产考核评价表如表 4-5 所示。

表 4-5　豇豆设施生产考核评价表

班级：　　　第（　　）小组　　　姓名：　　　　时间：

评价模块	评价内容	分值	自我评价	小组评价
理论知识	1. 掌握豇豆设施生产的茬口安排	10		
	2. 掌握豇豆设施生产的品种选择	10		
	3. 掌握豇豆设施生产的工作流程和田间管理要点	10		
操作技能	1. 能进行豇豆设施生产的播种和定植	20		
	2. 能运用农业技术措施防治豇豆病虫害	20		
	3. 能运用豇豆设施生产技术进行生产流程管理	20		
职业素养	1. 以人为本，具有绿色蔬菜产品生产的理念	5		
	2. 团队合作，具有精益求精的职业精神	5		

综合评价：

指导教师（或师傅）签字：

思 考 与 讨 论

1. 简述豆类蔬菜在生物学特征上有哪些特点。

2. 简述豇豆绿色防控技术。

3. 春播菜豆怎样才能达到苗齐、苗全、苗壮？

4. 简述豇豆对环境条件的要求及栽培特点。

模块 5

白菜类蔬菜设施生产

　　白菜类蔬菜是指十字花科芸薹属植物中以叶球、花球和嫩茎为产品的一类蔬菜。在我国普遍栽培的有结球白菜、结球甘蓝、花椰菜（菜花）、青花菜（木立花椰菜）、球茎甘蓝（苤蓝）等。白菜类蔬菜种类多、产量高、生产成本低、耐储藏，所以在我国栽培广泛，尤其在北方地区，是秋冬季最主要的蔬菜供应种类。本模块的主要内容有结球甘蓝和花椰菜的设施生产，包括生产茬口及品种选择、设施育苗和田间管理等。

【学习导航】

结球甘蓝设施生产

【核心概念】

结球甘蓝设施生产是指利用人工建造设施，为结球甘蓝提供适宜的温、光、水、气等环境条件而进行的优质、高产、高效栽培。栽培生产包括育苗、定植前准备、定植、田间管理、采收等环节。

【学习目标】

1. 了解结球甘蓝生物学特征。
2. 掌握结球甘蓝设施生产的茬口安排。
3. 掌握结球甘蓝设施生产的品种选择。
4. 能进行结球甘蓝设施育苗生产。
5. 掌握结球甘蓝设施生产田间管理要点。

结球甘蓝简称甘蓝，又称卷心菜、洋白菜、圆白菜、疙瘩白、包菜、包心菜、高丽菜、莲花白等，为十字花科芸薹属二年生蔬菜，适应性强、易栽培、产量高、耐储运，是中国东北、西北、华北等地区春、夏、秋季的主要栽培蔬菜。结球甘蓝原产于地中海沿岸，由不结球的野生甘蓝演进而来，13 世纪在欧洲开始出现结球甘蓝，16 世纪开始传入中国。

知识准备 结球甘蓝生物学特征

一、结球甘蓝植物学特征

1. 根

结球甘蓝的主根基部肥大，呈圆锥形，其上着生许多侧根。根密集在地表下 30cm 深的土层内，由于根系浅，抗旱能力不强。根的再生能力强，适合育苗移栽。

2. 茎

结球甘蓝营养生长时期为短缩茎,短缩茎越短,叶球包合越紧密。生殖生长时期抽生为花茎。

3. 叶

结球甘蓝的叶分为子叶、基生叶、幼苗叶、莲座叶、球叶、茎生叶等。

①子叶:呈肾形,对生。②基生叶:对生,与子叶垂直,无叶翅,叶柄较长。③幼苗叶、莲座叶:幼苗叶呈卵圆形或椭圆形,互生;之后长出的叶为莲座叶,也叫外叶,随着生长,莲座叶叶片越大,叶柄越短,叶缘直达叶柄基部,形成无柄叶。④球叶:结球期发生的叶,无叶柄,叶片主脉向内弯曲,包被顶芽,形成紧实的叶球。⑤茎生叶:花茎上的叶,互生,叶片较小,先端尖,基部阔,无叶柄或叶柄很短。

结球甘蓝的球叶多为绿色,叶肉肥厚,叶面光滑,少数品种叶色紫红、叶面皱缩,覆有白色蜡粉,是主要的同化器官。

结球甘蓝叶球如图 5-1 所示。

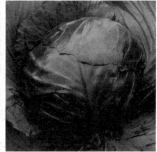

图 5-1　结球甘蓝叶球

4. 花

结球甘蓝的花为完全花,呈淡黄色,十字花冠,总状花序,异花传粉,不同变种、品种间极易天然杂交,采种时应隔离 2000m 以上。

5. 果实和种子

结球甘蓝的果实为长角果,呈圆柱形,表面光滑略似念珠状;种子呈圆球形,为黑褐色或红褐色,无光泽,千粒重为 3.3～4.5g。种子萌发年限为 2～3 年。

二、结球甘蓝生育期特征

结球甘蓝为二年生植物,在一般情况下,第一年只生长根、茎、叶等营养器官,并储存大量养分在茎和叶球内，经过冬季低温的春化阶段，到第二年春天通过长日照完成光周期后，抽薹、开花、结实，形成生殖器官。

1. 营养生长时期

（1）发芽期

从种子萌动到第 1 对基生叶展开与子叶形成十字形为发芽期（破心）。夏秋季，在适温下发芽期需 8～10 天，冬春季发芽期需 15～20 天。生长发芽主要依靠种子内储藏的养分进行，因此选粒大饱满的种子和精细的苗床，是保证出苗好的前提条件。

（2）幼苗期

从破心到第 1 个叶环的 5～7 片叶全部展开、达到"团棵"为幼苗期。夏秋季幼苗期需 25～30 天，冬春季幼苗期需 40～60 天。这一时期根据幼苗生长情况，进行水肥管理，培育壮苗。

（3）莲座期

从"团棵"到第 2、3 个叶环的叶片全部展开（展开 15～20 片叶）为莲座期。早熟品种莲座期需 20～25 天，中熟品种莲座期需 25～30 天，晚熟品种莲座期需 35～50 天。这一时期叶片和根系的生长速度快，应加强水肥管理，为发育成坚实硕大的叶球打好基础。

（4）结球期

从开始结球到采收叶球为结球期。早熟品种结球期需 20～25 天，中熟品种结球期需 25～40 天，晚熟品种结球期需 45～50 天。这一时期应加强水肥管理以促进叶球紧实。形成叶球后可低温储藏进行强制休眠，依靠本身养分和水分维持代谢。

结球甘蓝营养生长时期特征如图 5-2 所示。

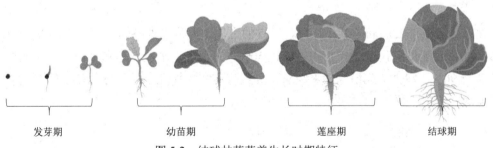

| 发芽期 | 幼苗期 | 莲座期 | 结球期 |

图 5-2　结球甘蓝营养生长时期特征

2. 生殖生长时期

结球甘蓝的生殖生长时期包括抽薹期、开花期和结荚期。

（1）抽薹期

从种株定植到花茎长出为抽薹期，需 25～40 天。

（2）开花期

从始花到全株花落为开花期，一般需 30～35 天。

（3）结荚期

从花落到角果黄熟为结荚期，需 30～40 天。

三、结球甘蓝生长习性

1. 喜凉爽性

结球甘蓝喜凉爽，较耐低温，生长适温范围较宽，在月均温度为 7～25℃的条件下都能正常生长与结球。种子发芽适宜温度为 18～20℃，能适应的最低温度为 2～3℃。幼苗能长期忍受-2～-1℃低温，生长适宜温度为 15～20℃。叶球生长适宜温度为 17～20℃，25℃以上结球不良。结球甘蓝是冬性较强的绿体或幼苗春化型植物。早熟品种的幼苗具有 7 片真叶，最大叶宽为 6cm 以上，茎粗达到 0.6cm 以上；中晚熟品种的幼苗具有 10～15 片真叶，最大叶宽为 7cm 以上，茎粗达到 1cm 以上。只有这样才可接受 0～10℃的低温，从而通过春化阶段。关于结球甘蓝接受低温的春化时间，一般早熟品种需 45～50 天，中熟品种需 50～60 天，晚熟品种需 70～90 天。

2. 喜光、耐弱光

结球甘蓝是长日照植物，但也能适应弱光。低温长日照利于花芽的形成，较短的日照对叶球的形成有利。

3. 喜湿性

结球甘蓝要求较湿润的栽培环境，适宜的土壤湿度为 70%～80%，空气湿度为 80%～90%。如果土壤水分不足、相对湿度低于 50%，则会严重影响结球和降低产量；如果土壤湿度高于 90%，则会造成植株根部缺氧，导致病害和植株死亡。结球甘蓝在幼苗期和莲座期能忍耐一定的干旱。

4. 喜肥、耐肥性

结球甘蓝喜肥、耐肥，整个生长期吸收氮、磷、钾的比例为 3：1：4。结球甘蓝对钙的需求量较多，缺钙易发生干烧心病害。结球甘蓝对土壤养分的吸收量较一般蔬菜多，在幼苗期和莲座期需氮肥较多，在结球期需磷、钾肥较多。如果氮肥多，则宜选择保水肥能力强的土壤栽培。结球甘蓝适合生长在微酸到中性的土壤中，有一定的耐盐碱能力。

工作任务　结球甘蓝设施生产管理

▌**任务描述**　　某现代农业科技有限公司计划栽培设施结球甘蓝3hm², 但不太熟悉结球甘蓝生产茬口、品种选择和田间管理等问题, 作为蔬菜生产技术员, 应根据公司生产设施实际情况, 合理安排结球甘蓝的设施生产茬口及选择合适的生产品种, 指导其田间生产管理等。

▌**任务目标**　1. 掌握结球甘蓝设施生产茬口的安排。
2. 掌握结球甘蓝设施生产品种选择。
3. 能培育结球甘蓝壮苗。
4. 能进行结球甘蓝设施生产田间管理。

结球甘蓝设施
栽培技术

▌相关知识

（一）结球甘蓝生产茬口

结球甘蓝适应性强, 对温度的适应范围较宽, 可进行四季栽培, 但因栽培设施不同, 其播种期与收获时间也有较大的差异。栽培结球甘蓝都需要育苗, 不同季节其育苗设施及方法各有不同。不同季节结球甘蓝育苗设施与栽培期如表5-1所示。

表5-1　不同季节结球甘蓝育苗设施与栽培期

品种类型		育苗设施	播种期/ （月/旬）	苗龄/天	定植期/ （月/旬）	收获期/ （月/旬）
春结球甘蓝	早熟品种	塑料大棚或 小拱棚低畦	11～12	30～35	12/下至 翌年1	3～4
夏结球甘蓝	早熟或 中熟品种	低畦露地	2～3	40～45	3～4/下	6～7
秋结球甘蓝	中熟品种	高畦阴棚, 草苫或遮 阳网搭架遮阴	6～7	30～35	7～8	10～11
冬结球甘蓝	中晚熟 品种	高畦露地	8～9/中	35～40	9～10	12至翌年 2/上

（二）结球甘蓝品种选择

1. 品种介绍

设施结球甘蓝栽培多选用抗寒性和冬性均较强的早熟品种，如中甘 11 号、中甘 12 号、京甘 1 号、8398、北农早生等。

中甘 11 号　植株幼苗期真叶呈卵圆形、深绿色，蜡粉中等。收获期植株开展度为 46～52cm，呈卵圆形。叶球近圆形，球内中心柱长 6～7cm，单球重 0.75～0.85kg。种子为黑褐色，千粒重为 3～4g。该品种为早熟品种，在北京定植 50 天左右可收获。每亩单产为 3000～3500kg。该品种叶质脆嫩，风味品质优良，抗寒性较强，不容易先期抽薹，抗干烧心病，在水肥条件好的地方，更能发挥其早熟、丰产的优良特性。

中甘 12 号　株型紧凑，开展度为 40～50cm，外叶深绿，叶缘无缺刻，腊粉中等，外叶数为 13～15 片。叶球近圆形，球高 12cm，横径为 12cm，球顶近圆形，单球重 500～650g。种子呈褐红色，千粒重约为 3g。该品种极早熟，定植后 45 天可收获，比中甘 11 号早 5～7 天，成熟一致，收获集中。该品种叶质脆嫩，品质优良，球内中心柱长 5～7cm，低于球高的 1/2，叶球紧实，紧实度达 0.57～0.62。该品种对水肥条件要求中等，抗寒性、冬性较强，不易抽薹。

京甘 1 号　早熟春甘蓝一代杂交种。植株生长势强，开展度为 48～53cm，外叶数为 14～16 片，叶色深绿，蜡粉较多。叶球呈扁圆形，球高 13～16cm，球横径为 14～18cm，球内中心柱短，为 4～5cm，单球重 1.3kg 左右，叶球紧实。该品种冬性强，不易抽薹，适宜在冬季保护地生产。

8398　早熟春甘蓝品种。植株开展度为 40～50cm，叶色浅绿，蜡粉较少。叶球呈圆球形，紧实度为 0.54～0.6，球内中心柱长低于球高的 1/2。该品种冬性强，叶质脆嫩，风味品质优良，从定植到成熟需 50 天左右，平均单球重 0.8～1kg。一般每亩产量为 3000～4000kg。

北农早生　植株开展度为 50～52cm，外叶数为 11～14 片，叶片呈卵圆形、深绿色，叶面蜡粉少，叶球近圆形、球顶平，球高为 15～16cm，球径为 15～16cm，单球重 1～1.5kg。该品种为春早熟杂交一代种，从定植到采收需 46 天，结球紧实，抗寒性较强，不易抽薹，采收不及时易裂球；品质脆嫩，口感好。

2. 品种选择的方法

春早熟栽培　选用中早熟品种，一般在冬季或早春育苗，在设施内或露地上育苗和栽培定植，在春末或夏初收获上市。这种栽培方式利用的设施较简单，生产成本不高，上市期正值春末夏初蔬菜供应淡季，对均衡蔬菜供应有重要意义，经济效益较高。

夏季栽培　夏甘蓝是在春末夏初露地育苗，可在露地定植，于 7～9 月陆续收获，是供应夏季及秋季蔬菜的一种栽培方式。这种栽培方式生产成本很低，对解决高温、多雨的夏季缺菜问题有一定的作用。夏甘蓝栽培难度较大，生产面积较小，以长江流域和西南各省较多。

▌任务实施

（一）春大棚结球甘蓝生产

春大棚结球甘蓝生产的工作流程包括播种育苗、定植前准备、定植、田间管理、采收等，如图 5-3 所示。

图 5-3 春大棚结球甘蓝生产的工作流程

1．播种育苗

春大棚结球甘蓝生产于 12 月上旬在温室内播种育苗，其方式包括普通育苗和穴盘育苗。

（1）普通育苗

普通育苗应选择没种植过十字花科蔬菜、土壤疏松、富含有机质、通风透光好、地势较高的地块。①做 1m 或 1.2m 宽的畦，浇透底水，灌水深度以淹没畦面 8～10cm 为宜，同时准备好过筛的细土备用；②待水渗下去后，首先在畦面均匀撒一层厚 0.3～0.5cm 的过筛细土，然后将干种子均匀撒播在床面上，播种后再均匀覆盖厚 0.5cm 的过筛细土；③在两片子叶展开时及时间苗、补苗，保持苗间距为 1～1.5cm；④当苗长至 2～3 片叶时分苗，苗间距为 8～10cm；⑤出现大小苗时，将小苗分在温度较高的温室北侧，将大苗分植在温度较低的温室南侧。

在寒冷季节，最好采取暗水分苗，为促进缓苗，分苗后适当提高育苗床温度，白天控制在 15～25℃，夜间不低于 10℃。缓苗后适当降低温度，最高气温不超过 20℃，夜间在 10℃ 以上。注意防止幼苗徒长和苗期病害的发生，如果发生幼苗徒长或过嫩，则可结合轻中耕松土和适当加大通风量进行控制，白天温度不低于 15℃。

（2）穴盘育苗

选用 72 或 128 孔穴盘，将配制好的营养土装入穴盘内，轻压营养土，使穴中基质向下凹 0.5～0.8cm，每穴播 1 粒，上覆 0.8～1cm 厚的蛭石。穴盘育苗的要点：①播种后苗床温度控制在 20～25℃，湿度在 80% 以上；②苗出齐后，白天温度保持在 20～25℃，夜间温度保持在 10～15℃，最低不得低于 5℃；③在第 1 片真叶展开时，将缺苗补齐；④苗期子叶展开至二叶一心时，水分含量为最大持水量的 70%～75%，苗期子叶展开至三叶一心后，结合喷水进行 2～3 次叶面喷肥；⑤三叶一心到定植，水分含量应保持在 60%～65%。温度管理同普通育苗。

2. 定植前准备

定植前 15～30 天盖棚增温，棚膜选择透光、保温性能好、强度大、耐老化的优质薄膜。可在大棚周围挖防寒沟，深度以当地最大冻土层为标准，宽度为 30cm，沟内填锯末或柴草，上面覆盖土使之略高于畦面。定植前两周棚内每亩施入优质腐熟的有机肥3000kg、磷酸二铵60kg、氯化钾25kg，深翻土地，灌足底墒。整地作畦，平畦宽 100cm，高畦高 10～30cm，畦面宽 60～80cm。用幅宽为 80～100cm 的地膜覆盖栽培。

3. 定植

当棚内 10cm 深处的地温稳定在 5℃以上且旬平均气温达 10℃以上时，即可定植。华北地区在 2 月下旬至 3 月上旬定植。定植前 7～10 天炼苗。一般选择在晴天上午定植，采用双行定植的方法，株行距为(35～40)×50cm，每亩栽植 4500～5000 株。定植时可先用打孔器按株距打孔，再进行定植，也可用苗铲临时破膜定植。定植后立即浇水，密闭大棚。

4. 田间管理

（1）缓苗前管理

定植后缓苗前应以增温、保温为主。白天棚温保持在 20℃以上，夜间棚温为 10℃以上，不低于 5℃。寒流天气在棚四周围盖 1m 高的草苫，可使棚内气温增高 1～2℃，若无草苫，则可用旧塑料膜代替，或在大棚内距棚膜一定距离处挂一层薄膜或无纺布，白天拉开，夜间合拢，能使棚内气温提高 2℃以上。

（2）缓苗后管理

大棚密闭 7～10 天后，进行通风换气，开始时通风量不宜过大，先从棚的东边开口通风，通风最好在中午进行，注意不要放底风。以后随着外界气温的升高，逐渐加大通风量，延长通风时间，使白天棚温保持在 15～20℃，夜间棚温保持在 10～15℃。上午棚温达到 20℃以上时通风，下午棚温降到 20℃时关闭风口。当外界夜间气温达到 10℃以上时，大放风，放底风，昼夜通风。缓苗后，选晴天的上午浇 1 次缓苗水。中耕可疏松土壤，有利于根系生长。定植 7 天后，没覆盖地膜的，可进行第 1 次中耕除草，以后视土壤情况进行第 2 次中耕除草。植株长大、叶片封地即进入莲座期，不再中耕。

（3）莲座期与结球期管理

莲座期（图 5-4）与结球期是两个需水需肥高峰期。

1）莲座期适时追肥是结球甘蓝丰产的一个重要环节，追肥以氮肥为主，使外叶充分长大，为进入结球期和叶球的生长打下良好的基础。如果莲座期满足不了氮肥的需要，则将影响结球和叶的充分长大。即使进入结球期后再补充足够的氮肥，也会影响叶球的充实，直接影响叶球的产量。在此时期，每亩每次随水追施硝酸铵 15kg 或硫酸铵 20kg，叶面追肥 0.3%磷酸二氢钾或人粪尿 2000～3000kg。

图 5-4　莲座期的结球甘蓝

莲座期白天的温度应控制在 15～25℃，夜间的温度应控制在 10～15℃。棚内空气湿度为 80%～90%，土壤湿度为 70%～80%。随着外界气温的升高，逐渐加大放风口，并延长放风时间，使棚内温湿度尽量满足植株生长的需求。

2）进入结球期，心叶内卷形成的小叶球不断增大，当小叶球长到直径为 4～5cm 时，即进入第 2 个需肥高峰，大约在第 1 个需肥高峰后的 20 天。此时养分的需求量急速增加，应根据底肥施用量及植株生长情况，追施 1～2 次肥。每亩随水追施硝酸铵 15kg 或硫酸铵 20kg，叶面追肥 0.3%磷酸二氢钾。

结球期适宜的温度范围是 15～20℃，夜间温度为 10℃左右，棚内空气湿度为 80%，土壤湿度为 70%～80%。通过放风口大小与放风时间调整棚内的温湿度。

5. 采收

早熟品种为了提早上市供应，只要叶球有一定大小和相当的充实程度，就可以分期收获。一般开始时每 3～4 天收获 1 次，以后间隔 1～2 天收获 1 次，共收获 4～5 次，1 个月内收完。中晚熟品种必须等到叶球长到最大和最紧密时，集中 1 次或分 2～3 次收完。早熟品种产量为 30 000～45 000kg/hm²，最高为 75 000kg/hm²，中晚熟品种产量为 60 000～75 000kg/hm²，最高为 90 000kg/hm²。

关键技术　**结球甘蓝病虫害防控策略及绿色防控技术**

在结球甘蓝生产中，主要的病虫害有霜霉病、叶斑病、黑斑病、软腐病、黑腐病、病毒病、根肿病、小菜蛾、菜青虫、斜纹夜蛾、甜菜夜蛾、蚜虫、黄条跳甲等。

1. 结球甘蓝防控策略

对标质量安全和生产环境安全，以实施绿色防控技术为抓手，采用生态调控、免疫诱抗、理化诱控、生物防治和科学安全用药等技术措施，切实提高防控效果。有效减少化学农药使用量，结球甘蓝种植基地禁止违法使用禁限农药，禁止违规使用化学除草剂。

2. 结球甘蓝绿色防控技术

（1）生态调控

1）合理轮作。与非十字花科作物轮作倒茬，避免十字花科蔬菜作物大面积连片或连茬种植。结球甘蓝的栽培最好与豆科作物、禾本科作物、葱蒜类蔬菜进行轮作，忌选择前茬种过萝卜、苤蓝、白菜等十字花科蔬菜的地块。

2）田园清洁。结球甘蓝收获后，清除田间残株，消灭田间残留的幼虫和蛹。通过覆盖地膜，提早春结球甘蓝的定植期，避免第2代菜青虫的危害。

3）精细耕整地。在结球甘蓝定植前进行土壤深耕，改善土壤肥力和通气性，促使作物根系发达，增强作物适应性、抗性和对病害的免疫力。土壤深耕深度须达到20cm，可有效杀死土壤中大量的有害病菌和害虫虫卵。

4）品种选择。根据不同的栽培类型，选用抗病、优质、丰产、抗逆性强的品种。种子质量符合国家相关规定要求，植物检疫合格。

5）种子消毒。①温汤浸种：将种子放入55℃的温水中，即2份开水兑1份凉水，不断搅拌15分钟，自然冷却降温后，浸种4～6小时；或直接采用55℃的温水浸泡种子，并不断搅拌，随着温度降低不断加入热水使水温稳定在53～56℃之间维持15～30分钟。55℃为病菌的致死温度，浸烫种子后，可基本杀死种子表面传带的病菌。②采用41%唑醚·甲菌灵悬浮种衣剂1mL拌种0.5kg，可适量加水稀释，阴干后播种，预防土传病害。

6）土壤调理。针对根肿病等土传病害发生严重地块，每亩用糖醇钙镁土壤调理剂20kg+10亿孢子/克枯草芽孢杆菌可湿性粉剂500g+蚯蚓蚓激酶-T18颗粒剂10kg，与有机肥、复合肥等混匀撒施，调理土壤（特别是根部周围）的酸碱度，补充中微量元素。

（2）免疫诱抗

移栽前1周，可选用相应药剂提高土壤抗逆性。

（3）理化诱控

通过设置杀虫灯和使用昆虫性信息素，进行理化诱控，注意摆放的时间、地点、位置和数量。

（4）生物防治

针对小菜蛾、菜青虫、斜纹夜蛾、甜菜夜蛾等鳞翅目害虫，在害虫成虫产卵初期，每亩放赤眼蜂1万头，每代放蜂2～3次，间隔5～7天放1次。

（5）科学安全用药

结球甘蓝种植基地在农药使用上，优先选择植物源、微生物源农药，科学选择高效、低毒、低风险化学农药，注意轮换用药，严格执行安全间隔期用药规定，施药器械采用低容量连杆多喷头喷雾器，省药、省工、省水。施药时做好个人防护，佩戴口罩及手套，尽量避免农药与皮肤及口鼻接触；施药后应及时做好个人卫生清洁，清洗手、脸等暴露部分的皮肤。

（二）日光温室早春茬结球甘蓝生产

日光温室早春茬结球甘蓝生产的工作流程包括配制营养土、播种、苗期管理、田间管理、采收等，如图5-5所示。

图5-5　日光温室早春茬结球甘蓝生产的工作流程

1. 配制营养土

选用1~2年内没种过十字花科蔬菜的营养土，土壤表层应有10~15cm深的田园土和充分腐熟的优质有机肥，并补充适量的过磷酸钙、草木灰、饼肥及氮肥。

2. 播种

11月上旬在温室内播种。在育苗床上做成1m或1.2m宽的畦，铺好营养土，浇透底水，待水渗下后，在畦面均匀撒一层厚0.3~0.4cm的过筛细土，将干种子均匀撒播于床面上，均匀覆盖厚0.5cm的过筛细土。另外，也可以选用72或128孔穴盘，将配制好的营养土装入穴盘内，轻压营养土，使穴中基质向下凹0.5~0.8cm，每穴播1粒，上覆0.8~1cm厚的蛭石。

3. 苗期管理

1）温度管理。播种后，提高温度，使日温为20~25℃，夜温为15℃左右；苗齐后，日温降至18~20℃，夜温降至10~12℃，一般不须浇水。

2）分苗。幼苗长到两叶一心时分苗。分苗后适当提高温湿度以促进缓苗。缓苗后日温保持在18~20℃，夜温保持在10~12℃。幼苗长出3片真叶以后，夜温不应低于10℃。苗期不旱不浇水；定植前7~10天进行炼苗；苗龄为60天左右。

3）整地定植。1月中旬在温室内定植。每亩施用优质农家肥5000kg、过磷酸钙50kg，沟施复合肥25kg。做宽80~100cm、高15cm的畦。按行距40cm、株距25~30cm定植。

4. 田间管理

1）温度管理。缓苗期：日温保持在20~22℃，夜温保持在12~15℃。缓苗后：日温保持在15~20℃，夜温保持在10~12℃。莲座后期和结球期：日温保持在15~20℃，夜温保持在8~10℃。

2）水肥管理。莲座期：莲座初期开始浇水，随水追施尿素10kg，然后控水蹲苗。结球期：5~7天浇1次水，追肥2~3次，第1次追肥在包心前，第2次和第3次在叶球生长期，每次追施硫酸铵10kg、硫酸钾10kg，同时用0.2%磷酸二氢钾溶液叶面喷施1~2

次；结球后期控制浇水次数和水量。

5. 采收

早熟品种为了提早供应，只要叶球有一定大小和相当的充实程度，就开始分期收获。一般在开始时 3~4 天收获 1 次，以后间隔 1~2 天收获 1 次，共收获 4~5 次，可在 1 个月内收完。中晚熟品种必须等到叶球长到最大和最紧密时，集中 1 次或分 2~3 次收完。早熟品种产量为 30 000~45 000kg/hm²，最高为 75 000kg/hm²，中晚熟品种产量为 60 000~75 000kg/hm²，最高为 90 000kg/hm²。

关键技术 设施栽培结球甘蓝未熟抽薹的原因及应采取措施

结球甘蓝在未结球或结球不完全时抽薹开花，这种现象被称为未熟抽薹或先期抽薹。主要原因是结球甘蓝幼苗的茎达到了通过春化的直径（粗度），经过一段时间的低温和长日照作用通过了春化阶段，分化了花芽，但不分化为球叶，遇春季气温回升，未结球或结球不紧时抽出花薹。应采取措施如下。

1）选择适宜品种。北京早熟、迎春等品种冬性较弱，未熟抽薹率为 20%~60%，而中甘 11 号、中甘 12 号、中甘 8 号、中甘 15 号等品种冬性较强，不易发生未熟抽薹现象。

2）确定适宜播种期。同一品种播种期越早，通过春化阶段的机会越大，发生未熟抽薹的概率越大。

3）合理控制幼苗大小。定植时幼苗越大，未熟抽薹率越高。因此，在苗期必须防止幼苗生长过快。

4）进行苗期温度管理。低温是引发未熟抽薹的重要因素，因为只有满足一定的低温条件，结球甘蓝才能通过春化阶段。

5）合理安排定植时间。早熟结球甘蓝如果定植过早，特别是定植后受到倒春寒的影响，则很容易发生未熟抽薹现象，但也不宜定植过晚，以防受冻死苗。

（三）结球甘蓝采收与储藏

1. 结球甘蓝的采收标准与品质

夏结球甘蓝当叶球坚实时即可采收，收获过晚，球易开裂和腐烂；秋结球甘蓝可根据上市时间陆续采收，但应在低温（-3~-2℃）来临前采收完毕。品质基本要求：不带黄叶、烂叶、老帮，无抽薹，不带根，干净，不裂球，个头大小均匀，叶球结实，无虫眼和虫粉，早熟品种重 0.5~1.4kg，晚熟品种重 2~2.5kg。

2. 结球甘蓝的储藏保鲜

1）储藏温度、湿度。结球甘蓝的储藏适温为 0℃左右，其储藏环境的空气相对湿度以

80%左右为宜。

2）储藏方法。

① 窖藏：寒冷地区建地下窖，窖深 2.5～3m；较温暖或地下水位较高的地区可建半地下式窖，窖深 1～1.5m，地下部分土墙高 1～1.5m。结球甘蓝入窖前先在窖外堆放 5～7 天，待热量散尽后，再于上午入窖。要堆成塔形垛，宽约 2m，高 1m；或堆成高 70～100cm、宽 1～2m 的条形垛。垛间留出走道。初入窖时应加强通风排湿，及时倒垛。寒冷时要保温防冻。春暖后应在晚上通风，白天闭窗降温，保持窖温为 0～1℃，空气湿度为 85%～90%。此法主要用于结球甘蓝冬储，也可用于夏季结球甘蓝的储藏。

② 化学储藏：储藏前首先经 3～4 天摊晾，去除伤、残、病、虫植株，然后用 0.3% 2,4-D 液蘸根，也可用 0.2%托布津溶液或与 0.3%过氧乙酸混合蘸根，晾干后可装入筐或箱内，运入冷库中垛藏。此法须保持库温为 0～1℃，可储藏 2 个月以上，适于夏结球甘蓝的储藏。

③ 气调储藏：在储藏库内用塑料薄膜做成袋子或帐子，在袋或帐内用充氮气法或通过呼吸作用自然降氧，保持袋或帐内含氧量为 2%～5%，二氧化碳含量为 4%～6%，库内温度为 3～18℃。储藏过程中，每隔 15～20 天翻 1 次堆，擦干袋或帐上和袋或帐底的水珠。此法可储藏结球甘蓝 3～4 个月。

④ 假植储藏：南方等地多采用田间露地越冬以推迟上市的储藏方法，即在结球甘蓝适采期间，用刀撬松根部，破坏一部分须根，以减缓结球甘蓝生长发育过程。此法可延长采收期 30 天。

⑤ 冻藏：冬季温度较低，冻土层较厚的地方，在小雪节气前后采收，晾晒 2～3 天，选无裂球、无损伤、无病虫害的健壮叶球码于浅坑内。坑的规格为宽 1.5～2m、深 0.5m。一般码 2～4 层，层数越少，储藏时间越长。大雪节气前后倒堆 2 次，然后覆盖 1 层土，厚约 6cm，大寒节气前后加盖草苫或草秸。如果是短期储藏，则只盖草苫即可。上市前 3～5 天取出解冻。

⑥ 埋藏：结球甘蓝埋藏时间为小雪至立春。埋藏沟的规格为宽 1.5m、深 0.8m。砍倒后的结球甘蓝要晾晒几天，把结球不紧的根朝下假植在沟的下部，把结球较紧实的根朝上，码在上层，然后覆土 6～7cm。随着气温逐渐下降，再陆续覆土 3～4 次，共覆土 30cm。埋藏沟内的温度应保持在 0℃左右。

综 合 评 价

综合评价以自我评价和小组评价相结合的方式进行，指导教师（或师傅）根据考核评价和学生学习成果进行综合评价。

1. 根据任务完成情况，检查任务完成质量。

2. 归纳总结定植操作技术要点并进行应用推广，提出提高结球甘蓝定植成活率的措施与方法，并进行试验和推广。

3. 走进不同规模、不同地域的企业，按照企业生产标准化要求，对该企业的生产管理实施过程、规章制度完善性进行点评，评价一下结球甘蓝种植田间管理是否规范合理，提出田间管理的合理化建议。

结球甘蓝设施生产考核评价表如表 5-2 所示。

表 5-2　结球甘蓝设施生产考核评价表

班级：　第（　　）小组　　姓名：　　　时间：

评价模块	评价内容	分值	自我评价	小组评价
理论知识	1. 掌握结球甘蓝设施生产的茬口安排	10		
	2. 掌握结球甘蓝设施生产的品种选择	10		
	3. 掌握结球甘蓝设施生产的工作流程和田间管理要点	10		
操作技能	1. 能进行结球甘蓝设施生产的播种和定植	20		
	2. 能运用农业技术措施防治结球甘蓝病虫害	20		
	3. 能运用结球甘蓝设施生产技术进行生产流程管理	20		
职业素养	1. 以人为本，具有绿色蔬菜产品生产的理念	5		
	2. 团队合作，具有精益求精的职业精神	5		

综合评价：

指导教师（或师傅）签字：

花椰菜设施生产

【核心概念】

花椰菜设施生产是指利用人工建造设施，为花椰菜提供适宜的温、光、水、气等环境条件而进行的优质、高产、高效栽培。栽培生产包括育苗、定植前准备、定植、田间管理、采收等环节。

【学习目标】

1. 了解花椰菜生物学特征。
2. 掌握花椰菜设施生产的茬口安排。
3. 掌握花椰菜设施生产的品种选择。
4. 能进行花椰菜设施生产育苗。
5. 掌握花椰菜设施生产田间管理要点。

花椰菜又称菜花、花菜或椰菜花，是一种十字花科蔬菜，为甘蓝的变种。花椰菜的头部为白色花序，与青花菜的头部类似。花椰菜富含 B 族和 C 族维生素。这些成分具有水溶性，易受热分解而流失，因此花椰菜不宜高温烹调，也不适合水煮。它原产于地中海沿岸，其食用器官为洁白、短缩、肥嫩的花蕾、花枝、花轴等聚合而成的花球，是一种粗纤维含量少、品质鲜嫩、营养丰富、风味鲜美的蔬菜。

知识准备 花椰菜生物学特征

一、花椰菜植物学特征

1. 根

花椰菜主根基部粗大，须根发达，主要根群密集于土层 30cm 内，抗旱能力较差。

2. 茎

花椰菜的营养生长时期茎稍短缩，普通花椰菜顶端优势强，腋芽不萌发，在阶段发育完成后，抽生花薹。同为甘蓝变种的青花菜，其形态与花椰菜相似，但植株较高大，叶片较窄，主茎先端长出绿色的花球，为肉质花茎和小花梗及绿色的花蕾群所组成。

3. 叶

花椰菜的叶片狭长，叶面被有蜡粉，叶柄上有不规则的裂片。显球时心叶自然向内卷曲，可避免花球因受日光直射而变色或受霜害。

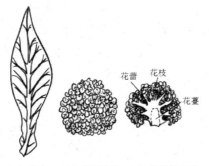

花蕾　花枝

花薹

（a）叶片　（b）花球外形　（c）花球纵剖面

图 5-6　花椰菜的叶片和花球

4. 花

花椰菜的花球由花轴、花枝、花蕾短缩聚合而成，呈半圆形，质地致密，是养分储藏器官，为主要食用部分。花椰菜为复总状花序，花冠呈黄色，异花传粉。

花椰菜的叶片和花球如图 5-6 所示。

5. 果实和种子

花椰菜的果实为长角果，成熟后爆裂。种子呈圆球形、褐色，千粒重为 2.5～4g。

二、花椰菜生育期特征

花椰菜属于低温长日照和绿体春化植物。完成春化阶段发育的植株大小及对温度的要求，因品种不同而不同。早熟品种需 6～7 片叶，中熟品种需 11 片叶，晚熟品种需 14 片叶。对温度的要求：极早熟品种为 20～23℃，早熟品种为 17～20℃，中熟品种为 12～15℃，晚熟品种为 25℃左右。在上述温度条件下，一般经 15～30 天可完成春化阶段的发育。春化阶段完成后植株由营养生长转入生殖生长，花球形成后，在适温和长日照下，花枝开始伸长。

花椰菜营养生长过程中的发芽期、幼苗期、莲座期，与结球甘蓝相似，但花椰菜在莲座结束时主茎顶端发生花芽分化，继而出现花球，进入生殖生长时期，而结球甘蓝的结球期依然是营养生长时期。

花椰菜生育期特征如图 5-7 所示。

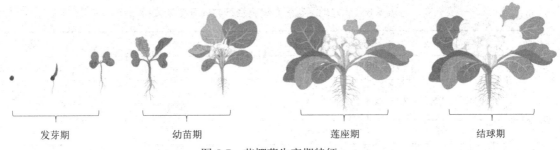

发芽期　　　　　幼苗期　　　　　莲座期　　　　　结球期

图 5-7　花椰菜生育期特征

三、花椰菜和青花菜的区别

青花菜又名青花椰菜、意大利花菜、意大利芥蓝、木立花椰菜、绿花菜、西蓝花等，为十字花科，芸薹属，一、二年生草本植物。青花菜是甘蓝种中以绿花球为产品的一个变种，以主茎及侧枝顶端形成的绿色花球为产品，营养丰富，色、香、味俱佳，是一种名特蔬菜。青花菜与花椰菜都是甘蓝的变种，但从外观上看，青花菜比花椰菜粗糙，但营养价值与风味皆比花椰菜高，蛋白质、氨基酸及维生素的含量均高于花椰菜，并且栽培容易，供应期长。

花椰菜和青花菜的不同之处在于，花椰菜主茎顶端产生的是畸形花枝所组成的花球，而青花菜顶端产生的是分化完全的花蕾组成的青绿色扁球形的花蕾群。另外，青花菜叶腋的芽较花椰菜活跃，主茎顶端的花茎及花蕾群被采摘后，会继续分枝生花蕾群，因此可多次采摘。

工作任务　花椰菜设施生产管理

▌**任务描述**　　某现代农业科技有限公司计划进行设施花椰菜种植，但不太熟悉花椰菜设施生产茬口及品种选择问题，作为蔬菜生产技术员，应根据公司生产设施实际情况，合理安排花椰菜的生产茬口，指导花椰菜的生产，选择合适的生产品种。

▌**任务目标**　1. 掌握花椰菜设施生产茬口的安排。
　　　　　　　2. 掌握花椰菜设施生产品种选择。
　　　　　　　3. 能培育花椰菜壮苗。
　　　　　　　4. 能进行花椰菜设施生产田间管理。

花椰菜设施栽
培技术

▌**相关知识**

（一）花椰菜设施生产茬口

北方地区花椰菜设施生产方式与茬口安排如表 5-3 所示。

表 5-3　北方地区花椰菜设施生产方式与茬口安排

设施生产方式		播种期/（月/旬）	定植期/（月/旬）	收获期/（月/旬）
温室生产	春季早熟生产	1/上～1/下	2/下～3/上	4/下～5/上
	秋季延后生产	7/上中	8/中下（密植露地） 10/上（定植）	11/下～12/上
大棚生产	春季早熟生产	2/上～3/上	3/下～4/上	6/上中
	秋季延后生产	6/中	7/中下（密植露地） 9/下（定植）	10/下～11/上

（二）花椰菜品种选择

1. 品种介绍

花椰菜生育适温范围比较小，对栽培季节和品种要求比较严格，可选用冬性强、早熟、耐寒的春花椰菜类型，如祁连白雪、先花 70、津雪 88 花椰菜、雪白、松花 55 天、福门、珍宝等品种。

祁连白雪　株高 53.6cm，株幅为 59.8cm，株型较开张，叶呈长卵圆形，叶色深，叶面蜡粉中等，外叶数为 18～19 片。花球近圆形，呈乳白色，球高约 14.2cm，直径约为 19.2cm，花枝短而肥大，花球紧实，平均球重为 1.5kg 左右，最大可达 3kg，储藏性中等。平均每亩产量为 2250kg 以上。该品种花球外观洁白、紧实、商品性好、品质佳、质地细嫩、口感好。通过田间调查可知，其病毒病及黑腐病发病较轻。该品种在生长前期对温度较敏感，因此定植时宜采取前期覆盖等保温措施。

先花 70　生长势中等，外叶呈长椭圆形，叶色深绿，显花时叶数为 18 片，内叶扣抱，花球洁白、高圆，单球重 0.8～1.2kg。春季定植后 60 天左右采收，秋季定植后 70 天左右采收。该品种抗黑腐病性强于祁连白雪。

津雪 88　秋播中的晚熟品种，秋播定植后 75 天左右采收，株型直立，内叶护球，花球雪白，极紧实，抗病性强，单球重 1～1.5kg。

雪白　生长势中等，外叶呈长卵圆形、灰绿色，叶面微皱，蜡粉中等，内叶扣抱，自行覆盖花球。花球呈高圆形、洁白、紧实，单球重 0.9～1.3kg。早春茬和秋茬全生育期为 110～125 天，夏茬全生育期为 88 天左右。该品种抗黑腐病性强于祁连白雪。

松花 55 天　早熟、耐热，从定植至采收需 55 天左右。植株半直立，株幅为 65cm 左右，株高 52cm 左右；叶呈长椭圆形、灰绿色，叶面腊粉中等，外叶数为 16 片，叶长 45cm，叶宽 19cm 左右；花球呈扁圆形、乳白色、松花、花梗呈淡绿色，品质优，横径为 17cm、纵径为 11cm，单球重 0.5kg 左右。

福门　中熟杂交种，定植后 70 天左右可采收，植株生长势强，株型紧凑，开展度小，外叶呈长圆形，蜡粉中等。内层叶片扣抱，中层上冲，自行覆盖花球。花球紧实、洁白，球形高圆，单球重 1.1～1.4kg。该品种抗黑腐病性强于祁连白雪。

珍宝　生长势强，株高 64cm，株幅为 62cm。外叶呈长圆形、深绿色，叶面微皱，蜡粉中等。在 22 片叶左右显花球，内叶扣抱，中层上冲，自行覆盖花球。花球高 19cm 左右，呈圆球形，洁白，紧实，单球重 1～1.5kg。春播定植后 60 天、秋播定植后 75 天左右采收。该品种抗黑腐病性强于祁连白雪。

2. 品种选择的方法

1）根据市场需求选种。北方市场要求花球色泽洁白、紧实，花形周整，花蕾细密洁白，蕾枝呈白色、粗短，无茸毛；而南方市场要求花球为松散型或半松散型，口味好。

2）根据季节选种。花椰菜属幼苗春化型作物，不同品种通过春化时对低温的需求都不一样，因此形成了春季生态型、秋季生态型和春秋兼用型及越冬型 4 个气候类型。花椰菜生长对于温度、光照和水肥条件要求相对较高，尤其是在大面积种植时，一定要根据当地气候选种适合品种，要先经过试种再进行大面积栽培。①大棚夏花椰菜，一般于 4～6 月播种，以整株采收为主，适合夏播的品种有四九、石牌等；②大棚秋花椰菜，在 7 月陆续播种或育苗，主要品种有四九油青、大花球等；③温室冬花椰菜，10 月至翌年 2 月均可播种育苗，一般选用较耐寒而生长期较长的品种，如迟心菜花等。

3）根据品种的适应性选种。花椰菜春季栽培时温度较低，应该选择耐寒性强的品种。夏季栽培时高温多雨，应该选择耐热、耐湿性强的品种。秋季栽培时前期高温多雨，病虫害发生严重，到了后期降温较快，而花椰菜生长周期较短，故一般选择生育期短、耐热性、抗病性、适应性强的品种。冬季栽培时天气寒冷，应该选择冬性强、耐低温，甚至耐零下低温的品种。

任务实施

（一）花椰菜春季设施栽培

1. 播种育苗

一般花椰菜早熟品种的日历苗龄为 25～30 天，中晚熟品种的日历苗龄为 35～40 天。壮苗标准是具有 5～6 片真叶，叶柄短，叶丛紧凑、肥厚，叶色浓绿，茎粗节短，根系发达，等等。

1）种子处理和播种。在幼苗管理上"控小不控大"，即小苗可以进行低温控制，大苗不能经受长期低温。每亩用种量为 25～50g。

2）苗期管理。浇水要见干见湿；白天要加强光照，延长光照时间；夜间温度不要过高。花椰菜苗期温度管理如表 5-4 所示。

表 5-4　花椰菜苗期温度管理

生长发育时期	适宜日温/℃	适宜夜温/℃
播种至齐苗	20～25	15～18
齐苗至分苗	16～20	8～12
分苗至缓苗	18～22	12～15
缓苗至定植前 7～10 天	15～18	6～10
定植前 7～10 天	5～8	4～6

3）分苗。当长出 2～3 片真叶时分苗，最好采用营养钵或营养土块进行育苗，以保护根系，也可用开沟移植的方法，株行距为（6～8）cm×（6～8）cm。

2. 整地施肥

整地时每亩施入优质农家肥 5000～6000kg、过磷酸钙 50kg、复合肥 25kg、硼砂和钼酸铵各 50g，混入底肥发酵后施入。

3. 定植

定植时将设施内土壤深翻 30cm。北方地区一般采用起垄栽培，垄宽 60cm，早中熟品种株距为 35～40cm，每亩定植 3500～4000 株；南方地区一般采用深沟高畦栽培，早熟品种株行距为 50cm×35cm，中晚熟品种株行距为 50cm×40cm 或 50cm×60cm。适宜定植期设施内地温在 5℃以上，定植时应保持土坨完整，尽量减少根系损伤。

4. 田间管理

1）温度管理。设施内白天温度应保持在 20℃以上，夜间温度应保持在 10℃以上。7～8 天缓苗后，白天温度超过 25℃时进行通风；中后期白天温度应保持在 16～18℃，夜间温度应保持在 10～13℃。上午温度达 20℃时放风，下午温度降到 20℃时闭风，当外界夜间最低温度达到 10℃以上时大放风、放底风，并昼夜放风。

2）水肥管理。缓苗后，一次性浇透水，后期适度控水蹲苗，进行 2～3 次中耕松土，深耕 3～4cm；花球膨大期，花球一露白就开始迅速生长，结束蹲苗，应经常保持地面湿润，每隔 4～5 天浇 1 次水，随水追 1 次肥，连续追肥 2～3 次。每亩可随水追施稀粪水 500～700kg，追 1～2 次尿素和钾肥各 10～15kg；花球形成初期可根外追肥 1～2 次，喷洒 0.2%～0.5%硼酸、0.05%～0.1%钼酸铵混合液。

3）束叶和折叶。花椰菜的花球在阳光直射下，容易由白色变成淡黄色或绿紫色，致使花球松散粗劣，并生长小叶，品质下降。当花球直径达到 7～8cm 时，可在下午将 2～3 片外叶上端用稻草束缚遮住花球，将花球附近不同方向的 2～3 片叶主脉折断后，覆盖在花球上，叶变黄时及时更换，使花球洁白致密。

5. 适时采收

在花球充分肥大、表面洁白鲜嫩、质地光滑、边缘花枝尚未展开和变黄时收获。采收时用刀割下花球，保留花球下面6～7片嫩叶，保护花球以免受污染或损伤。

花椰菜设施生产场景如图5-8所示。

图5-8　花椰菜设施生产场景

（二）花椰菜设施栽培异常情形

1）僵化球：在植株幼龄期遇到低温、缺乏肥料、干旱、伤根等，抑制了花椰菜植株的生长，提早形成僵小的花球。另外，秋季品种春种，也容易形成僵化球。

2）多叶散花球：花椰菜花芽分化后，出现连续的20℃以上高温，导致植株从生殖生长返回营养生长，在花球中长出许多小叶，花球松散。

3）花球周围小叶异形：球内茎横裂成褐色湿腐，有时花球表面呈水浸状，严重时初期顶芽坏死，是缺硼的缘故。

4）黑心花球：由缺钾引起。应合理选择品种；适期播种，培育壮苗，用壮苗进行定植栽培；保证水肥供应，增施磷、钾肥，不偏施氮肥，在花球膨大期，加强叶面施肥，保证硼、钾、钙等肥料的供应。

5）不结球现象：花椰菜只长茎叶，不结花球，造成大幅度减产以至绝收。产生原因：晚熟品种播种过早，因为气温高，花椰菜幼苗未经低温刺激，不能通过春化阶段，所以不结花球；适宜春播的品种较耐寒，冬性较强，通过春化阶段要求的温度低，如果将其用于秋播，则难以通过春化阶段，而使植株不结花球；营养生长时期氮肥供应过多，造成茎叶徒长，也不能形成花球。在生产中应根据栽培季节选择适宜品种，适时播种，满足植株通过春化阶段所需的低温条件，合理施肥，使植株正常生长。

6）花球老化现象：花球表面变黄、老化。产生原因：栽培过程中缺少水肥，使叶丛生长较弱，花球较少，即使不散球也形成小老球；花球生长期受强光直射；花球已成熟而未及时采收。在生产中应加强水肥管理，满足花椰菜对水肥的需求，光照过强时用叶片遮盖花球，适时采收。

7）"散球"现象：花茎短小，花枝提早伸长、散开，致使花球疏松，有的花球顶部呈现紫绿色的绒花状，花球呈鸡爪状，产品失去食用价值。产生原因：选用品种不适合，过早通过春化阶段，没有足够的营养生长；苗期受干旱或较长时间的低温影响，幼苗生长受到抑制，易形成"散球"；定植期不适宜，叶片生长期遇低温或花球生长期遇高温使花枝迅速伸长导致"散球"；生长过程中水肥不足，叶片生长瘦小，花球也小，易出现"散球"；收获过晚，花球老熟。在生产中应选择适宜品种；适期播种，培育壮苗；适期定植，定植后及时松土，促进缓苗和茎叶生长，使花球形成前有较大的营养面积。

（三）花椰菜生理病害的产生原因及防治方法

1. 茎部中空

茎部或花梗内部空洞、开裂，导致花球生长不良。产生原因主要是土壤中缺硼。

防治方法：①调节土壤 pH 值，不可过多偏施碱性肥料；②适时适期播种，尽量避开长期低温时节；③整地时每亩补施硼肥 1kg；④多施农家肥与有机肥。对于茎部中空的缺素症以预防为主。

2. 叶尖干枯，叶梗开裂，花球褐色腐败

冬季种植花椰菜，由于低温和干旱，花椰菜更易缺钙和硼，易使新生叶的叶尖和叶缘干枯，叶梗开裂，植株矮化，叶片色浅，花球出现水晶状且慢慢变为褐色腐败。此种现象的发生程度：一般露地比大棚严重，大棚两边和门头比中间严重。

防治方法：对冬季花椰菜在现蕾前或出现上述症状的田块，每周用 0.2%氯化钙+0.2%硼砂+4000 倍农用链霉素叶面追施，一般施肥 2～3 次即可。

3. 花球异样

花球发育期间，花球表面出现部分或全部花球生长异常的现象。花球异样的产生原因多为药害，是由过量施用农药或误施、飘移等因素造成的。

防治方法：①正确选择和使用除草剂是预防的关键；②调节好用药量，正确掌握使用时机、方法、部位和浓度。对于花球异样的现象以预防为主。

4. 先期抽薹

早春栽培的花椰菜出现未结球而直接开花或花球未完全长成就开始抽薹开花的现象。产生原因：不同品种间存在较大的差异；同一品种播种期越早，抽薹的概率越大；早春早熟栽培时，定植过早，定植后遇倒春寒；苗期遇连续低温天气，易造成幼苗先期抽薹。

防治方法：①选择冬性较强的品种进行栽培；②适期播种，早春早熟栽培的应在温度能够人为控制的棚室内进行育苗，遇低温时应注意保暖，避免温度过低。

5. 早花

植株较小，仅有几张叶片，就长出花球，并且花球特别小。产生原因：①播种过迟，尤其是早熟品种迟播；②天气干旱，土壤严重缺水，水肥不足，营养生长不良；③营养生长缓慢，遇低温刺激，易出现早花。

防治方法：①适期播种，及时移栽；②加强水肥管理，增施磷肥，满足植株生长对水肥的需求。

6. 毛花

花球表面出现无规则的背毛和针状小叶片。产生原因：①花球形成期温度过高，使花球的花枝顶端无规则地伸长；②早熟品种播种期过早，花球形成期又遇高温、干燥天气；③受遗传因子的影响；④结球期喷施刺激性化肥、农药。

防治方法：①早熟品种不宜过早、过迟播种，应适时定植；②加强田间管理，及时施肥、浇水；③及时折叶盖住花球；④结球期禁止喷施刺激性化肥、农药。

7. 紫花

在花球发育期间，花球表面变为紫色或紫黄色。产生原因：①花球迅速发育期温度突然降低；②秋季定植较晚、结球期温度较低；③有些品种在结球后期容易出现紫花现象。

防治方法：①适期播种，早春栽培注意预防倒春寒，晚秋栽培不可播种过晚，以免晚秋低温影响花球正常发育；②折叶盖花，做好防冻保温措施或在大棚内种植；③因地制宜地调整播种期。

8. 无花

植株徒长，只长叶不显花球，或植株苗期及定植期无心单叶上冲生长。产生原因：①除虫、治病、施肥不慎，尤其是把刺激性化肥、农药施在花球生长点；②小菜蛾、小蝗虫等害虫吃掉生长点；③花球形成期遇下雪天气，导致花球出现严重冻害；④苗期及生长期遇到极端低温及缺微量元素硼。

防治方法：①花球形成期避免使用刺激性化肥、农药；②喷药、施肥时先折叶盖住花球；③遇下雪结冰天气须保温防冻；④春播苗期应保持适当温度，盖地膜定植及增施硼肥。

9. 根肿病

因根部受害，发病后根部肿大，呈肿瘤状，一般主根染病后呈块状，细根、支根、侧根、须根染病后局部多肿大畸形。该病是由一种被称为芸薹根肿菌的真菌侵染引起的，该真菌喜欢酸性土壤，pH 值在 5.4～6.5 最适合其生长。休眠孢子囊随病根或病残体在土壤中越冬。当土壤温度为 18～25℃时，以及在低洼地、连作地容易发病。

防治方法：①老菜地要彻底清除病残体，翻晒土壤，增施腐熟的有机肥，安排好田间灌排设施，生长季节发现病株要立即拔出销毁，撒少量石灰消毒以防向邻近扩散；②适当增施石灰降低土壤酸度，一般每亩施 75～100kg；③发病初期可选用药剂喷根或淋浇，如 40%五氯硝基苯粉剂 500 倍液、50%多菌灵可湿性粉剂 500 倍液或 70%甲基托布津可湿性粉剂 800 倍液，每株 0.3～0.5kg，防效可达 80%。

可以看出，花椰菜在花球形成过程中，对外界气候条件比较敏感，尤其对温度、湿度和微量元素硼反应最为敏感。因此，在栽培上必须掌握以下几点：①注意掌握播种期，做到及时移栽；②在花球形成期要及时满足植株生长发育对水肥的需求，也要谨防农药对花球的药害；③遇寒流、低温、下雪时要做好保温防冻工作。

（四）花椰菜储藏保鲜

1. 储藏温度、湿度

花椰菜采收后如果未能及时上市，则应储藏于 0～1℃低温和相对湿度为 90%～95%的库中。如果须储藏较长时间，则首先用保鲜膜单球包装、密封，然后储藏于 0℃的低温下，能保存 30～60 天。

2. 储藏方法

花椰菜采后经挑选、修整及保鲜处理后应立即放入预冷库预冷。

适宜储藏的花球标准：花球直径为 15cm 左右，重量为 0.54～0.8kg，花球致密、洁白、无虫害、无病毒、无损伤、无污染。操作人员应戴手套，在挑选过程中要轻拿轻放，以免造成机械损伤。

1）假植储藏。在冬季不十分寒冷的地区，可利用阳畦、简易储藏沟假植储藏。立冬前后将尚未长成的小花球连根带叶挖起，先假植在阳畦或储藏沟中，行距为 25cm，根部用土填实；再把植株的叶片拢起捆扎好，护住花球。假植后立即灌水，适当覆盖以防寒，中午温度较高时适当放风。进入寒冬季节，加盖防寒物，并视需要灌水。假植区域内的小气候温度前期可高些，以促进花球生长成熟。至春节时，花球一般可长至 0.5kg。该方法经济简便，是我国乡村中普遍采用的储藏方法。

2）菜窖储藏。将经预处理后的花椰菜装筐至 8 成满，入菜窖码垛储藏，垛的高度随窖的高度而定，一般为 4～5 个筐高，须错码放。垛间保持一定距离，并排列有序，以便于操作管理和通风散热。为防止失水，垛上覆盖塑料薄膜，但不密封。每天轮流揭开一侧通风，调节温湿度。储藏期间须经常检查，发现覆盖膜上附着凝聚水要及时擦去，有黄、烂叶子随即摘除。应用该方法储期不宜过长，以 20～30 天为好，可用于临时周转性短期储藏。

3）冷库储藏。

① 自发气调储藏。在冷库中搭建长 4～4.5cm、宽 1.5m、高 2m 左右的菜架，上下分隔成 4～5 层，菜架底部铺设一层聚乙烯塑料薄膜作为帐底。将待储花球码放于菜架上，

最后用厚 0.023mm 聚乙烯薄膜制成大帐罩在菜架外并与帐底部密封。花椰菜自身的呼吸作用可自发调节帐内的氧气与二氧化碳的比例，但须注意氧气不可低于 2%，二氧化碳不能高于 5%。控制方法：通过开启大帐上特制的"袖口"通风（简称透帐）。储藏最初几天呼吸强度较大，要每天或隔天透帐通风，随着呼吸强度的减弱，并日趋稳定，可 2～3 天透帐通风 1 次。储藏期间每 15～20 天检查 1 次，发现有病变的个体应及时处理。为防止二氧化碳的危害，在帐底部撒些消石灰。在菜架中、上层的周边摆放一些高锰酸钾载体（用高锰酸钾浸泡的砖块或泡沫塑料等）吸收乙烯，储藏量与载体之比是 20∶1。罩好大帐后也可不密封，与外界保持经常性的微量通风，日常要加强观察，8～10 天检查 1 次。该方法可储藏 50～60 天，商品率达 80%以上。

② 单花套袋储藏。用厚 0.015mm 聚乙烯薄膜制成长、宽分别为 40cm、30cm（或根据花球大小而定）的袋子。先将备储的花球单个装入袋中，折叠袋口，再装筐码垛或直接码放在菜架上储藏。码放时花球朝下，以免凝聚水落在花球上。该方法能更好地保持花球洁白鲜嫩，储藏期达 3 个月左右，商品率约为 90%。该方法的储藏效果明显优于其他储藏方法，在有冷库地区可推广应用。应用该方法须注意的是，花椰菜叶片储藏期至两个月之后开始脱落或腐烂，如果须储藏两个月以上，则以除去叶片后储藏为好。

关键技术　花椰菜设施生产病虫害诊断与防治

1. 病害诊断与防治

1）黑胫病。黑胫病也叫根朽病，在苗期幼苗受害后，子叶、真叶及幼茎上出现黑灰色不规则的病斑，病斑上散生很多小黑点，稍凹陷。严重时主侧根全部腐朽死亡，植株萎蔫。成株和种株花椰菜受害后，多在较老的叶片上形成圆形或不规则的灰色病斑，种荚病斑多发生在荚的尖端。潮湿多雨或雨后高温易发生此病。

防治方法：选用无病的花椰菜种子，播种时用 50℃的温水浸种 20 分钟，进行合理轮作，前茬作物以带田、大田玉米或小麦为宜；或者用 65%代森锰锌可湿性粉剂 400 倍液或 70%百菌清可湿性粉剂 500 倍液叶面喷雾防治。

2）黑根病。花椰菜苗期受害重，主要侵染幼苗根茎部，致病部变黑或缢缩，潮湿时其上着生白色霉状物，发病严重时可造成整株死亡。

防治方法：加强苗床管理，育苗床可选地势较高、排水良好的地方，旧床土应进行苗床消毒；使用充分腐熟的肥料；根据天气情况进行保湿与放风，浇水后注意通风换气；在分苗、定苗时要严格淘汰病苗，定植后如果发现病株，则应立即拔除并补栽健壮植株；可以在播种前用种子重量 0.3%的 50%福美双可湿性粉剂拌种，也可以在发病初期拔除病株后喷洒 75%百菌清可湿性粉剂 600 倍液或 60%多富可湿性粉剂 500 倍液进行防治。

3）黑腐病。危害叶片，使其自叶缘向内延伸成"V"字形不规则的黄褐色枯斑，病叶最后变黄干枯。

防治方法：在生产上，在保证适宜生长温度的条件下，加强棚室的通风透光，降低湿度；用 75%百菌清可湿性粉剂 500～800 倍液或 50%多菌灵加硫磺胶悬剂 1000 倍液喷雾防治，每 7～10 天喷 1 次，连续喷 2～3 次。

4）霜霉病。主要危害叶片，也危害茎、花梗、角果。病斑呈淡黄色，扩大后受叶脉限制形成多角形或不规则的病斑。

防治方法：在生产上注意合理轮作，定植后在保证适宜生长温度的条件下，加强棚室的通风透光，选择晴天上午进行浇水与追肥，使白天叶片上不产生水滴或水膜，夜间叶片形成水滴或水膜时，把温度控制在 15℃以下，用降温和控湿的方法防治病害的发生；若在棚室内发现病株，则用 45%百菌清烟剂熏烟，每亩用药 200～250g；在傍晚闭棚后，把药分成几份，按几个点均匀分布在棚室内，由里向外用暗火点燃，着烟后，封闭棚室，第二天上午通风，每隔 7 天熏 1 次，连熏 2 次；用 75%百菌清可湿性粉剂 600～800 倍液喷洒在叶片背面防治。

5）黑斑病。主要危害叶片、叶柄、花梗和种荚，多发生在外叶或外层球叶上。发病初期产生小黑斑，温度高时病斑迅速扩大为灰褐色圆形病斑，具有黑霉。

防治方法：在生产上可喷洒 75%百菌清可湿性粉剂 500～600 倍液等防治，每 7～10 天喷洒 1 次，连续喷洒 2～3 次。

6）白粉病。花椰菜的苗期、采种期各生育阶段均可能发生白粉病，但以采种期较常见。发病初期幼苗或植株叶片、茎秆上产生白色粉斑，严重的可扩展到茎叶表面，使其布满白粉状霉层，即病原菌的分生孢子梗和分生孢子。病情严重的常引起病株提早黄化干枯，影响结实及种子质量。

防治方法：在保证适宜生长温度的条件下，加强棚室内的通风透光，降低湿度；在生产上可用 75%百菌清可湿性粉剂 500～800 倍液等喷雾防治，每 7～10 天喷 1 次，连续喷 2～3 次。

2. 虫害诊断与防治

危害花椰菜的主要虫害有菜青虫、蚜虫、小菜蛾、甘蓝夜蛾等。防治方法同结球甘蓝。

综 合 评 价

综合评价以自我评价和小组评价相结合的方式进行，指导教师（或师傅）根据考核评价和学生学习成果进行综合评价。

1. 根据任务完成情况，检查任务完成质量。

2. 归纳总结定植操作技术要点并进行应用推广，提出提高花椰菜定植成活率的措施与方法，并进行试验和推广。

3. 走进不同规模、不同地域的企业，按照企业生产标准化要求，对该企业的生产管理实施过程、规章制度完善性进行点评，评价一下花椰菜种植田间管理是否规范合理，提出田间管理的合理化建议。

花椰菜设施生产考核评价表如表 5-5 所示。

表 5-5　花椰菜设施生产考核评价表

班级：　　第（　　）小组　　姓名：　　　时间：

评价模块	评价内容	分值	自我评价	小组评价
理论知识	1. 掌握花椰菜设施生产的茬口安排	10		
	2. 掌握花椰菜设施生产的品种选择	10		
	3. 掌握花椰菜设施生产的工作流程和田间管理要点	10		
操作技能	1. 能进行花椰菜设施生产的播种和定植	20		
	2. 能运用农业技术措施防治花椰菜病虫害	20		
	3. 能运用花椰菜设施生产技术进行生产流程管理	20		
职业素养	1. 以人为本，具有绿色蔬菜产品生产的理念	5		
	2. 团队合作，具有精益求精的职业精神	5		

综合评价：

指导教师（或师傅）签字：

思　考　与　讨　论

1. 简述结球甘蓝的生长习性。

2. 简述花椰菜病虫害诊断与防治。

3. 简述结球甘蓝的储藏方法。

4. 简述花椰菜品种选择方法。

模块 6

绿叶菜类蔬菜设施生产

绿叶菜类蔬菜种类很多，它们以嫩叶、嫩茎或嫩梢供食用，生长期短，适合密植，供应期长，设施栽培的绿叶菜类蔬菜有莴苣、芹菜、菠菜、蕹菜、茼蒿、香菜、茴香、荠菜等。这些蔬菜的食用器官主要是柔嫩的叶片、叶柄或嫩茎，产品营养丰富，深受广大群众喜爱，是调节冬春蔬菜淡季的重要种类。

绿叶菜类蔬菜一般植株矮小、生育期短、适应性广，在设施中既可单独种植，又可与高架或生长期长的蔬菜进行间作或套作，同时，其产品收获可大可小，适合利用前后茬种植间隙进行种植，可提高保护地设备的利用率和栽培经济效益。在绿叶菜类蔬菜中，除芹菜外，栽培技术都较简单。本模块的主要内容有芹菜和莴苣的设施生产，包括生产茬口及品种选择、设施育苗和田间管理等。

【学习导航】

芹菜设施生产

【核心概念】

芹菜设施生产是指利用人工建造设施，为芹菜提供适宜的温、光、水、气等环境条件而进行的优质、高产、高效栽培。栽培生产包括育苗、定植前准备、定植、田间管理、采收等环节。

【学习目标】

1. 了解芹菜生物学特征。
2. 掌握芹菜设施生产的茬口安排。
3. 掌握芹菜设施生产的品种选择。
4. 能进行芹菜设施生产育苗。
5. 掌握芹菜设施生产田间管理要点。

芹菜别名旱芹、药芹，伞形科芹属，二年生草本植物，原产于地中海地区沿岸的沼泽地区，在我国栽培历史悠久。芹菜以肥嫩的叶柄供食，含芹菜油，具芳香气味，可炒食、生食或作馅，有降压、健脑和清肠的作用。目前，芹菜栽培几乎遍及全国，是较早实现周年生产、均衡供应的蔬菜种类之一。

知识准备　芹菜生物学特征

一、芹菜植物学特征

1. 根

芹菜为直根系浅根性蔬菜，大量的根群分布在深 10cm 的表层土壤中，吸收面积小、吸收能力弱、不耐旱涝。

2. 茎

芹菜在营养生长时期为短缩茎，生长点完成花芽分化后，茎端抽生花茎并生长分枝。

3. 叶

芹菜的叶为二回奇数羽状复叶，轮生在短缩茎上，由小复叶和叶柄组成。每片小复叶又由 2～3 对小叶及 1 个顶端小叶组成。芹菜叶柄发达、挺立，多有棱线，其横切面多为肾形，叶柄基部变为鞘状。全株叶柄质量占总株质量的 70%～80%。叶柄中有许多维管束，包围在维管束外面的是厚壁细胞，在叶柄内表皮下分布着许多厚角细胞。这些厚壁、厚角细胞具有比维管束更强的支持力和拉力，是叶柄中的主要纤维组织。

4. 花

芹菜是二年生蔬菜，第二年开花。花为复伞形花序，花小、白色，花冠有 5 个，离瓣。芹菜为异花授粉植物，虫媒花，但自交也能结实。

5. 果实和种子

芹菜的果实为双悬果，在生产上用的种子实际上是它的果实，成熟时沿中缝裂开两半，各悬于心皮柄上，不再开裂，每个半果近似扁圆形，各含一粒种子。果实的外表有革质，透气、透水性差，所以发芽慢。一般浸种前要搓洗 2～3 遍，只有经过 24 小时的浸种才能保证种子吸胀，满足种子发芽初期的水分要求。种子较小，呈暗褐色，具浓香，千粒重约为 0.47g。芹菜的种子一般有 4～5 个月的休眠期，当年播种的种子一般只有 10% 左右的发芽率，因此在生产上都采用上年采收的种子。种子寿命为 7～8 年，使用年限为 2～3 年。

二、芹菜生育期特征

芹菜整个生育期可分为营养生长时期和生殖生长时期。

1. 营养生长时期

1）发芽期。从种子萌动到第 1 片叶出现为发芽期，需 10～15 天。这一时期主要靠种子储藏的养分生长，种子小、种皮革质等都会导致发芽困难。因此，发芽期须保证适宜的温度、水分、气体等条件。

2）幼苗期。从第 1 片叶出现到 4～5 片叶展开为发芽期，本芹需 40～50 天，西芹则需 50～70 天。这一时期应保持土壤湿润，及时除草。

3）叶丛生长期。从 4～5 片叶展开到心叶展开为叶丛生长期，需 25～30 天，是叶片分化、旺盛生长及叶片质量增加的时期。同时，这一时期根部发育旺盛，应保持土壤湿润，满足养分供应。

4）心叶肥大期。从心叶展开到心叶大部分展开并收获为心叶肥大期，在适宜条件下需 25～30 天，冬春季约需 50 天。这一时期叶面积进一步扩大，叶柄迅速伸长，叶柄和主根内储藏了大量的营养物质，是产量形成的关键时期。

芹菜营养生长时期特征如图 6-1 所示。

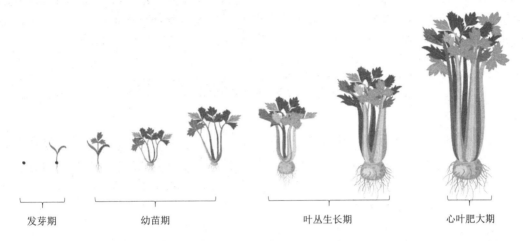

| 发芽期 | 幼苗期 | 叶丛生长期 | 心叶肥大期 |

图 6-1　芹菜营养生长时期特征

2. 生殖生长时期

芹菜植株经冬季储藏后于第二年春季定植，在长日照及 15～20℃条件下抽薹、开花结实。

三、芹菜生长习性

1. 温度标准

芹菜较耐寒，喜冷凉、怕炎热。种子发芽的最低温度为 4℃，最适温度为 15～20℃。幼苗生长阶段可耐-5～-4℃的低温，成株期可耐-10～-7℃的低温，营养生长最适温度为 15～20℃，春化阶段的温度以 5～10℃为宜。

2. 光照标准

芹菜植株耐弱光的能力较强，适合密植，光照过强会使植株老化。种子在有光条件下容易发芽。芹菜属长日照植物，在长日照条件下容易抽薹开花。

3. 水分标准

芹菜喜湿润的空气和土壤条件，土壤含水量以田间最大持水量的 70%～80%为宜。

4. 土壤营养标准

芹菜适宜在有机质丰富、保水保肥能力强的土壤中种植。生长初期需磷较多，后期需钾较多，但是在整个生长过程中需氮量始终占主要地位。芹菜对硼和钙等元素比较敏感，若土壤缺硼，则植株易发生心腐病，叶柄容易产生裂纹或毛刺，严重时叶柄横裂或劈裂，并且会使表皮粗糙。若土壤缺钙，则植株顶端生长受阻碍，新叶出现黄化，叶缘焦枯，根系较少，呈现黄棕色且根毛稀少。

工作任务　芹菜设施生产管理

▌**任务描述**　　某现代农业科技有限公司承接了某大型社区超市 10 000kg 芹菜需求订单。为保证芹菜设施生产稳定供应，作为蔬菜生产技术员，须根据芹菜设施生产相关知识指导该公司进行芹菜的设施育苗、定植和设施生产田间管理等工作。

▌**任务目标**　1. 掌握芹菜设施生产茬口的安排。
　　　　　　　2. 掌握芹菜设施生产品种选择。
　　　　　　　3. 能培育芹菜壮苗。
　　　　　　　4. 能进行芹菜设施生产田间管理。

芹菜设施栽培

▌相关知识

（一）芹菜生产茬口

依据芹菜喜冷凉的特性，将设施栽培与露地栽培相结合，可实现芹菜多茬栽培，基本实现周年供应。芹菜设施栽培以春提前、秋延后为主，而且各地多于夏秋季进行露地育苗，然后在设施内定植，从秋冬到次年初夏分期收获。在设施栽培中，芹菜适合同非伞形科的作物轮作 2～3 年以上。例如，芹菜可以同黄瓜、豆类蔬菜、茄果类蔬菜实现间、套作。芹菜设施生产方式与茬口安排如表 6-1 所示。

表 6-1　芹菜设施生产方式与茬口安排

设施生产方式		播种期/（月/旬）	定植期/（月/旬）	收获期/（月/旬）
日光温室生产	冬茬生产	7/下～8/下	9～10	12/上～3/上
	秋延后生产	7	9	11/下～12/下
大棚生产	早春茬生产	1/中	2	4～5

（二）芹菜品种选择

1. 品种类型

1）芹菜依叶柄颜色分为青芹和白芹。青芹叶片较大，呈绿色，叶柄粗，植株高大，香味浓，产量高，但不易软化。白芹叶片细小，呈淡绿色，叶柄呈黄白色，植株较矮小而柔弱，香味淡，品质好，易软化。

2）芹菜依叶柄的充实与否分为实心和空心两种。实心芹菜叶柄髓腔很小，腹沟窄而深，品质好，春季不易抽蔓，产量高，耐储藏。空心芹菜春季易抽蔓，但抗热性较强，宜在夏季栽培。

3）芹菜依栽培类型分为西芹、本芹和根芹3种。

① 西芹：又称西洋芹菜，其特点是叶柄宽厚肥大，实心，纤维较少，肉质脆嫩，香味较淡，在成熟叶柄第一、二节连接处有明显的缢痕，株型紧凑，生育期一般较长。近年来，我国从欧美国家引入了大量西芹新品种，其栽培面积随之大增。西芹（欧洲型）主要品种有意大利冬芹、佛罗里达683、荷兰西芹、优它、佛罗里达、嫩脆、白珍等。

② 本芹：又称中国芹菜或叶芹，其特点是叶柄细长，机械组织较发达，叶片较小，香味较浓，在叶柄第一、二节连接处没有明显的缢痕，生育期一般较短。从20世纪开始，我国育种家利用西芹品种对本芹进行杂交改良，选育出一批植株高大、叶柄增粗的新品种，如玻璃脆等。本芹主要品种有青芹、白庙芹菜、北京大糙皮、北京细皮白（磁儿白）、天津白芹、广州白芹、河南玻璃脆等。

③ 根芹：特点是茎基部、胚轴和主根上部显著膨大并肉质化形成近球形，成为可食用部位。根芹的叶柄较细瘦，经常为空心，叶丛较开张。根芹在欧洲种植较多，近年我国已有引种，但种植面积很小。

2. 品种选择的方法

温室秋冬茬栽培宜选用抗寒、抗病、丰产的优质实心类型品种。本芹可选用津南实芹1号、棒儿芹、菊花大叶、岚芹、天津马厂芹菜、铁杆芹菜等品种；西芹可选用加州王、意大利冬芹、嫩脆、高犹它52-70、佛罗里达683、美国白芹等品种。

▌任务实施

（一）育苗

1. 苗床准备

苗床应设置在地势、排水良好的地块，苗床长约10m，宽1～1.2m，苗床面积应为定植面积的 1/10。每平方米苗床施用优质过筛的农家肥 5kg、磷酸二氢钾 50g，翻耙之后搂平踩实。夏季播种正值高温多雨季节，气候条件不利于芹菜种子出苗和幼苗的生长发育。因此，苗床应有遮光、防雨设备。可在畦面上插起竹拱架，用遮阳网覆盖。若无遮阳网，则可扣上塑料薄膜，把四周薄膜卷起 30cm 高，以利于通风降温，在小棚上搭盖草苫或竹帘遮阴。降雨时把四周薄膜放下，严防雨水进入畦内。

2. 种子处理

芹菜种子常采用低温处理的方法，首先用 48℃的热水浸泡种子 30 分钟，起到消毒杀菌的作用，然后用冷水浸泡种子 24 小时，最后用湿布将种子包好，放在 15~22℃下催芽，每天翻动 1~2 次见光，并用冷水冲洗。本芹经过 6~8 天发芽，西芹经过 7~12 天发芽，出芽率达到 50%以上时即可播种。

3. 播种

在炎热的季节和地区，多选择在下午 4 时以后或阴天播种。这样既可避免烈日晒坏幼芽，又有较长的低温时间，对幼芽顶土有利。播种前对苗床打足底水，将处理好的种子与细沙以 1:5 的比例混合均匀后放入苗床中，上面盖厚 1cm 的细沙或厚 0.5cm 的细土。每平方米苗床播干种子 2g 左右，每亩生产田用种量为 60~80g。可条播或撒播。西芹比本芹出芽慢，苗期生长也慢，因此通常比本芹提前 10 天播种，并且播种密度应稍小一些。播种后盖草或扣上小拱棚遮阴保湿。

4. 苗期管理

播种后若遇干旱，则可每天傍晚浇 1 次小水，保持地面湿润，直到出苗。出齐苗后，在傍晚太阳光弱时，逐渐拿掉畦面上的覆盖物。随着小苗的生长，逐步撤掉遮阳覆盖物。出苗后至幼苗长出 2~3 片真叶前，因根系数量还很少，故每隔 2~3 天应浇 1 次水，使畦面经常保持见干见湿状态。浇水时间以早晚为宜。

当芹菜长到 5~6 片叶时，根系比较发达，应适当控制水分，防止徒长，并注意防止蚜虫危害。在幼苗长到 1~2 片真叶时，进行 1~2 次间苗或分苗，苗距 8cm 见方，以扩大芹菜吸收营养的面积，保证秧苗健壮生长，并结合间苗或分苗除草。在芹菜苗期一般不追肥。当发现因缺肥而长势弱时，在 3~4 片真叶时可随水追施少量硫酸铵。一般本芹苗龄为 50 天左右，西芹苗龄为 60~70 天，幼苗长至 10~12cm 时即可定植。

（二）整地定植

每亩施用优质农家肥 5000kg、过磷酸钙 25kg、草木灰 100kg、尿素 10kg 作为底肥。起苗前对苗床浇透水，连根起苗，主根留 4cm，深翻 30cm，使肥土充分混合，耙平耙细后按畦宽 1~1.2m 做成南北向畦，以促发侧根。把苗按大小分级，分畦栽植。栽苗时，本芹的株行距以 10cm×10cm 为宜，开沟或挖穴移栽，每穴栽 1～2 株苗。西芹的株行距以 30cm×30cm 为宜，多为单株栽植。栽植时要掌握深浅适宜，以"浅不露根，深不淤心"为度。栽完苗后立即浇 1 次大水。

（三）田间管理

1. 扣膜前管理

1）缓苗期。设施秋冬茬芹菜定植以后，气温较高，光照充足，土壤蒸发量较大。在定植后 2～3 天，应再浇两次缓苗水，同时把土淤住的种苗扒出扶起，促进缓苗和新根发生。

2）叶丛生长期。当芹菜心叶绿时表明缓苗已经结束，要适当控水，并进行细致松土，保墒蹲苗 7～10 天。

3）心叶肥大期。当心叶大部分展开时结束蹲苗。以后保持土壤见干见湿，可 4～6 天浇 1 次水，灌水后要及时松土保墒。

2. 扣膜管理

温室秋冬茬芹菜缓苗后，气温逐渐下降。各地可根据气候特点，选择适宜的扣膜时间。一般在初霜前后、日温降到10℃左右、夜温低于5℃时，将温室前屋面扣上塑料薄膜。

3. 扣膜后管理

1）温光管理。扣膜初期光照充足、气温较高，要注意及时通风，日温控制在 18～22℃，夜温控制在 13～15℃，促进地上部及地下部同时迅速生长，防止芹菜黄叶和徒长。随外界温度下降逐渐减少放风，并根据天气加盖草苫、棉被等保温覆盖物。严寒冬季夜间温度要保持在 5℃以上，确保芹菜不受冻。

2）水肥管理。芹菜扣膜后进入旺盛生长阶段，应加强水肥管理，促进芹菜生长。要经常观察土壤表面变化和地上部叶片颜色的变化，出现干旱要及时浇水，使土壤始终保持湿润，以保证根系正常吸水，促进芹菜地上部分的生长。

在内层叶开始旺盛生长时，应追肥 2～3 次，每亩追施饼肥 100kg 或尿素 10kg，硫酸钾 15kg。本芹劈收后 1 周之内不浇水，以利伤口愈合。当心叶开始生长、伤口愈合时，再进行施肥灌水。收获前 30 天禁止施用速效氮肥，以免叶柄中硝酸盐含量超标。

关键技术 温室芹菜管理

1）防空心。为防止芹菜出现空心，栽培时应选择非砂性土壤栽培，底肥应多施腐熟有机肥，在生长发育过程中，应根据芹菜长势及时追肥，发现叶色浅、脱肥时，及时追肥。施用高级环保型光合营养膜肥（光肥），能增强光合作用，提高叶绿素含量，使叶片肥厚、茎秆强壮、作物增产。

2）防叶柄开裂。为防止芹菜叶柄开裂，应保持室内的温度和湿度，深耕土壤，多施有机肥，促进根系正常生长发育，增强其抗旱及抗寒能力。在栽植西芹时，可用硼砂作为底肥，一旦发现轻微裂柄，则可用硼砂溶液进行叶面喷雾，并定期对芹菜喷施蔬菜壮茎灵，可使植物茎秆粗壮、叶片肥厚、叶色鲜嫩、植株茂盛，芹菜品质好、香味浓。

3）防烧心。为防止芹菜出现烧心，应从管理入手，做到温度和湿度适宜，对酸性土壤要施入石灰中和土壤酸性，把土壤的酸碱度调到中性。发病初期，可用 0.5%硝酸钙水溶液+护树大将军喷洒，防止病菌扩散。

4）防苦味。在生产中，很多农户习惯施用尿素来增加氮肥，但若为芹菜施用尿素，则常使其纤维含量升高，容易出现老化，产生苦味，降低食用价值。因此应施用其他氮肥，提高芹菜的品质。

（四）采收

本芹可在叶柄长 50～60cm 时开始劈收。分次劈收，一般每隔 1 个月劈收 1 次。每次收获 1～3 片，留 2～3 片。如果从一棵植株上摘掉的叶柄太多，则复原慢，影响生长。整个冬季一般每株可连续收 3～5 次，采收期达 100 天左右。西芹一般在植株高度达 70cm 左右、单株重 1kg 以上时一次性收获。一般已长成的西芹收获不可过晚，否则，养分易向根部输送，造成产量、品质下降。

关键技术 芹菜主要病虫害的防治

芹菜的主要病害有斑枯病、叶斑病、软腐病、菌核病、根结线虫病、病毒病等，主要虫害有斑潜蝇、蚜虫、甜菜夜蛾、斜纹夜蛾、蓟马、粉虱等。针对不同栽培模式的保护地或露地芹菜，在防治过程中应明确主要防控对象，有的放矢，提高防治效果。

1. 农业防治

1）轮作控害。避免与芹菜、香菜、胡萝卜等伞形科蔬菜重茬，通过与水稻、葱蒜、玉米、茄果类作物的轮作，有效控制斑枯病、根结线虫病等病害。

2）健康种苗。播种前进行种子处理；选用抗斑枯病、软腐病、菌核病的抗（耐）病品种。

3）清洁田园。采收后、生长期及时清理残株、败叶，并集中进行无害化处理，减少病虫源，提高田间通透性。

4）太阳能高温闷棚。利用夏季高温休闲期，土壤灌水后，施用半腐熟的作物秸秆或者腐熟的粪肥，跟土壤充分混合后覆膜、盖棚、密闭，保持棚室内的高温高湿状态，棚温升高至 70℃以上持续 10～15 天。

5）药剂土壤消毒。针对根结线虫病等土传病害发病重的地块，在夏季高温季节，深翻地 25cm，每亩撒施 500kg 切碎的稻草或麦秸，撒石灰氮 40～80kg 后旋耕混匀、起垄，铺地膜后灌水，土壤湿度控制在60%以上，保持20天。

2. 物理防治

1）适时释放天敌。优先采用生物制剂防治蚜虫、粉虱、蓟马等虫害，压低虫源基数，施药7~10天后，棚室内初见害虫时释放天敌昆虫，使用食蚜蝇防治蚜虫，使用丽蚜小蜂防治粉虱，使用智利小植绥螨防治害螨，使用小花蝽防治蓟马。释放天敌后做好虫害监测，及时采取必要的药剂防治。

2）科学理化诱控。设置防虫网：在棚室门口和通风口安装40~60目防虫网，兼顾防虫和降低棚室内湿度。昆虫信息素诱杀：每亩安装一组昆虫信息素诱捕器，诱杀斜纹夜蛾、甜菜夜蛾等成虫。灯光诱杀：在鳞翅目等害虫成虫盛发期，开展连片灯光诱杀。色板诱杀：成虫从田外迁入棚室内时，使用黄板诱杀有翅蚜、斑潜蝇，使用蓝板诱杀蓟马，可有效压低害虫基数。

3. 化学防治

可采取苗期灌根和生长期喷施等方式进行施药。优先使用生物源农药，科学选择高效、低风险的化学农药，注意轮换用药，严格执行安全间隔期。

1）病害防治。可选用咪鲜胺、苯醚甲环唑等药剂防治斑枯病、叶斑病、菌核病等。

2）虫害防治。可选用吡虫啉、吡蚜酮、啶虫脒、噻虫嗪等药剂防治蚜虫；选用苦皮藤素等药剂防治甜菜夜蛾、斜纹夜蛾等。

综 合 评 价

综合评价以自我评价和小组评价相结合的方式进行，指导教师（或师傅）根据考核评价和学生学习成果进行综合评价。

1. 根据任务完成情况，检查任务完成质量。

2. 归纳总结定植操作技术要点并进行应用推广，提出提高芹菜定植成活率的措施与方法，并进行试验和推广。

3. 走进不同规模、不同地域的企业，按照企业生产标准化要求，对该企业的生产管理实施过程、规章制度完善性进行点评，评价一下芹菜种植田间管理是否规范合理，提出田间管理的合理化建议。

芹菜设施生产考核评价表如表6-2所示。

表 6-2　芹菜设施生产考核评价表

班级：　　　　第（　　　）小组　　　姓名：　　　　时间：

评价模块	评价内容	分值	自我评价	小组评价
理论知识	1. 掌握芹菜设施生产的茬口安排	10		
	2. 掌握芹菜设施生产的品种选择	10		
	3. 掌握芹菜设施生产的工作流程和田间管理要点	10		
操作技能	1. 能进行芹菜设施生产的播种和定植	20		
	2. 能运用农业技术措施防治芹菜病虫害	20		
	3. 能运用芹菜设施生产技术进行生产管理	20		
职业素养	1. 以人为本，具有绿色蔬菜产品生产的理念	5		
	2. 团队合作，具有精益求精的职业精神	5		

综合评价：

指导教师（或师傅）签字：

莴苣设施生产

【核心概念】

　　莴苣设施生产是指利用人工建造设施，为莴苣提供适宜的温、光、水、气等环境条件而进行的优质、高产、高效栽培。栽培生产包括育苗、定植前准备、定植、田间管理、采收等环节。

【学习目标】

1. 了解莴苣生物学特征。
2. 掌握莴苣设施生产的茬口安排。
3. 掌握莴苣设施生产的品种选择。
4. 能进行莴苣设施生产育苗。
5. 掌握莴苣设施生产田间管理。

　　莴苣属菊科，为一年生或二年生草本植物，高 25～100cm，茎直立，单生，基生叶及下部茎叶大，不分裂，呈倒披针形、椭圆形或椭圆状倒披针形，顶端急尖、短渐尖，或呈圆形，无柄，圆锥花序分枝下部的叶及圆锥花序分枝上部的叶极小，呈卵状心形，无柄。头状花序多数或极多数在茎枝顶端排成圆锥花序。瘦果呈倒披针形、浅褐色，种子顶端急尖成细喙，喙呈细丝状，与瘦果几乎等长，花果期为 2～9 月。

　　莴苣原产于地中海沿岸，中国各地均有栽培。它属耐寒性蔬菜，喜冷凉气候，不耐高温，喜湿润，并且需肥量较大，繁殖方式为播种。栽培品种有莴笋、生菜、卷心莴苣。莴苣味道鲜美、口感爽脆，是较为普及的一种蔬菜，可刺激消化酶分泌，增进食欲，促进人体的肠壁蠕动，防治便秘。

　　莴苣有许多栽培品种，但在分类学上都是作为栽培变种来处理的，主要有叶用莴苣和茎用莴苣。叶用莴苣又称生菜，在我国的广东、广西栽培较多。叶用莴苣按叶的色泽区分，有绿生菜、紫生菜两种；按叶的生长状态区分，则有散叶生菜、结球生菜两种，前者叶片散生，后者叶片抱合成球状。如果再细分，则结球生菜还有 3 种类型：一是叶片呈倒卵形，叶平滑，质地柔软，叶缘稍呈波纹的奶油生菜；二是叶片呈倒卵圆形，叶面皱缩，质地脆嫩，叶缘呈锯齿状的脆叶生菜；三是叶片厚实、呈长椭圆形，叶全缘，半结球型的苦叶生菜。叶用莴苣根系浅，须根发达，主要根群分布在地表 20cm 的土层内，茎短缩，叶互生，有披针形、椭圆形、卵圆形等，叶片呈绿色、黄绿色或紫色，叶面平展或皱缩，叶缘呈波状或浅裂，外叶开展，心叶松散或抱合成叶球，种子呈灰白色或黑褐色，千粒重1g 左右。

茎用莴苣又称莴笋，它的适应性强，我国南北各地普遍栽培，在长江流域是 3～5 月春淡季的主要蔬菜之一。

知识准备　莴苣生物学特征

一、莴苣植物学特征

1. 根

莴苣属直根系，移植后发生多数侧根，浅而密集，根系浅，须根发达，主要根群分布在地表深 15～30cm 的土层中。

2. 茎

叶用莴苣的茎在营养生长时期短缩，后期抽生花茎。茎用莴苣的食用部分由茎和花茎两个部分构成。随着植株生长，短缩茎逐渐伸长和加粗，茎端分化花芽后，花茎伸长的同时，茎加粗生长，形成肥大的肉质嫩茎。

3. 叶

莴苣的叶互生，有披针形、椭圆形、侧卵圆形等。叶用莴苣，叶互生，呈倒卵形、绿色或紫色，结球莴苣球叶抱合呈球形；茎用莴苣的叶为绿色或紫色，叶全缘或缺裂，呈倒卵形或披针形，叶面平滑或皱缩。

4. 花

莴苣的花为圆锥形头状花序，花托扁平。花呈浅黄色、舌状，每个花序有 20 朵花左右。子房单室。

5. 果实和种子

莴苣的种子为瘦果，果实小而细长，为梭形，呈黑褐色、银白色或黄褐色。种子成熟后，顶端有伞状冠毛，可随风飞扬。因此，莴苣采种应在种子成熟前尚未飞散时进行，以免损失。莴苣的种子有休眠性，采种后播种即使在适温下也不能发芽，特别是未成熟的种子，休眠性更强。一般采种后经两个月，种子可完成休眠，播种后能够发芽良好。但在高温下发芽不良，25℃以上时种子仍被迫呈休眠状态，秋莴苣栽培播种时处在高温时期，因此种子要进行低温处理，可大幅提高发芽率。

二、莴苣生长习性

1. 温度标准

莴苣喜冷凉、忌高温，炎热季节生长不良。发芽的最适温度为15～20℃，需4～5天出芽，30℃以上种子发芽受到抑制。在高温季节播种莴苣时，种子须进行低温处理，可在5～18℃下浸种催芽，种子发芽良好。幼苗期生长适温为12～20℃，能耐-6～-5℃的短期低温，高温烈日常能伤害幼苗胚轴而引起倒苗。成长植株在0℃以下环境中易受冻害。最适宜生长的温度为白天15～20℃、夜间10～15℃，昼夜温差大可减少呼吸消耗，增加积累，有利于茎、叶生长，获得高产。叶用莴苣中的结球莴苣生长适温范围较窄，为18～22℃，25℃以上则影响叶球形成，高温易引起心叶坏死、腐烂，在烈日下会使叶尖枯黄，产生苦味。

2. 光照标准

莴苣种子是需光种子，适当的散射光可促进萌芽。播种后，在适宜的温度、水分和氧气条件下，不覆土或浅覆土的种子均可较厚覆土的种子提前发芽。茎用莴苣茎叶生长期需要充足的光照，只有这样才能使叶片肥厚、嫩茎粗大，长期阴雨、遮阴密闭，则影响茎、叶发育。叶用莴苣稍耐弱光，光饱和点为20～30klx。

3. 水分标准

莴苣为浅根性作物，因此不耐干旱，水分过多且温度高时易引起徒长，在不同的生育期对水分有不同的要求。在幼苗期应保持土壤湿润，勿过干过湿或忽干忽湿，以防幼苗老化或徒长；在发棵期应适时控制水分，进行蹲苗，使根系纵深生长，莲座叶得以充分发育；在结球期或茎部肥大期的前期要确保水分充足，若缺水，则会使叶球或茎细小，味苦；但在结球期和茎部肥大期的后期应适当控制水分，防止裂球或裂茎。

4. 土壤营养标准

因为莴苣根系吸收能力弱，并且根系对氧气的要求高，所以在黏重土壤或瘠薄的地块上栽培时，根系生长不良，地上部生长受抑制，常使结球莴苣的叶球小、不充实、品质差，茎用莴苣的茎细小且易木质化，甚至提前抽薹开花。因此，栽培莴苣宜选用微酸性、排灌方便、有机质含量高、保水保肥的壤土或砂壤土。莴苣对土壤营养的要求较高，要求以氮肥为主，在生育期间缺少氮素会抑制叶片的分化，使叶片数减少，影响产量。此外，磷、钾、钙也不可缺少，幼苗期缺磷会使叶色暗绿，叶数少，生长势衰退，植株变小，降低产量；缺钾会影响叶球的形成和品质；缺钙易引起"干烧心"，导致叶球腐烂。

工作任务　叶用莴苣设施生产管理

▎任务描述　　某现代农业科技有限公司承接了某大型社区超市 10 000kg 叶用莴苣需求订单。为保证设施叶用莴苣生产稳定供应，作为合作社的蔬菜技术员，应根据叶用莴苣设施生产相关知识为该公司制定出科学的叶用莴苣设施生产方案，并进行叶用莴苣温室生产，以保证蔬菜生产订单的顺利完成。

▎任务目标
1. 掌握叶用莴苣设施生产茬口的安排。
2. 掌握叶用莴苣设施生产品种选择。
3. 能培育叶用莴苣壮苗。
4. 能应用叶用莴苣生产的关键技术要点进行田间管理。

莴苣设施栽培技术

▎相关知识

（一）叶用莴苣生产茬口

叶用莴苣生产茬口主要有两个：一种为秋季播种育苗，初冬或早春定植，春季收获，收获的为春莴苣；另一种为夏季播种，秋末收获，收获的为秋莴苣。

叶用莴苣设施生产方式与茬口安排如表 6-3 所示。

表 6-3　叶用莴苣设施生产方式与茬口安排

设施生产方式		播种期/（月/旬）	定植期/（月/旬）	收获期/（月/旬）
温室生产	冬春茬生产	10/中	11	3～4
	秋茬生产	7/上	8	10～11

（二）叶用莴苣品种选择

叶用莴苣包括直立莴苣、皱叶莴苣和结球莴苣 3 个变种，人们习惯上把不结球的称为散叶莴苣，结球的称为结球莴苣。

1. 直立莴苣

直立莴苣叶狭长，呈长披针形或长倒卵形，为深绿色或淡绿色，叶面平，全缘或稍有锯齿，植株直立，内叶一般不抱合或卷心呈筒形，开展度小，腋芽数中等，较易抽薹。常见品种如下。

牛利生菜　耐寒，不耐热，较耐瘠薄。生长期为65～80天。每亩产量为2000kg左右。

意大利全年耐抽薹生菜　叶片近圆形，叶色黄绿，不结球。株型紧凑，抗热、抗病性强，耐抽薹性特强，播种后50天即可采收。该品种可周年生产，春季露地栽培，夏季遮阳网覆盖栽培，秋季露地栽培，冬季保护地覆盖栽培。

罗马直立生菜　植株直立，呈绿色，叶缘基本无锯齿，叶片长，呈倒卵形，直立向上生长，似小白菜，叶质较厚，叶面平滑，后期心叶呈抱合状；口感柔嫩，品质好，适宜生食和炒食；耐寒性强，抽薹较晚，全生育期为60～70天。

油麦菜　又名莜麦菜，有的地方称其为苦菜，是以嫩梢、嫩叶为产品的尖叶型叶用莴苣的一种。叶片呈长披针形、色泽淡绿、长势强健。株高30cm左右，有"凤尾"之称。抗病性、适应性强，质地脆嫩，口感极为鲜嫩、清香，具有独特风味。油麦菜的营养价值和生菜基本相同，略高于生菜。

2. 皱叶莴苣

玻璃生菜　生育期为55天，较耐寒，不耐热，易抽薹，适于春秋大棚、露地栽培及冬季保护地栽培，生长期短，也可进行保护地间种、套种栽培。单株质量为300～500g，净菜率高。

罗莎红　植株为紫色散叶，株型漂亮，茎极短，不易抽薹，口感好，是品质极佳的高档品种。适应性强，适宜春、秋、冬季保护地和露地种植。

美国大速生　叶片呈倒卵形、略皱缩、黄绿色，生长迅速，无纤维，耐热、耐寒性强，抗抽薹，生长整齐一致。抗病、抗虫性强，适应性强，在长江流域多采用春秋露地栽培和冬春保护地栽培，夏季做好防高温措施。

尼罗　属奶油生菜品种。中早熟品种，生育期为60天左右，株高25～30cm，叶簇生，叶片近圆形，为翠绿色，有光泽，质地软滑，圆正美观，单株质量为300～400g，耐抽薹性和抗病性较好。使用水培和土壤栽培两种方式种植均可。

花叶生菜　又名苦苣，单株质量为500g左右。品质较好，有苦味；适应性强，较耐热，病虫害少，生育期为70～80天。适合春、夏、秋季露地及大棚栽培。

3. 结球莴苣

凯撒　极早熟品种，生育期为80天。株型紧凑，生长整齐。在肥沃土壤中适宜密植。球内中心柱极短。单球质量约为500g，品质好。极耐热，抗病、抗抽薹，在高温下结球良好，因此特别适合作为各地春夏露地栽培品种。

奥林匹亚　极早熟品种，生育期为 80 天左右。叶片呈淡绿色，叶缘缺刻较多，外叶较小而少；耐热性强，抽薹极晚，适合春、夏、秋季露地栽培，可以作为夏季生菜栽培的专用品种。

北山 3 号　早熟品种，生育期为 60～80 天。开展度小，适合密植，栽植密度以20cm×20cm 为宜。耐热，抽薹晚，抗病性强。在长江流域除炎热的 7～8 月外可周年栽培。

爽脆　早熟品种，播种至收获需 86 天左右。叶球大而紧实，外叶少，高产，优质，抗病性强。叶球呈绿白色、球状，单球质量约为 800g。只有在冷凉环境下才能结球，在高温环境下易抽薹。在长江流域最适合秋冬大棚栽培，10～12 月播种育苗。每亩净菜产量约为4000kg。

亚尔盆　中早品熟种，播种至收获需 85 天。叶球呈绿白色、扁圆形，单球质量约为 700g。外叶较多，呈深绿色，近全缘，叶面微皱。植株开展度为 45cm，高 15cm。品质优良，抗病性一般。耐热性较差，炎热季节栽培易抽薹。适播期为 9 月中旬至翌年 1 月。

安妮　中熟新品种，生育期为 85 天左右，株型紧凑，叶色深绿，层抱性好，球形圆正，个头均匀，产量高，耐热、耐寒性均衡，后期不耐雨水，品质佳，出成率高，适合切片加工。适宜由凉转热的春夏季保护地或露地栽培。

任务实施

1. 品种选择

常用结球或半结球叶用莴苣品种有爽脆、牛利生菜、大湖 118、油麦菜、罗马直立生菜、玛莎 659、凯撒、波士顿奶油生菜等；散叶生菜品种有软尾生菜、广东玻璃生菜等。

2. 种子处理

播种前晒种 2 小时，7～8 月播种时温度尚高，种子发芽困难，可用湿布包裹在凉水中浸种 3～4 小时后用纱布包好放入冰箱，在 0～3℃环境下放置 24 小时，然后放在 10～20℃凉爽湿润处催芽，2～4 天即可发芽。10 月以后气温下降，可以使用干种子进行播种。播种前可用 75%百菌清可湿性粉剂拌种，拌种后立即播种。

3. 播种育苗

日光温室叶用莴苣一般安排在秋冬茬、越冬茬和冬春茬栽培。秋冬茬一般在 8 月下旬至 9 月上旬播种，苗期为 25～35 天，9 月下旬至 10 月上旬定植到温室内，元旦期间可大批供应市场。越冬茬和冬春茬自 9 月下旬至 12 月随时都可以播种。

选择土壤肥沃、质地疏松、灌排方便的地块作为苗床，将畦面整平。播种后首先浇湿畦面撒一层厚 0.5cm 的营养土，然后用木板轻轻压实床土，使种子与土壤紧密结合，最后在畦面上覆盖草苫，以促进萌芽。搭防雨棚或遮阳防雨棚等保温保湿或降温保湿，尽量使畦面温度保持在 20～25℃，一般播后 4～5 天出苗。出苗后及时揭除畦面覆盖物。当幼苗长至 2～3 片真叶时，间苗 1 次，苗间距以 4～5cm 为宜，并追施 10% 的腐熟粪肥 1 次。

出苗前，应控制温度，白天为 20～25℃，夜间为 10～15℃。当幼苗长至 2～3 片真叶时进行分苗或分次间苗，株距为 6～8cm。当幼苗长至 5～6 片真叶时即可定植。一般在间苗后或分苗缓苗后，施 1 次液肥促幼苗生长。叶用莴苣幼苗对磷肥较敏感，缺磷时叶色暗绿、生长衰弱，因此要注意磷肥供给。苗期还可喷 1～2 次 75%百菌清 600 倍液或 70%甲基托布津 1500 倍液，防止霜霉病和霉病的发生。

叶用莴苣穴盘育苗如图 6-2 所示。

图 6-2　叶用莴苣穴盘育苗

4. 整地施肥及定植

定植前 7～10 天整地施肥，每亩施腐熟有机肥 1500kg、过磷酸钙 40～50kg、氯化钾 8～10kg、硫酸铵 20～25kg。北方日光温室栽培一般采用平畦，早熟品种株行距为 25～30cm，中熟品种株行距为 35cm，起苗时不要损伤根系和叶片，尽量多带宿土，定植不宜太深，否则缓苗慢，栽后应及时浇水。

5. 定植后的管理

定植前先扣膜防风，定植后视天气与温度进行通风。

1）温度管理。秋冬寒冷季节定植后要设法提高温度，缓苗期不放风，可加扣小拱棚增温，定植后 4～5 天内白天温度保持在 20～25℃，促早缓苗。缓苗后再逐步加强放风，随气温升高延长放风时间。发棵期白天温度保持在 15～20℃，夜间温度保持在 8～10℃；结球期白天温度保持在 20～22℃，夜间温度保持在 10～15℃。深冬允许短期的 25℃高温，但时间不能太长，以防早期抽薹，夜晚温度保持在 10℃左右。2 月早晨棚内气温低于

8℃时可盖草苫。

2）水肥管理。定植浇水后，根据土壤墒情再浇 1～2 次缓苗水，之后中耕松土。6～7 叶期第 1 次追肥，每亩用尿素 5～8kg；10 叶期第 2 次追肥，每亩用尿素 8kg，加氯化钾 3～4kg；开始包心时第 3 次追肥，每亩用尿素 8kg，加氯化钾 4～6kg。每次追肥均结合浇水施入。叶用莴苣既怕干旱又怕潮湿，所以水分管理很重要，适宜的土壤相对含水量为 60%～65%。同时，应注意空气湿度不要太高，冬季温室应注意通风，使叶面保持干燥，以利防病。

6. 采收

当叶用莴苣叶球紧实度适中时即可采收。由于群体内单株生长的差异，成熟期不一致，应分期采收。采收的方法是用刀自茎基部割下。采后立即上市的，应将外叶全部剥除；如果长途运输，则应留 3～4 片外叶；准备储藏的，还应多留一些外叶。

采后应注意观察，一旦发现叶片出现萎蔫，则立即把草苫放下，叶片即可恢复；再把草苫卷起来，发现叶片萎蔫时，再把草苫放下，如此反复几次，直到叶片不再萎蔫为止。如果叶片萎蔫严重，则可先用喷雾器向叶片上喷清水或 1%葡萄糖溶液，增加叶面湿度，再放下草苫，有促进叶片恢复的作用。

关键技术 **叶用莴苣常见的病虫害及防治**

针对叶用莴苣病虫害，应以预防为主，坚持"农业防治、物理防治、生物防治为主，化学防治为辅"的无害化防治原则，棚菜区最好采取群防群控的方法。

叶用莴苣在种植之前要对种子和土壤进行消毒，合理轮作，这样有利于减少病害。对于患病的植株要及时拔除。在使用药物进行喷施的时候控制好使用浓度和剂量。

1. 软腐病

软腐病主要在叶用莴苣生长后期或结球期发作，它的病原可在土壤或病株上潜伏越冬，通过浇水施肥传播感染，一般是在植株出现伤口时，从伤口处感染侵入。发病初期感染处呈浸润半透明状，随着病情发展，形成不规则水渍状的病斑，病斑处还有褐色的黏稠物，并伴有恶臭，最后导致整个种球腐烂。

防治方法：翻耕整地，利用太阳杀菌，清除病株，减少病原体，加强水肥管理，施用有机肥，提高抗病力，注意雨后排水，以免田间积水导致根系受损。发现病株时先及时拔除带出田间，再对病穴进行消毒处理，发病初期，可用 50%可杀得可湿性粉剂 500 倍液或硫酸链霉素 5000 倍液喷雾防治，每周 1 次，视病情严重程度决定喷洒次数。

2. 霜霉病

霜霉病是叶用莴苣生产过程中的主要病害，一般在春秋季发作，从幼苗到成株皆可受害，成株受害较为严重。主要危害叶用莴苣的叶片部位，发病时叶片出现浅黄色病斑，在潮湿环境下叶背出现霜霉状霉层，严重时会蔓延至叶面，到了病情后期，叶片枯死。

防治方法：合理轮作，降低病害程度，采用高畦或地膜覆盖栽培，选择抗病力强的品种，播种前对种子进行消毒；加强水肥管理，施用有机肥做底肥，施足底肥，尽量少追肥或不追肥，合理密植，增加通透性，减少病害发生概率；发现病株及时拔除并带出田间集中烧毁，同时喷施金雷、普力克液剂药剂进行防治。

3. 菌核病

菌核病主要危害叶用莴苣的茎基部，发病时茎基部出现黄褐色的水渍状病斑，随着病情发展，逐渐扩散至整个茎部，使其出现烂叶、烂心的现象，最后整个植株萎蔫枯死。在高温时病变处还会产生絮状菌丝团，后期转变成黑色鼠粪状菌核。

防治方法：在收获后清理田间，首先将病残落叶清理干净，深翻土壤将病菌深埋入土壤中，然后撒施生石灰，翻地、做埂、浇水，最后使用地膜盖严，利用这种方法杀死土壤中的病菌。在该病害发生时，可用40%菌核利可湿性粉剂500倍液或45%特克多悬乳剂800倍液喷雾控制发病。

4. 虫害

叶用莴苣是叶片蔬菜，它的叶片青翠幼嫩，蚜虫常常聚集在叶片上，不断吸食叶片的汁液，使叶肉组织消失，只剩一张表皮，最后枯萎而死。

防治方法：在蚜虫暴发时用10%吡虫啉可湿性粉剂1500倍液或进行黄板诱杀。

综 合 评 价

综合评价以自我评价和小组评价相结合的方式进行，指导教师（或师傅）根据考核评价和学生学习成果进行综合评价。

1. 根据任务完成情况，检查任务完成质量。

2. 归纳总结定植操作技术要点并进行应用推广，提出提高叶用莴苣定植成活率的措施与方法，并进行试验和推广。

3. 走进不同规模、不同地域的企业，按照企业生产标准化要求，对该企业的生产管理实施过程、规章制度完善性进行点评，评价一下叶用莴苣种植设施生产田间管理是否规范合理，提出田间管理的合理化建议。

叶用莴苣设施生产考核评价表如表6-4所示。

表6-4 叶用莴苣设施生产考核评价表

班级： 第（ ）小组 姓名： 时间：

评价模块	评价内容	分值	自我评价	小组评价
理论知识	1. 掌握叶用莴苣设施生产的茬口安排	10		
	2. 掌握叶用莴苣设施生产的品种选择	10		
	3. 掌握叶用莴苣设施生产的工作流程和田间管理要点	10		
操作技能	1. 能进行叶用莴苣设施生产的播种和定植	20		
	2. 能运用农业技术措施防治叶用莴苣病虫害	20		
	3. 能运用叶用莴苣设施生产技术进行生产流程管理	20		
职业素养	1. 以人为本，具有绿色蔬菜产品生产的理念	5		
	2. 团队合作，具有精益求精的职业精神	5		

综合评价：

指导教师（或师傅）签字：

思 考 与 讨 论

1. 芹菜田间管理的具体措施有哪些？

2. 简述叶用莴苣定植后的管理重点。

3. 简述芹菜病虫害的防治技术要点。

模块 7

特色蔬菜设施生产

　　特色蔬菜又被称为稀有特种蔬菜，通常是指从国外引进的"西菜"和我国某些地区的名、特、优、新蔬菜。它们大多含有特别的营养成分，风味独特，不但色彩鲜艳、肉质细嫩、品质好，而且富含多种营养，有的还有一定的保健防病作用。特色蔬菜适合使用多种形式栽培，经济价值较高，既丰富了我国蔬菜种类，也给了人们更多的选择。本模块的主要内容有芽苗菜和草莓的设施生产。

【学习导航】

特色蔬菜设施生产
- 芽苗菜设施生产 〉 芽苗菜设施生产技术
- 草莓设施生产 〉 草莓生产茬口及品种选择、设施育苗

芽苗菜设施生产

【核心概念】

芽苗菜设施生产是指利用人工建造的设施，为芽苗菜提供适宜的温、光、水、气等环境条件而进行的优质、高产、高效栽培。栽培生产包括育苗、定植前准备、定植、田间管理、采收等环节。

【学习目标】

1. 了解芽苗菜生物学特征。
2. 了解芽苗菜设施生产的场地与设备。
3. 掌握芽苗菜设施生产的品种与基质选择。
4. 能进行芽苗菜设施生产管理。

芽苗菜是利用植物种子或者其他储藏器官，在人工控制条件下直接生长出可供食用的嫩芽、芽苗、芽球、幼梢或幼芽的一类蔬菜。芽苗菜生长迅速、复种指数高，并且栽培技术简单，可进行无土立体栽培，具有较高的生产效益。栽培的关键是获得生长健壮、储藏丰富、富含养分的营养体，如肉质直根、嫩茎、枝条、叶子等。

知识准备　芽苗菜生物学特征

一、芽苗菜植物学特征

芽苗菜通常包括根、中轴、子叶和苗端4个部分。

1. 根

芽苗菜具有发育良好的根系。初生根细长，末端纤细，有的芽苗菜伴有大量毛根。个别芽苗菜品种的初生根呈丛生状。

2. 中轴

芽苗菜具有发育良好的中轴。子叶出土发芽型的芽苗菜具有细直伸长的下胚轴；子叶留土发芽型的芽苗菜具有很短的下胚轴，而上胚轴发育良好。

3. 子叶

双子叶芽苗菜具有两片完整的叶片。子叶出土发芽型的芽苗菜子叶为圆片状（或近似圆片状），大小不同；子叶留土发芽型的芽苗菜子叶为肉质半球形（或半橄榄球形），并保留在种皮内。

4. 苗端

苗端芽苗菜具有苗端，即芽苗生长的上端生长点。

各种芽苗菜如图 7-1 所示。

萝卜芽苗菜	香椿芽苗菜	豌豆芽苗菜
双维藤芽苗菜	小麦芽苗菜	黑豆芽苗菜
松柳芽苗菜	苜蓿芽苗菜	绿豆芽苗菜

图 7-1 各种芽苗菜

二、芽苗菜生长习性

1. 水分标准

芽苗菜的种子不是只有在达到最大吸水量时才可以满足发芽的需要，而是当吸水量达到最大吸水量的50%或70%（豆类为50%，其他为70%）时就可以满足发芽的需要，充足供给芽苗需要的水分。芽苗菜水分供应除满足自身生长的需要外，还起到带走过量氧气和调节温度的作用。浸种时间过长、水分过多均会造成缺氧窒息，导致发芽受到抑制。芽体生长期缺水会导致豆瓣萎缩、芽茎瘦长不粗壮、生长缓慢以至停止生长，严重缺水会导致芽苗枯死。

2. 温度标准

芽苗菜生长的适宜温度为20～25℃，温度高或低不但影响种子的发芽，而且影响芽苗生长的速度和质量。温度低，产量低；温度高，胚轴细长，品质差。因此要保持适宜的温度，不能受外界温度变化的影响太大。

3. 光照标准

芽苗菜如果在避光条件下生产，则培育的芽苗菜子叶呈淡黄色；如果采取自然光照，则培育的芽苗菜叶绿素含量高，芽苗体见绿，可满足绿色芽苗菜的特点。芽苗菜长到 3cm 后如果弱光不足，则易引起下胚轴或茎叶柔长、细弱，并导致侧伏、腐烂和减产，可在长到 3cm 后采用自然光照或人工照明的方式，提高产品质量从而带来高产。用 10～15W 的灯泡（橙或红）在夜间进行照明可促进芽苗菜碳水化合物的合成，还可促进植株生长。当芽苗菜长到 3～7cm 时采用此方法，当芽苗菜长到 7cm 后可停止光照。

4. 湿度标准

适宜芽苗菜栽培的空气湿度为80%。湿度小，生产缓慢，纤维化程度高；湿度大，特别是当根部积水时，无论高温、低温均会出现烂苗、侧苗倒伏或烂种现象。因此，芽苗菜能否培育成功，湿度很关键。

5. 气体标准

在芽苗菜长到 3cm 前，生长环境中氧气充足是造成以后芽苗菜纤维化严重的主要原因。如果在芽苗菜长到 3cm 前控制空气流通，降低氧气的含量，则有利于芽苗菜胚轴粗壮，质脆鲜嫩。生长前期1天通风1次，即可满足空气清新的要求。

工作任务　芽苗菜设施生产管理

▌任务描述　　某现代农业科技有限公司计划进行芽苗菜设施生产，日供应量为3t，主要生产黄豆芽苗菜、绿豆芽苗菜、萝卜芽苗菜。作为蔬菜生产技术员，需根据相关知识对芽苗菜设施进行生产技术指导，以保证生产任务的顺利完成。

▌任务目标　1. 掌握芽苗菜的设施生产管理。
　　　　　　　2. 能培育芽苗菜壮苗。

芽苗菜设施生产技术
（黄豆芽）

▌相关知识

（一）芽苗菜设施生产场地

芽苗菜设施生产场地必须具备以下条件。

1. 温度可控

当平均气温高于18℃时，可露地进行芽苗菜生产。冬季、早春可利用塑料大棚等设施进行芽苗菜生产。若进行四季生产，则可选用闲置房舍进行半封闭式、工业集约化生产。生产场地应满足芽苗菜生产所要求的适宜温度，因此应有空调或其他加温设施。

2. 光照可控

生产场地要满足芽苗菜生产避强光的要求。

3. 湿度可控

生产场地应具备通风设施，能进行室内自然通风或强行通风。

4. 生产区域应统一规划

生产场地中的种子储藏库、播种作业区、穴盘清洗区、产品处理区、种子催芽室或车间与栽培室应统筹安排、合理布局。

（二）芽苗菜生产设备

1. 栽培架与集装架

为提高生产场地的利用率，充分利用空间，便于进行立体栽培，要使用栽培架。栽培架由角钢组装而成，共分6层，每层可放置6个穴盘，每架共计摆放36盘，底部安装4个小轮（其中一对为转向轮），可随意在生产车间移动组列。集装架用于产品运送，其结构与栽培架基本相同，但层间距为 22～23cm。集装架的形状与大小应与密封防尘汽车、人力三轮车或自行车等运输工具相配套。

2. 栽培容器和基质

栽培容器宜选择轻质的塑料穴盘，其规格为：外径长 62cm、宽 23.6cm、高 3.8cm，内径长 57.8cm、宽 21.8cm、高 2.9cm，平均穴盘自身重量为 429g。栽培容器要大小适当、底面平整，整体形状规范且坚固耐用。栽培基质应选用清洁、无毒、质轻，吸水持水能力较强，使用后其残留物易于处理的纸张（新闻纸、包装用纸等）、白棉布、无纺布、泡沫塑料片及珍珠岩等。

在生产上还需要浸种及穴盘清洗容器、植保用喷雾器或高压喷雾器和产品运输工具等。

任务实施

（一）种子处理

1. 选种

芽苗菜对种子质量要求较高，一是种子纯度必须达到 98%；二是种子饱满度要好，必须是充分成熟的新种子；三是种子的发芽率要达到 95%；四是种子的发芽势要强，在适宜的温度下 2～4 天可发齐芽，并具有旺盛的生长势。以香椿芽苗菜为例，因为香椿的种子含油脂量多，寿命较短，一般采种后一年左右便完全失去发芽能力，所以购买种子时必须注意，新采的种子为鲜红黄色，种皮无光泽，种仁为黄白色，有香味，而存放久了的种子的种皮为黑红色，有光泽，有油感，无香味。香椿种子的千粒重约为 11g 左右，如果低于 8g，则为不饱满种子，不宜使用。

2. 除杂质

应提前进行晒种和浸选，从而剔除虫蛀、破残、畸形、腐霉、特小粒种子和杂质。例如，香椿芽苗菜在播种前要先把种子中的杂质、秕粒、种翅等除去，再用 55℃的温水浸种，浸种时要不停地搅拌，使水温下降到 30℃左右，换清水浸泡 12 小时后捞起，用纱布包裹放于 23℃处催芽，每天用温水冲洗 1～2 次，待种芽露出 1～2mm 时播种。萝卜、苜蓿种子若质量较好，则也可直接投入使用。

（二）选用基质

基质可用珍珠岩，或用珍珠岩、草炭、清洁河沙掺和配成，平摊于栽培盆中，厚约

2.5cm，还可用两层吸水性强的草纸或白棉布铺于栽培盆的底部，将已催芽的种子播在上面。

（三）准备栽培容器

栽培容器既可选用塑料穴盘，也可选用塑料筐或花盆，还可选用一次性泡膜饭盒。不论选用什么容器，都要使底部有漏水的孔眼，以免盘内积水泡烂种芽。大规模生产的最好进行立体栽培、设架，用统一的穴盘，可购买现成的轻质塑料盆。穴盘一般长 60cm、高 5cm、宽 24cm，与立架规格相适应，以便于叠放，立架不宜太高，为 1.6m 左右较合适，每架设 4～5 层，间距为 40～45cm，以便于操作。用珍珠岩做基质的，播种后仍用珍珠岩覆盖，厚度约为 1.5cm，覆盖后立即喷水；用草纸或白棉布垫底的，直接播种。播种后叠盘 5 天左右，待长到 0.5～1cm 时再放到栽培架上。

（四）浸种

经精选、清洗的种子即可进行浸种，浸种时间的长短直接影响芽苗菜的成长状况。以豌豆芽苗菜为例，将精选好的豌豆种倒入塑料盆或桶中，先注入 20～30℃的清水进行清洗，反复淘洗几遍，将水倒掉，再注入种子体积 2～3 倍的清水浸泡。春、秋、冬三季可浸泡 8～12 小时，夏季高温，只需浸泡 6 小时即可，在浸泡过程中最好淘洗几遍，以释放豆气和热量。浸种可用 30℃左右的温水，也可用 55℃左右的温水。萝卜、白菜类种子浸种 3～4 小时，其他吸水较慢的种子浸种 24 小时左右。一般均在达到种子最大吸水量95%左右时结束浸种，停止浸种后再淘洗 2～3 遍，轻轻揉搓，冲洗，漂去附在种子表皮上的黏液，注意不要损坏种皮，然后捞出种子，沥去多余的水分等待播种。

（五）催芽

当种子吸足水后捞出，冲洗干净，置于 20～25℃的温度下催芽，当种子露白时播种。也可在浸种后将种子直接播在栽培容器内。

1. 一段式播种催芽

一段式播种催芽即浸种后立即播种，并将播完的穴盘摞在一起，每 6 盘为一组，置于栽培架上。这种方法多用于豌豆、萝卜等发芽较快，出苗需时较短的芽苗菜。作业程序为：清洗穴盘→浸种基质→穴盘内铺基质→撒播种子→叠盘上架→置于催芽室→进行催芽管理→完成催芽后出盘、将穴盘分层放置于栽培架→移入栽培室。

2. 二段式播种催芽

二段式播种催芽即播种后进行常规催芽，待幼芽露白后再进行播种和叠盘催芽。这种方法多用于香椿等种子发芽较慢或叠盘催芽期间较易发生霉烂的芽苗菜。作业程序为：清洗穴盘→盘内铺棉布→放置已浸种的种子→种子上覆湿棉布→上下覆垫保湿盘→置于催芽室→进行催芽管理→完成催芽待播。

（六）播种

播种前首先要对穴盘进行清洗消毒，做好准备工作，可以用高锰酸钾溶液消毒；然后在穴盘上铺一层纸，纸一定要卫生，而且吸水性要好，这样有利于幼苗的生长。进行播种时要注意合理密植，不要太密，太密会影响通风，为各种病害创造有利的环境；也不宜过稀，过稀会影响产量。每盘播种量：萝卜（干籽）为 50～60g；白菜、芥菜、菜薹等为 15～20g；落葵、蕹菜为 150～180g；豌豆为 500g 左右。播种后用喷壶淋一遍水，并覆盖一层塑料薄膜保湿。

（七）设施生产管理

播种后 5 天左右种芽伸出基质，要及时喷水，保持空气相对湿度在 80%左右，有条件的设施可安装微喷设备，达到均匀、省工的目的，以加快芽苗的生长和取得较柔嫩的产品。喷水要使用细孔喷壶，以防喷倒芽苗，喷水量以穴盘内不积水为度。

1. 温度管理

芽苗菜生长的适宜温度为20～25℃，其中萝卜、白菜类芽苗菜要求温度稍低，落葵、蕹菜类芽苗菜要求温度较高。最高温度不超过 30℃，最低温度不低于 13℃。因此，夏季要加强通风，喷水降温，遮阳；冬季要加强室内保温。龙须豌豆芽苗菜的适宜温度为18～23℃，紫苗香椿芽苗菜的适宜温度为 20～23℃，萝卜芽苗菜的适宜温度为 20～25℃。在管理上，要通过暖气、空调等进行温度控制管理。在室内温度能得到保持的前提下，生产车间每天应通风 1～2 次。即使在室内温度较低的情况下，也应进行短时间的通风。通风时应忌避外界冷风直接吹拂芽苗，影响芽苗菜生长。

2. 光照管理

芽苗菜生产对光照要求不高，弱光照有利于芽苗菜鲜嫩，生长前期注意遮光，将穴盘放在室内或阳台等光线比较弱的地方，要适当遮阴，每 1～2 天调整一下穴盘的位置，以使生长均匀。当芽苗菜达一定高度、接近采收期时，在采收前 3 天增加光照，使芽苗菜绿化。例如，豌豆芽苗菜在生长过程中不需要过强的光线，要用 50%的遮阳网，夏季用 75%的遮阳网。在穴盘移入生产车间时应先放置在空气相对湿度较稳定的弱光区锻炼一天，再根据各种芽苗菜对环境条件的不同要求采取不同措施，分别进行管理。一般萝卜芽苗菜需较强的光照，紫苗香椿芽苗菜次之，龙须豌豆芽苗菜则有较强的适应性。

3. 水分管理

整个生长期都要保持芽体湿润。播种后至芽体直立生长前，每天淋水 2～3 次，芽体直立生长后至收获前，要增加淋水量，每天淋水 3～4 次。每次淋水量以使芽体全部淋湿同时基质也湿透为度，但不能使栽培容器底部有积水。一般晴天喷 3～4 次水，喷水要喷透、喷均匀；阴天喷 1～2 次即可。喷水量要掌握好，一般前期多，后期少。春季每天喷淋或雾灌 3 次，保持室内相对湿度在 85%左右。每次必须洒透。

芽苗菜的设施生产管理如图 7-2 所示。

图 7-2　芽苗菜的设施生产管理

（八）采收及处理

子叶出土型芽苗菜多数是在真叶未长出的成芽阶段进行采摘（如香椿芽苗菜、萝卜芽苗菜），个别是在真叶长出后才进行采摘（如红小豆芽苗菜）；采摘的子叶留土型芽苗菜是真叶和上胚轴段。芽苗菜的采收阶段分为成芽阶段和真叶长出阶段。

成芽阶段：种子长出根、中轴和苗端，有的长出子叶并展开，收获的是绿色的芽苗菜；有的长出子叶未展开，收获的是白色的、黄色的或淡绿色的芽苗菜。

真叶长出阶段：多数"绿化型"芽苗菜在子叶展开、真叶"露心"的时候采摘，也有的芽苗菜在真叶长出时采摘。这时不论芽苗菜是子叶留土型还是子叶出土型，长出的真叶都是初生叶。初生叶又分为互生叶和对生叶。互生叶芽苗菜具有单片初生叶，互相攀爬生长，有时先发育出少量鳞片状叶片，再生长互生叶，如豌豆芽苗菜；对生叶芽苗菜生长出的真叶面面相对，具有两片成对生长的初生叶，如红小豆芽苗菜。这类芽苗菜宜在长出 8 片真叶之前进行采摘，否则芽苗菜中纤维含量过大，影响口感。

芽苗菜生长周期短，并且以幼嫩的茎叶等为产品，组织柔嫩，易失水萎蔫，因此，必须适时收获、销售。芽苗菜上市标准如表 7-1 所示。

表 7-1　芽苗菜上市标准

芽苗菜种类	产量/(克/盘)	整盘活体销售标准	剪割采收小包装上市标准
豌豆芽苗菜	350~500	芽苗呈浅黄绿色或绿色，苗高 10~15cm，整齐，顶部复叶开始展现或已充分展开，无烂根、烂脖，无异味，茎端长 7~8cm，柔嫩未纤维化	从芽苗梢部 7~8cm 处剪开，采用 18.5cm×2cm×3.5cm 的透明塑料盆做包装容器，每盆装 100g，用保鲜膜封覆，或采用 16cm×27cm 的袋进行包装，每袋装 300~400g，封口上市
香椿芽苗菜	400~450	芽苗呈浓绿色，苗高 7~10cm，整齐，子叶充分肥大、平展，心叶未伸出，无烂种、烂根，香味浓郁	带根拔起，采用塑料盆包装上市，或切块活体装盆上市
萝卜芽苗菜	500~600	芽苗呈翠绿色（下胚轴呈红色），苗高 6~10cm，整齐，子叶充分肥大、平展，无烂种、烂根，无异味	带根拔起，采用塑料盆包装上市，或切块活体装盆上市

在适宜的温度下（20~25℃），萝卜芽苗菜、白菜芽苗菜 5~8 天可达采收标准，豌豆芽苗菜 8~10 天可达采收标准。采收时可先将芽苗菜连同基质（纸）一起拔起，再用剪刀把根部和基质剪去。以豌豆芽苗菜为例，合格产品的下胚轴长 10cm 以上，子叶完全展开，未出真叶，未木质化，无烂根、烂种和病害，香味浓郁。采收时带根拔起，清洗干净，做商品生产的宜进行包装或切块活体装盒上市。一般产量为种子重量的 10 倍左右。

关键技术　芽苗菜生产常见问题与对策

1. 种子霉烂

芽苗菜在栽培过程中，尤其是在叠盘催芽时，容易发生烂种现象。破烂、霉烂、失去发芽力的种子在高温、高湿条件下容易霉烂。良好的种子在长期浸水、通气不良、温度过高或过低的情况下也会霉烂。在生产上宜选用良种（切勿采用种皮为绿色或黄色的品种）、淘汰劣种；催芽时必须严格控制浇水量和温度，勿积水，保持适宜的温湿度和通风量。此外穴盘必须进行严格的清洗和消毒。

2. 猝倒病、立枯病及叶斑病

豆类芽苗菜的根部、根茎部，豌豆的子叶等部位变黑，幼苗生长缓慢，这类症状均是猝倒病和立枯病的表现。在生产上，要彻底清洗育苗器具；清洗、暴晒重复使用的基质；采用温汤浸种进行种子消毒；严格控制温度环境，避免温度过高或过低；加强通风，降低空气湿度；减少浇水量和次数，改喷灌为浸水灌，防止空气湿度过大；等等。萝卜芽苗菜的子叶上有时出现黑色小麻点，这是叶斑病的表现，由多种真菌病害侵染造成。在生产上，要改喷灌为浸水灌，避免水滴落在子叶上；加强通风，降低空气湿度；等等。

3. 芽苗不整齐

芽苗不整齐使产品的商品率降低，为使芽苗生长整齐，在生产上必须采用高纯度且大小均匀的种子，应做到均匀播种、均匀浇水、水平摆放穴盘，经常进行倒盘，给穴盘创造均匀一致的栽培管理环境，促使芽苗生产整齐一致。

4. 芽苗过老

芽苗在栽培过程中，干旱、强光、高温或低温时生长期过长等情况，都将导致芽苗纤维迅速形成。因此，在生产管理中应尽量避免上述情况的出现。在销售过程中，通风透气不良、高温，一时销售不完等情况，随着时间延长，都极易导致芽苗纤维化，甚至老化不能食用。如果一时销售不完，则应放在低温处保存。

5. 设施生产

设施生产周期短，管理要求仔细，基本上无病害发生，但偶尔也出现烂种、烂芽或其他病害，必须进行有针对性的防治。

1）绿豆芽苗菜长须根：生产绿豆芽苗菜时，有时长出的须根又长、又多、又密，影响食用。造成这种现象的主要原因是温度过高、氧气充足、生长迅速、浇水间隔时间太短等。防治措施：降低室内温度；用冷水淋浇绿豆芽苗菜；将培育绿豆芽苗菜的容器放置于能遮光且空气流动的场所；尽量减少揭开遮盖物的次数；适当延长浇水间隔时间。

2）豌豆芽苗菜烂根：发病初期种子发育不良，微泛黑色，在播种床上点片发生，以后逐渐扩大，豌豆芽苗菜矮化或停止生长，根部严重腐烂。防治措施：选择抗烂品种；选用发芽率高的新种子并对生产用种进行严格清选；认真清洗生产容器、用具；加强管理，切忌浇水过量，防止温度过高或过低；及时将烂豆、烂苗剔除。

3）萝卜芽苗菜麻点病：萝卜芽苗菜子叶展开时，子叶表面出现黑色小斑点，影响商品外观。防治措施：选用抗病品种；适当提高催芽温度，加速出芽；降低空气相对湿度；避免过量播种，造成芽苗拥挤。

4）香椿芽苗菜倒苗：多在发芽后 8～10 天发生，初期胚茎基部呈水渍状，由白色变成黄褐色并干缩为线状，往往子叶尚未凋萎，而幼苗已倒伏贴在苗床上。防治措施：栽培基质不能连茬使用，或者进行高温消毒后再用；前期控制浇水，避免基质过湿；加强管理，切忌长时间低温。

5）荞麦芽苗菜烂种：荞麦芽苗菜在催芽期间烂种，造成这种现象的主要原因是高温高湿。防治措施：严格控制水量，并给予适宜温度，注意选用颗粒饱满、发芽率高、无病虫及机械损伤的种子。

综 合 评 价

综合评价以自我评价和小组评价相结合的方式进行，指导教师（或师傅）根据考核评价和学生学习成果进行综合评价。

1. 根据任务完成情况，检查任务完成质量。

2. 归纳总结定植操作技术要点并进行应用推广，提出提高芽苗菜定植成活率的措施与方法，并进行试验和推广。

3. 走进不同规模、不同地域的企业，按照企业生产标准化要求，对该企业的生产管理实施过程、规章制度完善性进行点评，评价一下芽苗菜设施生产田间管理是否规范合理，提出田间管理的合理化建议。

芽苗菜设施生产考核评价表如表 7-2 所示。

表 7-2　芽苗菜设施生产考核评价表

班级：　　　第（　　）小组　　　姓名：　　　时间：

评价模块	评价内容	分值	自我评价	小组评价
理论知识	1. 了解芽苗菜的植物学特征和生长习性	10		
	2. 了解芽苗菜设施生产的场地与生产设备	10		
	3. 了解芽苗菜设施生产技术及生产流程管理方法	10		
操作技能	1. 掌握芽苗菜设施生产的品种与基质选择方法	20		
	2. 掌握芽苗菜设施生产与管理	20		
	3. 掌握芽苗菜设施生产的常见病害	20		
职业素养	1. 以人为本，具有绿色蔬菜产品生产的理念	5		
	2. 团队合作，具有精益求精的职业精神	5		

综合评价：

指导教师（或师傅）签字：

工作领域  16

草莓设施生产

【核心概念】

草莓设施生产是指利用人工建造的设施，为草莓提供适宜的温、光、水、气等环境条件而进行的优质、高产、高效栽培。栽培生产包括育苗、定植前准备、定植、田间管理、采收等环节。

【学习目标】

1. 了解草莓生物学特征。
2. 掌握草莓设施生产的茬口安排。
3. 掌握草莓设施生产的品种选择。
4. 能进行草莓设施生产育苗。
5. 能进行草莓设施生产田间管理。

草莓是多年生草本植物，原产于南美洲，中国各地及欧洲等地广为栽培。据记载，公元前 200 年古罗马花园中已有栽培草莓，我国从明朝开始栽培野生草莓，后来从国外引进良种。草莓色泽红润、柔软多汁、酸甜适口，有浓郁的水果芳香，主要以鲜食为主，也可加工成果汁、果酱、清凉饮料、果酒等。草莓营养价值高，含有多种营养物质，有一定的保健功效。食用草莓可固齿龈、清新口气、润泽喉部。

知识准备 草莓生物学特征

一、草莓植物学特征

1. 根

草莓为须根系，草莓的根系是由新茎和根状茎上发生的不定根组成的。草莓的根首先从根茎上发生直径为 1~1.5mm 的一次根，一般有 20~35 条，多时达 100 条。从一次根上又分生许多侧根,侧根上密生根毛。新发出的不定根为乳白色,随着时间增长逐渐老化变为浅黄色以至暗褐色,最后变为近黑色而死亡。然后上部茎会产生新的根,代替死亡的根继续生长。

草莓的根系在土壤中分布浅,绝大部分集中于 0～30cm 的土层内,20cm 以下的土层根系分布明显减少。草莓根系分布深度与草莓的品种、栽植密度、土壤质地、耕作层、温度和湿度等有关。在草莓密植、耕作层深厚、土壤疏松时,根系分布较深。

2. 茎和叶

草莓的茎低于叶或近相等,叶三出,小叶具短柄,质地较厚,呈倒卵形或菱形,长 3～7cm、宽 2～6cm,顶端圆钝,基部小叶呈阔楔形,侧生小叶基部偏斜,边缘具缺刻状锯齿,锯齿极尖。草莓的叶上面呈深绿色,几乎无毛,下面呈淡白绿色,疏生毛,沿叶脉较密;叶柄长 2～10cm,密被黄色柔毛。

3. 花

草莓的花为聚伞花序,有花 5～15 朵,花序下面具一短柄的小叶;花两性,直径为 1.5～2cm;萼片呈卵形,比副萼片稍长,副萼片呈椭圆披针形,全缘,少数深 2 裂,结果时比例有所扩大;花瓣为白色,近圆形或倒卵椭圆形,基部具不显的爪;雄蕊有 20 枚,不等长;雌蕊极多。

4. 果实

草莓的果实为聚合果,直径达 3cm,呈鲜红色,宿存萼片直立,紧贴于果实;瘦果,呈尖卵形,光滑。果期为 6～7 月。

二、草莓生长习性

草莓适应性较强,喜光,也较耐阴,若光照条件好,则植株生长旺盛,产量高。花、果期和生长旺盛期要求 12～15 小时的长日照,花芽形成期要求 10～12 小时的短日照。草莓是浅根性植物,土壤表层的质量与草莓生长关系密切,要求肥沃、疏松、透水、通气、中性或微酸性、微碱性的土壤,地下水位不高于 100cm。

1. 温度标准

草莓喜温凉气候,草莓根系的生长温度为 5～30℃,生长适温为 15～22℃,茎叶生长适温为 20～30℃,芽在-15～10℃环境下发生冻害,花芽分化期的温度须保持在 5～15℃,开花结果期的温度须保持在 4～40℃。草莓越夏时,气温高于 30℃且日照强时,须采取遮阳措施。

2. 光照标准

草莓喜光，但又较耐阴。若日照时间长，则果小、色深、质量好；若日照时间适中，则果大、色浅、糖分低，收获期长。

3. 水分标准

草莓的根分布浅，蒸腾量大，对水分要求严格，但在不同时期，草莓对水分的要求不同。在初春，土壤含水量不小于 70%；在果子生长和采摘期，水分需求量最大，达 80% 左右；采收以后，抽取匍匐茎和发新不定根，土壤含水量须高于 70%；秋天是主茎积淀养分和花芽形成期，土壤含水量大于 60%。草莓怕涝，要求土壤有优良的渗透性，注意田间雨季排水。

4. 土壤标准

草莓宜生长于肥沃、松散，中性或微酸性壤土中，过度黏重土质不适合种植草莓。砂质土壤可多施厩肥，勤浇水，也可种植草莓。

工作任务　草莓设施生产管理

▌任务描述　　某现代农业科技有限公司计划栽培草莓 $3hm^2$。作为蔬菜生产技术员，应根据公司的需要制订出详细的设施育苗计划，内容包括穴盘和基质等物料投入、生产计划安排和栽培技术规程等。

▌任务目标　1. 掌握草莓设施生产茬口的安排。
　　　　　　　2. 掌握草莓设施生产品种选择。
　　　　　　　3. 能培育草莓壮苗。
　　　　　　　4. 能进行草莓设施生产田间管理。

草莓设施育苗
技术

▌相关知识

（一）草莓设施生产茬口

不同品种的草莓，其果实的成熟时期不同，日光温室草莓生产茬口的安排也不同。栽植一季草莓品种，茬口安排为上茬草莓下茬蔬菜，蔬菜品种以果菜类的西红柿、黄瓜、豆角为好。北方地区一般在 9 月下旬至 10 月初定植草莓，2 月中旬在草莓畦埂上定植西红柿，3 月中旬草莓开始成熟，4 月中旬草莓收获结束，5 月下旬西红柿开始上市，7 月末结束，土地休闲 1～2 个月，先进行人工培肥地力，再进行翌年的生产循环。栽植多季成熟的草莓品种，一般一年为一个生产周期，跨两个年度。以栽植西班牙草莓杜克拉品种一般在 9 月末至 10 月初栽植，2 月上旬成熟，6 月末结束，土地休闲 2～3 个月，这段时间可进行人工培肥地力，再进行下一年的生产循环。

（二）草莓品种选择

章姬　早熟品种。植株生长势强，株型开张，繁殖力中等，中抗炭疽病和白粉病，丰产性好，一级序果平均单果重 40g，最大果重 130g，每亩产量为 2t 以上。

红颜　早熟品种。植株生长势强，株型开张，繁殖力中等，中抗炭疽病和白粉病，丰产性好。果实呈长圆锥形，个大，畸形果少，可溶性固形物含量为 9%～14%，一级序果平均单果重 40g，最大果重 130g，每亩产量为 2t 以上，休眠浅，适宜温室栽培。每亩定植 8000～9000 株。

丰香　植株开花早，属早熟品种，果实糖度高而稳定，可溶性固形物含量为 11.25%。结实类型为非四季型；适应性强，但非常不抗白粉病，对灰霉病有一定的抗性，花期易受低温危害；休眠浅，适合鲜食，可用于早促成栽培和促成栽培。

千禧　植株生长势强，株型稍直立。叶片厚，叶色浓绿。果实大，平均单果重 18g，呈圆锥形，果色深红，有光泽。可溶性固形物含量为 10%～14%，味甜酸，风味浓。肉质硬，耐储运。该品种抗白粉病、炭疽病，但易遭红蜘蛛为害。

哈尼　植株生长健壮，分枝中等，叶片中大。一级序果平均单果重 25.2g。果肉稍硬，质细，适于运输和加工。该品种抗病、丰产性能好，一般每亩产量为 2000kg 左右。

戈雷拉　植株直立、紧凑，分枝力中等，叶片呈椭圆形。一级序果平均单果重 24g。果实呈红色，较硬，髓心较空。植株抗寒抗病。该品种为一季品种，丰产，一般每亩产量为 2000kg。

宝交早生　植株生长势强，长势开张，分枝力中等。一级序果平均单果重 17.2g，皮薄不耐储运，风味香甜，品质优，为一季品种。该品种休眠期短，适合露地和保护地栽培，一般每亩产量为 1000～1500kg。

春香　植株直立，分枝力中等，叶片较大，一级序果平均单果重 17.8g，果汁为红色，味香甜，品质优。该品种为一季品种，休眠期短，适合保护地栽培，一般每亩产量为 1500kg。

长虹　植株生长势中等，株态开张。一级序果平均单果重 18g。该品种抗寒抗病，较丰产，每茬果成熟较集中，是适合商品生产较理想的四季品种，一般每亩产量为 1500～1800kg。

杜克拉　植株直立，繁殖力中等，一级序果平均单果重 33g。植株抗逆性较强，抗病，丰产。该品种休眠期短，保护地栽培成熟早，一般情况下可在 1 月采收。该品种属多季品种，温室栽培可陆续产生 4～5 次花序，形成多次产果，延续结果 2～3 个月，条件适宜可延续 4 个月，一般每亩产量为 3000～5000kg。

卡尔特一号　植株开张，株大，生长势强，繁殖力弱，一级序果平均单果重 30g。该品种口感细腻、芬芳味浓、甜酸适口、品质极优，植株抗性强，休眠期较长，适合露地及冷棚栽培，一般每亩产量为 2500～3000kg。

任务实施

（一）育苗

1. 育苗前准备

1）育苗场地选择。选择地势开阔、排水通畅、交通便利的场地，要求四周没有工厂，远离工业区。

草莓设施栽培
管理技术

2）育苗场地建造。根据育苗量多少建造育苗场地。若年育苗量为 100 万株，则需要脱毒苗驯化大棚 500m²，二级苗驯化场地 800m²。塑料大棚宽 8～10m、长 80～90m，拱形高 5～6m。塑料大棚四周挖宽 50cm、深 50～100cm 的排水沟。

3）棚室设备。采用塑料大棚和日光温室皆可。要求棚室设备完善，有冬季加温和夏季降温设施，有条件的可以增加遮阳网、卷帘机等设备。

4）水电工程。水电路及水肥一体化设施配套齐全，方便浇水灌溉、配制肥料农药等。

5）劳动工具。需要铁锹、抓钩、喷壶、药机等温室常用工具和低值消耗品。

2. 穴盘育苗

1）穴盘的选择。穴盘按材质不同可分为聚苯泡沫穴盘和塑料穴盘，其中塑料穴盘的应用更为广泛。塑料穴盘一般有黑色、灰色和白色，多数种植者选择使用黑色穴盘，其吸光性好，更有利于种苗根部发育。穴盘的尺寸一般为 54cm×28cm，通常选择圆形孔穴。冬春季选择黑色穴盘，夏季或初秋改为银灰色穴盘。小苗选择 128 孔，中苗选择 72 孔，大苗选择 32 孔。在生产上，一般选择 72 孔穴盘驯化脱毒苗，使用 32 孔穴盘培育二级生产用苗。

穴盘在使用前先用稀释 1000 倍的 40%福尔马林溶液喷洒穴盘，再用塑料薄膜闷盖 3天后揭膜，待气体散尽后使用。穴盘可以重复消毒使用。

2）基质的选择。选择基质的标准：排水能力强，孔隙度大；pH 值为 5.5～6.5；含有适当的养分，能够保证子叶展开前的养分需求；极低的盐分水平，EC 值要小于 0.7；基质颗粒的大小均匀一致；无植物病虫害和杂草；每批基质的质量应保持一致。

3）基质的配制。育苗用的培养土可以是有机基质，也可以是无机基质。有机基质有草炭、稻壳等，无机基质有沙子、珍珠岩、蛭石、陶粒等。也可将几种基质混合成混合基质。一般选用蛭石、草炭、珍珠岩混合基质，蛭石∶草炭∶珍珠岩=1∶2∶4。

4）基质的消毒处理。将基质置于拌料场上，按照基质配制方案设定的比例，将混合基质搅拌均匀，边搅拌边加入消毒剂。消毒剂采用 40%福尔马林溶液，使用其喷洒基质，要求喷洒全面、混合均匀，然后用塑料薄膜覆盖密封 24 小时。使用前揭膜，将基质风干或者暴晒 3 天。

5）基质的穴盘填充。基质在填充前要充分润湿，一边用喷壶喷一边用铁锹翻拌，湿度以 60%为宜，在生产上判断的标准为：用手握一把基质，有少量水分从指间流出，松开手，基质会成团，但轻轻触碰，基质会散开。如果太干，则将来浇水后，基质会塌沉，造成透气不良、根系发育差。各孔穴填充程度要均匀一致，否则基质量较少的孔穴干燥的速度比较快，从而使水分管理不均衡。

6）穴盘打孔。栽苗打孔的深度要一致，保证栽种的深度也一致。可以用手指或者小棍在孔穴中央打一洞，将草莓苗根系放入，外面用大颗粒的蛭石作为覆盖物掩盖，注意栽植时要"深不埋心，浅不露根"。

草莓穴盘育苗如图 7-3 所示。

图 7-3 草莓穴盘育苗

3. 穴盘育苗的管理

1）初次浇水。栽种好后，将穴盘统一放置在苗床上管理，浇透水。翌日再补浇 1 次水，连浇 3 次。以后不干不浇，见干见湿。

2）水分管理。水的 pH 值为 5～6.5，灌溉水的 EC 值要低于 1ms/cm，只有这样才适宜生产。以下几种情况少浇水：天气由晴转阴、转冷，或者温室内湿度特别高；水分蒸发较慢，蒸腾作用较低，穴盘不易变干；孔穴下半部分仍旧有一定湿度；第二天需要对幼苗进行施肥。夏季高温季节要勤浇小水，保持基质湿度。浇水的关键是见干见湿，浇则浇透。适当控水，注意天气和温度。

3）肥料管理。一般配制专用营养液浇灌，配方如下：硝酸钾 307g/L、硝酸铵 289g/L、磷酸二氢钾 126g/L、硝酸钙 236g/L、硫酸镁 123g/L、硫酸锰 0.2g/L、硫酸亚铁

19g/L、乙二胺四乙酸 14g/L、硫酸锌 0.56g/L、硫酸铜 0.96g/L、钼酸钠 0.24g/L、硼酸 0.34g/L。配制成 EC 值为 1 的溶液浇灌，随着苗的长大，EC 值为 1～1.5。

4）病虫害防治。穴盘育苗的时间较短，很少受到病虫害的威胁，但是由于生长过于密集，而且数量众多，如果对环境控制不力或管理不当，则也会有病虫害的问题。在生产上，应以防为主，防治结合，可每隔 15 天喷洒一遍 800～1000 倍多菌灵或者甲基托布津溶液。

5）小穴盘换大穴盘。当小苗长到 5～8cm、具 5 片叶时，可以将小苗移植到营养钵或大穴盘上栽植，方法是先用小刀沿穴盘边缘空隙处环割一周，将小苗连土起出，栽于大穴盘中，再用基质填充满穴盘，浇透水，移入苗床管理。

6）大苗移栽。当苗长到 8～10cm、具 5 片叶以上时，即可移栽到育苗圃中进行田间育苗。选择地势较高、排灌水方便的地块做育苗地；将土地深翻、整平；每亩施有机肥 2000kg、三元复合肥 50kg、硫酸钾 20kg；选择晴天上午进行移栽。定植密度为每亩 6000～8000 株，双行定植。定植后浇透水，前 3 天要连续浇水，一周后成活，进行正常管理。

（二）设施栽培管理

1）产地环境。产地环境应符合《无公害农产品 种植业产地环境条件》（NY/T 5010—2016）规定的要求。通常选择阳光充足、排灌方便、土质肥沃、近 3 年内未种植草莓的田块。

2）品种选择。选择优质高产的鲜食型草莓品种，如天仙醉、红颜、章姬等。

3）土壤处理。每年 7～8 月，首先施土杂肥 30 000～45 000kg/hm²、石灰氮（氰氨化钙）3750～16 875kg/hm²，然后深耕 40cm 以上。灌透水后用旧塑料膜覆盖地面，同时将温室或大棚密闭，使地表温度升至 40℃以上，保持 300～350 小时，处理结束 10 天以后定植。

4）整地作垄。定植前应翻耕土壤，施有机肥 30 000～45 000kg/hm²，同时加入 45%硫酸钾（15-15-15）复合肥 600～750kg/hm² 及过磷酸钙 600～750kg/hm²。翻耕后先耙平，再整地作垄。垄高 35cm 以上，垄面宽 0.6～0.8m，每垄种植两行。

5）定植时间。应以 50%草莓植株达到花芽分化期为定植期。通常定植期为 9 月上中旬。

6）定植密度。定植密度为 10～12 万株/hm²，采用脱毒种苗栽培时适当稀植。

7）定植方法。采用定向（草莓苗弓背朝向畦外侧）双行栽培，带土移栽，移栽深度做到"深不埋心，浅不露根"。

8）查苗补苗。发现缺株、死苗要及时补栽，发现栽得过深或过浅的要及时采取补救措施，确保全苗。

9）中耕除草。在草莓生长季节，应结合除草进行中耕，可增加土壤透气性能，有利于根系生长，中耕深度以 3～6cm 为宜。

10）追肥。追肥可结合浇水进行，追施 45%硫酸钾复合肥 150～200kg/hm² 1 次，以后在果实膨大期、第一采收高峰期后各追肥 1 次，每次用 45%硫酸钾复合肥 150～200kg/hm² 和尿素 60～90kg/hm²。

11）温度调节。白天温度保持在 26～28℃，夜间温度保持在 15～18℃。10 月下旬覆盖黑地膜，夜间最低气温降到 8℃时扣大棚膜，外界气温降到 0℃时，应在大棚内覆盖第二层棚膜，两层棚膜的间距以 20～30cm 为宜。当外界最低气温达-6℃以下时，应在膜外加盖草苫，或采用三重覆盖（二层棚内加小拱棚）。

12）临时加温。加温方法有炉火加温、电热加温、烟雾加温等。

13）光照调节。若遇连续阴雨天气，则可以增加补光灯，在草莓上方 20cm 处加装 100W LED 灯，补光 4 小时。

14）适时放风。若遇 25℃以上持续高温，则要加大放风量，当夜间棚内气温低于 15℃时，在傍晚关闭放风口。在冬季，只在中午打开放风口排除湿气和废气。

15）水分管理。根据土壤湿度每 3～7 天浇水 1 次，通过早晨观察叶面水分确定，如果早晨在叶缘见到水滴，则可认为水分充足，否则应灌水。

16）配植授粉品种。单一草莓品种种植可自花结实，但为提高坐果率，减少畸形果，可选用多品种混种。

17）棚内放蜂。放养蜜蜂可在整个花期进行，蜜蜂放养量以每株草莓 1 只蜜蜂为宜。一般为每亩放置 2 箱蜜蜂。

18）赤霉素处理。使用 5mg/kg 浓度的赤霉素对草莓进行处理。浅休眠品种每株喷施 5mL，仅喷施 1 次；较深休眠品种每株喷施 5mL，共喷施两次，间隔 10 天。

19）摘除老叶。在生长期摘 3 次叶片，摘除老叶和黄化叶片等。第 1 次在 10 月中旬，扣棚前进行。第 2 次在 11 月中旬，盖地膜后进行。第 3 次在 3 月中旬，第 1 次果实采收高峰后进行。

20）进行无公害草莓生产，适时采收是保证果品质量的关键。一般来说，大棚栽培采收期在 12 月上旬至 5 月上旬，应及时采收，以果面着色 70%以上为佳，在采收过程中所用工具要清洁、卫生、无污染。如果采收过早，则果实营养积累少、汁液少、香气差、外观差、品质低。如果采收晚，则不易运输，果实容易腐烂。

无公害草莓的感官要求应该是，果实新鲜洁净，无萎蔫变色、腐烂、霉变、异味、病虫害、明显碰压伤，无汁液浸出。采收应该在清晨露水干后或近傍晚进行，要避开高温时段。因为在高温时段果柄变软，采摘费工，容易碰伤果皮，也易腐烂。采收时轻摘轻放，用大拇指和食指把果柄掐断。切忌硬拉，避免拉下果序和碰伤果皮。草莓的成熟期不一致，采收时应该间隔 1～2 天采收 1 次。每次采收要把适度成熟的果实全部采净。

成熟草莓适时采收如图 7-4 所示。

图 7-4　成熟草莓适时采收

关键技术 **草莓病虫害综合防治**

　　通过选用抗病抗虫品种，培育壮苗，加强栽培管理，中耕除草，秋季深翻晒土，清洁田园，轮作倒茬、间作套种等一系列措施起到防治病虫害的作用。尽量使用灯光诱杀、色彩诱杀、机械捕捉等措施防治病虫害。若必须使用农药，则应遵守绿色食品的农药使用准则。使用黄板诱杀白粉虱、蚜虫，使用糖醋液诱杀斜纹夜蛾、小地老虎，使用频振式杀虫灯诱杀害虫等。用 2%武夷菌素水剂 200 倍液 7～10 天喷 1 次，连喷 2～3 次，可防治草莓炭疽病。在开花结果期，将棚内湿度降到 50%以下，温度提高到 35℃，闷棚 2 小时，连续闷棚 2～3 次，可防治灰霉病。

综 合 评 价

　　综合评价以自我评价和小组评价相结合的方式进行，指导教师（或师傅）根据考核评价和学生学习成果进行综合评价。

　　1. 根据任务完成情况，检查任务完成质量。

　　2. 归纳总结定植操作技术要点并进行应用推广，提出提高草莓定植成活率的措施与方法，并进行试验和推广。

　　3. 走进不同规模、不同地域的企业，按照企业生产标准化要求，对该企业的生产管理实施过程、规章制度完善性进行点评，评价一下草莓设施生产田间管理是否规范合理，提出田间管理的合理化建议。

　　草莓设施生产考核评价表如表 7-3 所示。

表 7-3　草莓设施生产考核评价表

班级：　　第（　　）小组　　姓名：　　　时间：

评价模块	评价内容	分值	自我评价	小组评价
理论知识	1. 掌握草莓设施生产的茬口安排	10		
	2. 掌握草莓设施生产的品种选择	10		
	3. 了解草莓设施生产的工作流程和田间管理要点	10		
操作技能	1. 能进行草莓设施播种和定植	20		
	2. 能运用农业技术措施防治草莓病虫害	20		
	3. 能运用草莓设施生产技术进行生产流程管理	20		
职业素养	1. 以人为本，具有绿色蔬菜产品生产的理念	5		
	2. 团队合作，具有精益求精的职业精神	5		

综合评价：

指导教师（或师傅）签字：

1. 简述芽苗菜设施生产常见问题与对策。

2. 简述草莓育苗基质的消毒过程。

3. 简述芽苗菜对外界环境条件的要求。

4. 简述草莓设施生产管理技术。

模块 8

蔬菜产业发展

长期以来，我国居民以食用鲜活农产品为主，这些鲜活农产品上市交易时大多数无生产日期、无质量检测报告、无生产主体信息，出现问题难以追溯到责任主体。这一现象对我国农产品生产、加工、储存、运输与消费各环节都带来了较大影响，制约了农业产业现代化发展。因此，有必要建立蔬菜产品质量体系，开展蔬菜质量检测。本模块的主要内容有蔬菜质量追溯和检测。

【学习导航】

蔬菜质量追溯

【核心概念】

运用互联网技术进行蔬菜追溯和生产物流与消费管理是未来的发展趋势，由于蔬菜不同、种类特性不同、产销不同，环节信息化水平差异较大，在不同环节可选择的具体应用模式多种多样，必须从实际出发，因地制宜地选择适合的信息技术，实现高效追溯和低成本追溯。

【学习目标】

1. 了解蔬菜质量追溯系统的作用。
2. 掌握蔬菜质量追溯主要内容。
3. 了解蔬菜质量追溯信息真实共享的保障措施。

蔬菜等农产品的追溯是一项复杂的系统工程，涉及面广，利益主体众多，业务流程比较复杂，要实现蔬菜等农产品的全产业链追溯必须系统考虑，全面推进。蔬菜等农产品的追溯涉及物联网技术、云计算技术、大数据技术、区块链技术等，而物联网技术是一项较新的事物，系统运行稳定性还需要提高，云计算、大数据、区块链等技术也需要进一步应用和验证。因此，蔬菜等农产品追溯运用的物联网、云计算等技术处于探索应用阶段，但代表着未来的发展趋势。

知识准备 蔬菜质量追溯的发展

2003年以来，国家市场监督管理总局、商务部、农业农村部等有关部委分别在本部门领域内开展农产品追溯试点和示范工程建设。例如，国家市场监督管理总局实施"中国条码推进工程"，在全国建立了100多个产品质量安全追溯应用示范基地，开展了肉类食品追溯制度和系统建设项目试点；商务部在 58 个城市开展肉类蔬菜流通追溯体系建设；农业农村部宣布上线了"国家农产品质量安全追溯管理信息平台"。这标志着我国农产品向全程可追溯迈出了重要一步。

随着"互联网+"时代的到来，以及大数据、云计算、边缘计算、区块链等先进技术的日益发展，实现对蔬菜质量和安全的有效追溯在技术上并不存在不可逾越的困难。未来，国家将会不断完善法治建设、整合各部门资源，建立全国统一的蔬菜质量安全追溯监管体制，实现蔬菜追溯统一监管。统一标准规范是我国蔬菜质量安全追溯的重要发展趋势。

一、蔬菜质量追溯的研究与创新

（一）大力推进溯源标准体系建设

蔬菜是主要的农产品之一。从国家层面出台农产品质量安全追溯法律法规，明确追溯对象、追溯信息、追溯环节、追溯主体、法律责任等相关内容，使蔬菜质量安全追溯有法可依。协调好蔬菜质量安全追溯监管部门的主体责任，使既有部门、地区和企业间的溯源平台及系统实现互联互通，形成分级负责、内部协调、对外统一的国家级蔬菜质量安全追溯监管体系。基于"互联网+"应用建设高度开放、覆盖全国、共享共用、通查通识的智能化国家追溯平台，规范编码标识、信息采集、平台运行、数据交换等关键技术标准。

（二）加大溯源关键技术研发力度

设立蔬菜质量安全追溯体系关键技术研发专项，解决领域内前沿技术落地困难、蔬菜追溯信息应用反馈动力不足的问题。重点涉及 3 项技术：一是农业遥感和农业环境探测技术，针对大田蔬菜、设施蔬菜研制低成本、长寿命、低耗能的农业环境传感器材和便携式设备，应用于蔬菜产地溯源；二是农业大数据技术，突破多源异构海量农业追溯数据在存储、交换、检索方面的技术难点，引入市场机制探索大数据共享交换的新模式；三是创新发展区块链、AI（artificial intelligence，人工智能）等前沿技术，研发新一代蔬菜质量追溯智能系统，减少过程监管中的人为参与，重构蔬菜质量安全信任体系。

（三）强化"互联网+"应用创新

打造"互联网+"蔬菜产业园和农业示范工程，打通技术应用的最后一公里，促进新技术、新成果、新设备落地应用并发挥实效。重点部署两项示范工程：一是蔬菜追溯示范工程，以规模化蔬菜生产企业为重点，选择有代表性的蔬菜产品，开展对蔬菜生长环境、生长过程和加工数据的采集、分析、处理，打通蔬菜产业数据库系统与政府追溯平台及主流电子商务系统，支持蔬菜产品的质量评估、安全追溯、营销定位、产量调节和生产调控等；二是基于区块链的农业追溯示范工程，遴选具有农业溯源实践经验的科研机构和具备科研创新基础的农业实体企业，开展农业区块链关键技术研发，突破区块链应用在吞吐量、延迟时间、容量和带宽、数据加密和安全等方面核心底层技术的制约，充分利用区块链去中心化、信息不可篡改的特征，开展农业区块链在物联网、农业大数据、质量安全追溯、农村金融、农业保险、全产业供应链等应用场景中的落地实践。

二、监测预警及追溯实践

（一）强化风险监测及评估预警

基于蔬菜追溯信息平台开展大数据挖掘和智能分析，及时发现蔬菜质量安全潜在风险，锁定重点可疑目标，进行精准监管。深入开展蔬菜质量安全风险评估，摸清各类蔬菜全程管控的关键节点和技术流程，有针对性地采取管控措施。制定和修订蔬菜质量安全应急预案，明确任务分工，完善相关应急程序和制度，建立快速反应、信息通畅、上下协同、跨区联动的应急机制。妥善应对蔬菜质量安全的虚假信息和谣言传言，及时进行科普辟谣，研究建立健全谣言治理方案；针对公众关注的热点敏感问题，积极利用微信、电台、报纸、图书等形式，开展常态化、多样化的风险交流和科普宣传，提升公众质量安全意识和科学识别判断能力。

（二）拓宽蔬菜质量安全追溯实践领域

各行业协会、各地方标准化委员会主办的追溯系统和追溯平台通常只聚焦于专门品类（如蜂产品、茶叶产品）、专门环节（如流通），或者局限于特定地域（省、市），这些追溯系统和追溯平台的服务领域及服务对象明显过窄，可持续服务能力偏弱，商业化运营落后。建议加强"互联网+"蔬菜质量追溯系统建设，重点拓宽追溯平台的实践领域和服务对象，强化流通环节监管，重视蔬菜加工、冷链运输、市场销售等全产业链的各个环节。

三、队伍建设和社会共识

（一）落实专业人才培养

我国广大农业从业者的文化素质仍然相对较低，对信息技术和专业知识的掌握较差，接受新知识、新技术的主动性和能力有待提高。随着以智慧农业为代表的现代农业体系加速发展，蔬菜质量安全追溯领域迫切需要专业基础知识扎实、学习能力强、创新思维突出的高素质人才。国家需要制定相关政策引导科研机构、大专院校积极培养现代农业实用型人才；设立专项基金，鼓励掌握现代农业技术的人才参与农业农村建设，到蔬菜质量安全追溯等农业发展岗位上去。政府建立职业化农民培养体系，建设新型职业化高素质农民队伍，使农业从业者不断掌握新技术；同时加大资金支持力度，保障培养体系正常运行。

（二）引导社会力量参与蔬菜质量安全治理

充分调动社会力量，实行社会化的细致分工，形成良好的蔬菜质量和安全管理的社会状况，对保障蔬菜质量安全具有重要作用。一是建立蔬菜质量安全信息平台，畅通投诉举报渠道，设立投诉举报电话，完善举报奖励制度，鼓励和动员社会力量参与蔬菜质量安全监管和协同共治；二是发挥媒体的舆论监督作用，有效曝光蔬菜质量安全事件，建立蔬菜质量的"黄名单""黑名单"制度，对不法生产经营者依法公开其违法信息，营造良好的社会信用环境；三是鼓励第三方组织或机构参与蔬菜质量安全治理，引入市场机制，发挥市场在资源配置、安全监督中的决定性作用。

工作任务　蔬菜质量安全追溯案例分析

▌**任务描述**　　作为公司蔬菜质量追溯系统建设负责人，要熟悉目前市场上已有的蔬菜追溯系统及系统功能。根据公司蔬菜生产实际及系统使用成本，合理选择相应系统。

▌**任务目标**　1. 确定采用的蔬菜质量追溯系统。
　　　　　　　2. 参加培训学习，熟悉蔬菜质量追溯系统的作用及使用操作。

▌相关知识

（一）蔬菜质量追溯系统

蔬菜质量追溯系统指利用互联网、物联网、自动识别、大数据存储、云传输等技术，由特定的设施设备对蔬菜从生产到销售全过程的信息进行编码，以实现数据共享。该系统可以对生产、加工、收购等重要环节进行更好的质量控制，实现蔬菜产品来源可查、去向可追、责任可究。

通过蔬菜质量追溯系统，既可采集蔬菜生产产地选择、种植、施肥、喷洒农药等环节各关键信息的现场数据，也可采集蔬菜包装、物流环节的重要处理与存储数据，建立质量信息数据库。通过条码关联，消费者可对蔬菜信息进行查询，了解蔬菜从田间到市场整个过程的关键数据。

蔬菜质量追溯过程如表 8-1 所示。

表 8-1　蔬菜质量追溯过程

追溯项目	追溯内容	展示形式	记录设备
蔬菜生产源地	生产企业基本情况、蔬菜生产的环境	图片、文字	人工输入
土壤的灭菌及施肥	土壤灭菌使用的药物、灭菌的工作过程	视频、照片、文字	大棚静态阅读器自动记录上传
蔬菜生产过程	蔬菜的播种、出芽、移栽、除草、病虫害防治、灌溉	视频、照片、文字	大棚静态阅读器自动记录上传
蔬菜包装过程	蔬菜的采摘、预冷、分拣、二维码生成、贴标	视频、照片、文字	生产车间静态阅读器自动记录上传
蔬菜运输过程	运输的条件、过程、时间	文字、图片	追溯二维码、5G 车载视频监控+车辆卫星定位系统

（二）蔬菜质量追溯系统的作用

蔬菜从生产到消费、从田间到餐桌的整体链条，要经过生产、加工、储藏、运输和销售等环节的管理。通过先进的信息处理和互联网技术，将信息的采集、发布、追溯等融为一体，可实时掌握蔬菜从生产到销售各环节的运行状况，以提高蔬菜生产质量监管水平，保证各地方和部门间信息互联互通、资源共享，建立畅通的信息监测和通报网络体系，逐步形成统一、科学的果蔬安全信息评估体系，及时研究分析果蔬安全形势，对蔬菜安全问题做到早预防、早发现、早整治、早解决，有效地保障了蔬菜质量安全。

条码关联使得蔬菜产品质量追踪成为可能。消费者根据包装条码，进行蔬菜生产追溯和物流信息追溯，了解蔬菜的质量安全信息，从而能够放心食用优质的绿色蔬菜。

生产企业为蔬菜产品提供品牌包装和二维码追溯服务，有利于塑造自己的蔬菜品牌，促进企业蔬菜的推广和销售。

▌任务实施

以小组为单位，在指导教师的指导下，进行"招贤五彩现代农业开发有限公司通过使用山东省农产品质量安全追溯系统提升蔬菜生产效能"的典型案例分析，提出针对蔬菜生产、储运和消费管理的意见和建议。

1）面向公司职工开展蔬菜追溯系统使用培训，明确不同岗位职工的系统数据采集职责，并掌握相应的信息采集操作。

2）开展蔬菜追溯系统使用宣传，树立并提高公司蔬菜产品品牌形象。

【案例主题】招贤五彩现代农业开发有限公司通过使用山东省农产品质量安全追溯系

统、中国商品条码，以及自主研发的售后跟踪系统、"柿一家"微信小程序，实现了国家、省、市、县、基地数据互联互通和对农产品"田间—市场—餐桌"整个环节的实时监控，确保了农产品质量安全全程可追溯。产品的商品率提高 8%，货损同比降低 3%，生产的樱桃番茄价格高出普通樱桃番茄 1 倍多，与追溯码使用前相比，同比上升 18%，经济效益、社会效益、生态效益显著提升。

（一）基本情况分析

招贤五彩现代农业开发有限公司（以下简称该公司）成立于 2017 年 11 月，注册资本为 1 亿元，现有职工 336 人，规划面积为 2 万亩，位于山东省日照市，是近三年来新崛起的高端设施农业生产企业。该公司主要从事农业项目开发，农业技术研发，花卉、苗木、农作物种植销售，园林绿化、休闲采摘、农产品初加工销售等。该公司投资 2.4 亿元，建有 9hm² 荷兰标准智能化连栋玻璃温室（图 8-1）、37 个高标准冬暖式大棚，生产番茄、黄瓜、茄子、辣椒等蔬菜，形成周年蔬菜种植生产基地；第二栋 8hm² 智能化玻璃温室即将动工。该公司建有精品苗木展示区，占地 29hm²，形成效益叠加，实现优势互补、协调发展的生态农业生产模式；建有 3 个专业气调库，以发展冷链物流来调整和促进园区蔬菜产业的发展。

图 8-1　智能化连栋玻璃温室

2019 年 5 月，该公司主动引入使用山东省农产品质量安全追溯系统，实现了国家、省、市、县、基地数据互联互通。通过扫描追溯码，可以详细了解作物从种植准备、培育、定植、生长到收获、采后处理等生产全过程，使得每个产品拥有自己的"身份证"，做到了生产有记录、信息可查询、流向可追踪、责任可追究、产品可召回的全程监管，实现了农产品从种植到餐桌的溯源，增强了消费者的信心，提高了五彩优质特色产品的品牌影响力。在投产短短两年的时间里，该公司已累计打印 232 396 张追溯码，销售各类蔬菜1530t。

（二）主要做法分析

1. 健全的组织机构

该公司成立了以总经理为组长的质量追溯管理领导小组，配备了 21 名农事区域负责人、7 名品控人员、3 名内检员、2 名检测人员和 2 名追溯系统管理人员。所有人员经专业培训后上岗，并将工作完成情况纳入年终绩效考核，保证了质量追溯管理的独立、有效。

2. 先进的种植基地

该公司按照绿色食品标准与 Global GAP（global good agricultural practice，全球良好农业规范），定期进行环境监控和灌溉水检测，引进比利时碧奥特 IPM（integrated pest management，有害生物综合治理）生物防治系统、荷兰 Priva 硫磺熏蒸系统、补偿式滴箭灌溉系统、精准控制灌溉 EC 值和 pH 值的施肥系统等从事农业生产，减少了农药和化肥的使用量。2020 年 12 月，该公司生产的番茄、樱桃番茄产品获得绿色食品认证。

该公司的灌溉施肥系统、原水处理系统、高压迷雾系统如图 8-2～图 8-4 所示。

图 8-2　灌溉施肥系统

图 8-3　原水处理系统

图 8-4　高压迷雾系统

3. 规范的生产管理

该公司成功创建了山东省田园综合体标准化试点单位，先后通过绿色食品认证、Global

GAP 认证，与珠海华蓓生态科技有限公司、上海由由农业科技有限公司、青岛凯盛浩丰智慧农业科技有限公司共同起草制定《现代智能玻璃温室番茄种植技术标准》，制定企业内部标准 412 项。农事区域负责人每天测量、记录作物生长环境的温湿度，以及作物的生长情况，对所负责的生产区域进行全时段监管；内检员对各项农事活动及农业投入品使用等进行现场监督检查。该公司通过高度集约化的管理方式，实现作物生长全过程的质量控制。

在智能化连栋玻璃温室进行硫磺熏蒸和熊蜂授粉如图 8-5 和图 8-6 所示。

图 8-5　硫磺熏蒸　　　　　　　　图 8-6 .熊蜂授粉

4. 严谨的检验检测

该公司建设了专业实验室，制定了实验室管理制度和检验检测制度，配备了 3 名检测人员，购置了农药残留快速测定仪等仪器设备。在产品采收前 7 天，由 1 名检测人员和 1 名区域种植负责人共同到种植基地进行抽样，将样品送至实验室检测，检测合格方可采收。发货之前，由 1 名检测人员、1 名成品库保管人员、1 名销售人员共同对产品再次进行抽检，检测合格后出库销售。

5. 严格的产品流出

该公司建有 1 座专业蔬菜存放气调库，产品采收后分拣包装，按照品种、规格、重量、包装形式、成熟度的不同，分选包装线统计员对产品进行清点登记。入库时，库管员清点登记产品，整托成品 2 小时入库 1 次。在储存期间，严格执行果品储存标准，每日抽调 3 名品控部技术人员巡库，检查成品存放环境和存放状态，随时通知库管员调节冷库温度，使其保持适宜状态。库管员根据库存货架期预警表，及时向销售部门反馈产品货架期。

6. 完善的追溯系统

该公司产品生产全程使用山东省农产品质量安全追溯系统，该系统主要由农产品生产基础信息模块、农产品生产履历管理模块、追溯信息识别与传递子模块、追溯码生成管理模块和追溯信息公共查询模块构成，包含农场日常种植管理、农资管理、种植档案、农事管理、采收管理、收购管理、检验检测、储藏管理、包装管理、运销管理和追溯管理 11

个小模块，并按照全省统一的追溯编码标准生成二维码追溯标签，农产品名称、规格重量、生产公司、联系方式、产地信息、采收批次、采收时间、出库时间、农事操作记录、农事操作人员、检测人员、检测批次、检测时间、检测结果及企业信息等相关数据都能显示在追溯码中，以便把农产品全程呈现给消费者，增强消费者信心。同时，该公司与已建立的农业投入品监管追溯系统、农产品质量检测数据监管系统实现数据互联互通。此外，中国商品条码的使用为产品的质量安全追溯提供了双重保障。

7. 精准的产品召回

该公司自主研发了"柿一家"微信小程序线上销售产品，还自主研发了售后跟踪系统，可以准确追溯到产品入库批次及批发商。一旦产品出现问题，就可以根据出入库记录及售后跟踪系统，确定问题产品的生产批号、生产日期、发货日期、发货数量、生产区域、种植者，并最终锁定对应的消费者，确保产品精准召回。

（三）主要成效分析

1. 社会效益：增强消费者信心

在社会效益方面，使用山东省农产品质量安全追溯系统，对蔬菜生产进行全过程记录，对蔬菜"田间—市场—餐桌"整个环节进行实时监控，实现了蔬菜质量安全全程可追溯，既提高了生产主体自律意识、责任意识，又增强了消费者信心。

2. 经济效益：创造新的收入增长点

在经济效益方面，一是降低了生产管理成本。企业从产前、产中、产后形成了一套全面、完善的标准化管理体系，极大地提高了工作效率，降低了人工成本。同时，细化了生产细节，优化了管理流程，降低了日常生产、包装质量及人员管理等成本。

二是提高了蔬菜产品附加值。通过精准追溯下的规范化管理，提升生产质量、产品质量及包装质量，产品的商品率提高了 8%。同时，生产流程、配送流程等各环节时间缩短，延长了蔬菜产品货架期，货损同比降低了 3%。另外，追溯码载明了蔬菜产品的详细信息，能更好地展示特色和优势，增强市场竞争力，实现更多的市场价值，生产的樱桃番茄价格高出普通樱桃番茄价格的 1 倍多，与追溯码使用前相比，同比上升 18%。产品销往北京、上海、广州、江苏、浙江、河南等省市，示范带动了周边农产品生产企业。

3. 生态效益：实现节水、节能、节地和清洁安全生产

在生态效益方面，追溯系统的使用，实现了产品质量全程监管，对于农产品生产提出了更高、更严格的要求。该公司引进比利时碧奥特 IPM 生物防治系统，监控防治生物危害；采用熊蜂授粉，杜绝了使用激素授粉的危害；利用荷兰 Priva 硫磺熏蒸系统，杀菌消毒；推广无土栽培技术，杜绝了土壤中的微生物污染；利用补偿式滴箭灌溉系统、精准控制灌溉 EC 值和

pH 值的施肥系统、营养液回收消毒及再利用的精准水肥循环系统，既确保每棵植株所得到的水肥营养高度一致，又节约水肥，实现了温室内水肥的零排放和零污染，改善了大气、水质、土壤，提升了农产品品质，为农业绿色生态发展起到了积极的推动作用。

（四）案例分析总结

1. 坚持高标准农业生产管理模式

该公司建有世界顶级的荷兰标准智能化连栋玻璃温室，配有全球最先进的农事操作设施装备，秉持全员、全程、全方位的"三全"质量理念，严格参照绿色食品标准与 Global GAP 从事农业生产，番茄、樱桃番茄两个产品获得绿色认证，为保障蔬菜质量安全提供了技术支撑。

2. 坚持全程全产业链可追溯监管

一是追溯体系全方面覆盖。该公司使用的追溯体系覆盖面广，涵盖了山东省 75 万个生产经营主体基础数据，367 家农产品质量安全检测机构检测数据，山东省的省、市、区县、镇街 4 级监管单位 1617 家基础数据，做到了监管主体、生产经营主体数据全覆盖，检测数据全覆盖，追溯数据全覆盖。同时，该公司与山东省农业投入品监管追溯系统、农产品质量检测数据监管系统、国家农产品质量安全追溯管理信息平台实现了数据互联互通，为保障蔬菜质量安全提供了溯源凭证。中国商品条码的使用为全程追溯提供了双重保障。

二是生产过程无死角监控。该公司建立了控制监管中心，安装了 2.5m×11m 的高清大屏，园区内安装了海康威视高清摄像机 468 台，由专人对产前、产中、产后等各环节进行 24 小时实时监管，对温室生产、采后处理环节进行重点监控，确保全过程可控。

3. 坚持蔬菜质量安全至上理念

该公司牢固树立强烈的社会责任感和使命感，成立了质量追溯管理领导小组，制定了生产、管理、工作、考核等制度。根据工作职能，细化责任分工，配足种植员、农事区域负责人、品控员、内检员、检测员、追溯系统管理员等，各部门各尽其责、各司其职、通力协作，为保障农产品质量安全奠定了坚实基础。

关键技术 让蔬菜自带"身份证"

蔬菜质量安全追溯指利用信息技术对蔬菜进行标识，保证每个蔬菜产品都有对应的标识。通过健全蔬菜质量安全可追溯制度，实现蔬的"生产有记录、流向可追踪、储运可查询、质量可追溯、责任可界定、违者可追究"，简单来说，就相当于为蔬菜办理了"身份证"，记录在生产、加工、储存、运输、销售等环节的详尽信息。

蔬菜质量安全追溯主要有以下 4 个方面的工作。第一，与国家农产品质量安全县

认定及国家现代农业示范区、国家农业可持续发展试验示范区（农业绿色发展先行区）、国家现代农业产业园（"二区一园"）创建工作挂钩。第二，与农业农村部农产品区域公用品牌推选工作挂钩，推选部级农产品区域公用品牌时，将生产经营主体及其产品实行追溯管理作为前置条件。第三，与农业农村部绿色食品、有机农产品、地理标志农产品认证审批及产品续展条件挂钩。第四，与参加农业农村部主办或部省共同主办的全国农业展会的审查条件挂钩。

　　随着消费水平的提高，人们在购买产品时不仅会考虑它的价格、品牌，还会考虑它是否可被追溯。蔬菜质量追溯系统的建立，可以提高蔬菜质量安全突发事件的应急处理能力；提高政府管理部门对蔬菜质量安全的监管效率；增强消费者的安全感；提高生产企业的诚信意识和生产管理水平；提升我国蔬菜的国际竞争力。

综 合 评 价

　　综合评价以自我评价和小组评价相结合的方式进行，指导教师（或师傅）根据考核评价和学生学习成果进行综合评价。

　　蔬菜质量追溯考核评价表如表 8-2 所示。

表 8-2　蔬菜质量追溯考核评价表

班级：　　第（　　）小组　　　姓名：　　　时间：

评价模块	评价内容	分值	自我评价	小组评价
理论知识	1. 了解蔬菜质量追溯系统的作用	10		
	2. 掌握蔬菜质量追溯主要内容	10		
	3. 了解蔬菜质量追溯信息真实共享的保证措施	10		
操作技能	1. 能运用蔬菜质量追溯系统采集相关信息	20		
	2. 能对蔬菜生产企业采用的追溯方法和做法进行分析	20		
	3. 能进行成效分析，并提出相关的生产经营建议	20		
职业素养	1. 以人为本，具有绿色蔬菜产品生产的理念	5		
	2. 团队合作，具有精益求精的职业精神	5		

综合评价：

指导教师（或师傅）签字：

工作领域 18

蔬菜质量检测

【核心概念】

　　农业产业化的发展促使蔬菜生产对农药、激素、抗生素等外源物质的依赖程度不断增加，特别是在蔬菜种植过程中，为了降低病虫害对蔬菜品质的影响，大量农药应用在蔬菜生产过程中，若控制不当，则会造成蔬菜中多种农药残留超标，直接影响消费者食用安全。

【学习目标】

1. 掌握蔬菜农药残留检测方法。
2. 熟悉农药残留检测方法的原理及适用范围。
3. 了解蔬菜农药残留检测新技术。

　　农药在促进农业发展、保证农民增收的同时，对环境产生了严重的危害。据统计，使用农药喷洒作物，只有10%的农药用于防治病虫害、调节植物生长，其余90%的农药对空气、水体和土壤造成长远的危害。同时，过量使用农药易造成蔬菜农药残留过量，一旦流入市场，直接威胁人民群众的身体健康。

　　蔬菜农药残留的检测工作对于我国蔬菜产品市场的健康发展十分重要。蔬菜农药残留检测技术的应用，可以及时发现农药用量超标蔬菜，及时进行处理，保证蔬菜中农药残留量在安全限度以内，保障蔬菜食品安全。

知识准备　蔬菜农药残留检测

蔬菜质量检测

一、蔬菜农药最大残留限量

　　目前，国际上通常用农药最大残留限量（maximum residue limits，MRLs）作为判定蔬菜产品安全的标准。它是食品和农产品内部或表面法定允许的农药最大浓度，以每千克食品和农产品中农药残留的毫克数表示。每个国家都会根据自己的国情制定农药最大残留限量要求。国际食品法典委员会（Codex Alimentarius Commission，CAC）、欧盟、美国、日本等都建立了 MRLs 标准体系。我国的 MRLs 标准是农业农村部和国家卫生健康委员会联合，对已登记的使用农药进行风险评估，当发现该农药对人体有潜在的危害且可能导致国际贸易问题时制定的标准。《食品安全国家标准　食品中农药最大残留限量》（GB 2763—2021）是我国监管食品中农药残留的唯一强制性国家标准。部分蔬菜农药最大残留限量如表 8-3 所示。

表 8-3　部分蔬菜农药最大残留限量

序号	农药名	蔬菜名	农药最大残留限量/（mg/kg）	序号	农药名	蔬菜名	农药最大残留限量/（mg/kg）
1	丙溴磷	结球甘蓝	0.5	5	嘧霉胺	结球莴苣	3
		花椰菜	2			番茄	1
		番茄	10			黄瓜	2
		辣椒	3	6	苯醚甲环唑	结球甘蓝	0.2
2	二嗪磷	结球甘蓝	0.5			花椰菜	0.2
		花椰菜	1			结球莴苣	2
		结球莴苣	0.5			大白菜	1
		大白菜	0.05			番茄	0.5
		番茄	0.5			辣椒	1
		黄瓜	0.1			黄瓜	1
		西葫芦	0.05			西葫芦	0.3
3	三唑酮	结球甘蓝	0.05	7	乙酰甲胺磷	蔬菜	0.02
		茄果类蔬菜	1	8	联苯菊酯	芸薹属类蔬菜（结球甘蓝除外）	0.4
		瓜类蔬菜（黄瓜除外）	0.2			结球甘蓝	0.2
						叶用芥菜	4
		黄瓜	0.1			萝卜叶	4
4	甲萘威	结球甘蓝	2			番茄	0.5
		茄果类蔬菜（辣椒除外）	1			茄子	0.3
						辣椒	0.5
		辣椒	0.5			黄瓜	0.5
		瓜类蔬菜	1			食荚豌豆（豌豆除外）	0.9
		豆类蔬菜	1			豌豆	0.05
		茎类蔬菜	1			根茎类和薯芋类蔬菜	0.05

续表

序号	农药名	蔬菜名	农药最大残留限量/（mg/kg）	序号	农药名	蔬菜名	农药最大残留限量/（mg/kg）
9	乐果	鳞茎类蔬菜	0.01	11	甲氰菊酯	番茄	1
		芸薹属类蔬菜（皱叶甘蓝除外）	0.01			茄子	0.2
						辣椒	1
						茎用莴苣	1
		皱叶甘蓝	0.05	12	五氯硝基苯	结球甘蓝	0.1
		叶菜类蔬菜	0.01			花椰菜	0.05
		茄果类蔬菜	0.01			番茄	0.1
		瓜类蔬菜	0.01			茄子	0.1
		豆类蔬菜	0.01			辣椒	0.1
		茎类蔬菜	0.01	13	烯酰吗啉	结球甘蓝	2
		根茎类和薯芋类蔬菜（甘薯除外）	0.01			芹菜	15
		甘薯	0.05			茄子	2
		水生类蔬菜	0.01			辣椒	3
		芽苗菜类蔬菜	0.01			黄瓜	5
		其他类蔬菜	0.01	14	多菌灵	番茄	3
10	氯氰菊酯	洋葱	0.01			茄子	3
		结球甘蓝	1			辣椒	2
		番茄	0.5	15	氧乐果	蔬菜	0.02
		芹菜	1	16	克百威	蔬菜	0.02
		大白菜	2	17	敌敌畏	鳞茎类蔬菜	0.2
		番茄	0.5			芸薹属类蔬菜（结球甘蓝、花椰菜、青花菜、芥蓝、菜薹除外）	0.2
		茄子	0.5			结球甘蓝	0.5
		辣椒	0.5			花椰菜	0.1
		黄瓜	0.2			青花菜	0.1
		豇豆	0.5			芥蓝	0.1
		茎用莴苣	0.3			菜薹	0.1
11	甲氰菊酯	结球甘蓝	0.5			叶菜类蔬菜（菠菜、普通白菜、茎用莴苣叶、大白菜除外）	0.2
		花椰菜	1			菠菜	0.5
		芹菜	1			普通白菜	0.1
		大白菜	1			茎用莴苣叶	0.3

序号	农药名	蔬菜名	农药最大残留限量/（mg/kg）	序号	农药名	蔬菜名	农药最大残留限量/（mg/kg）
17	敌敌畏	大白菜	0.5	17	敌敌畏	根茎类和薯芋类蔬菜（萝卜、胡萝卜除外）	0.2
		茄果类蔬菜	0.2			萝卜	0.5
		瓜类蔬菜	0.2			胡萝卜	0.5
		豆类蔬菜	0.2			水生类蔬菜	0.2
		茎类蔬菜（茎用莴苣除外）	0.2			芽苗菜类蔬菜	0.2
		茎用莴苣	0.1			其他类蔬菜	0.2

二、主要的农药残留检测方法

国际上用于农药残留快速检测的方法种类繁多，按其原理可以分为生化检测法和色谱快速检测法；按其检测结果可以分为定性检测法和定量检测法。本书主要介绍生化检测法和色谱快速检测法。

（一）生化检测法

生化检测法指利用生物体内提取出的某种生化物质进行的生化反应来判断农药残留是否存在及农药污染情况，在测定时样本无须经过净化，或净化比较简单，检测速度快。生化检测法中又以酶抑制率法和酶联免疫法应用最为广泛。

1. 酶抑制率法

酶抑制率法可以快速确定蔬菜中农药残留物类型。酶抑制率法主要利用氨基甲酸酯类、有机磷类农药的特异性，即通过抑制昆虫中枢神经及周围神经系统中的 AChE（乙酰胆碱酯酶）活性造成乙酰胆碱积累，可以抑制昆虫神经传导介质正常传导，致使昆虫体内毒性物质增加，从而死亡。基于此，可将 AChE 与蔬菜样品进行反应，若样品内无相应农药残留，或者蔬菜中农药残留物较少，则 AChE 活性不会被抑制；反之，则 AChE 活性会被抑制。在具体实验中，操作人员可以加入显色剂、底物，以便提高某一特定化合物反应观测灵敏度，在短时间内确定氨基甲酸酯类、有机磷类农药残留。该方法目前已开发出相应的速测卡和速测仪，检测时，蔬菜中的水分、碳水化合物、蛋白质、脂等物质不会对农药残留物的检测造成干扰，不必进行分离去杂，节省了大量预处理时间，从而能达到快速检测的目的。因此该方法具有快速方便、前处理简单、无须仪器或仪器相对简单的特点，适用于现场的定性和半定量测定，目前的农药残留快速检测使用的就是该方法。但该方法只能用于测定氨基甲酸酯类和有机磷类杀虫剂，其灵敏度和所使用的酶、显色反应时间和温度密切相关，经酶抑制率法检测出阳性后，须用标准仪器检验方法进一步检测，以鉴定残留农药品种及准确残留量。常用的酶抑制率法包括比色法、速测卡法、AChE 生物传感器法等。

2. 酶联免疫法

酶联免疫法又被称为 ELISA（enzyme-linked immunosorbent assay，酶联免疫吸附测定）法，该方法是以抗原与抗体的特异性、可逆性结合反应为基础的农药残留检测方法。该方法利用化学物质在动物体内能产生免疫抗体的原理，先将小分子农药化合物与大分子生物物质结合成大分子，做成抗原，并使之在动物体内产生抗体，对抗体筛选制成试剂盒，通过抗原与抗体之间发生的酶联免疫反应，依靠比色来确定农药残留。该方法具有专一性强、灵敏度高、快速、操作简单等优点。运用试剂盒检测可准确定性、定量，广泛用于现场样品和大量样品的快速检测。但由于农药种类多、抗体制备难度大，在不能肯定样本中的农药残留种类时检测有一定的盲目性，另外，抗体依赖国外进口等使酶联免疫法的应用范围受到较大的限制。目前，我国市场上酶联免疫法成品试剂盒依赖国外进口。

（二）色谱快速检测法

色谱快速检测法指提取样本并经过严格净化后，利用色谱或色谱与质谱联用等技术进行定性、定量测定。色谱快速检测法涵盖 74 种有机磷类农药在水果或蔬菜中的残留检测，包括在我国登记注册的大部分有机磷类农药品种。但该方法对于检测人员的技术要求较高，需要较大的检测设备投入。

1. 气相色谱法

气相色谱法指利用试样中各组分在气相和固定相间的分配系数不同，当汽化后的试样被载气带入色谱柱中运行时，组分就在其中的两相间进行反复多次分配，经过一定的柱长后便彼此分离。按顺序离开色谱柱进入检测器，产生的离子流信号经放大后，在记录器上描绘出各组分的色谱峰。使用气相色谱法检测多种农药时可一次性进样，得到完全分离的定性和定量检测结果，再配置高性能的检测器，使分析速度更快、结果更可靠。

2. 高效液相色谱法

高效液相色谱法是一种传统的实验室检测方法，适用于沸点高不易挥发的、受热不稳定易分解的、分子量大的、不同极性的有机化合物，生物活性物质和多种天然产物，合成的、天然的高分子化合物等，具有检测范围较广的优点，但依然有其局限性，如检测成本高、容易引起环境污染、缺少通用型检测器等。近年来，通过使用高效色谱柱、高压泵和高灵敏度的检测器，采用柱前或柱后衍生化技术，以及计算机联用，等等，大幅提高了高效液相色谱法的检测效率、灵敏度、速度和操作自动化程度，该方法现已成为农药残留检测中不可缺少的重要方法。

3. 气质联用法

气质联用法将气相色谱仪与质谱仪联合应用，可有效检测分子量小于 1000 的挥发性农药残留量。气质联用法具有气相色谱仪、质谱仪二者的优点，其中气相色谱仪可以在短时间内对蔬菜中不同残留物质进行分离、定量检测；而质谱仪可以确定蔬菜中残留的各种化合物有机官能团、分子量。最终计算确定化合物类型及剂量，实现对蔬菜中农药残留成分的快速定量检测。

三、蔬菜农药残留检测新技术

随着仪器功能和精密度的提升，农药残留检测技术日新月异，在一些发达国家甚至开始尝试使用实验室机器人进行农药残留检测，但我国在该方面的研究由于起步较晚，操作程序和测试方法尚未研发成功。研制灵活、方便、操作简便的实验室机器人，制定标准化的实验方法，将成为未来农药残留检测的最终发展方向。目前，我国蔬菜农药残留检测的新技术主要有以下几种。

1. 双检测器气相色谱检测技术

具有双检测器的气相色谱仪有着可靠的实用性，适合多种农药残留的检测。先在气相色谱仪上配备 2 个相同的检测器、2 个极性不同的毛细管柱及 1 个双胎进样器，再在 2 路进样器中同时注入样品溶液，这时极性不同的 2 根柱子将分离样品的组分，而 2 个检测器再对组分进行定量检测。此外，若将 2 个检测器进行串联，便可实现多种农药的同时检测。

2. 超临界流体色谱技术

超临界流体色谱技术是 20 世纪 80 年代发展起来的一种崭新的色谱技术，其具有气相和液相色谱所没有的优点，并能分离和分析气相和液相色谱不能解决的一些对象，因此该技术应用广泛，并且发展十分迅速。超临界流体具有对分离极其有利的物理性质，它们的这些性质恰好介于气体和液体之间。超临界流体的扩散系数和黏度接近气相色谱，因此溶质的传质阻力小，可获得快速高效的分离。同时，其密度与液相色谱类似，这就便于在较低温度下分离和分析具有热不稳定性、相对分子质量大的物质。另外，超临界流体的物理性质和化学性质，如扩散、黏度和溶剂力等，都是密度的函数。因此，只要改变流体的密度，就可改变流体的性质，从类似气体到类似液体，无须通过气液平衡曲线。近年来，毛细管临界流体色谱的研究，促进了该技术的进步。在二氧化碳中添加质量分数为 1%的甲醇作为改性剂，可使极性农药得到很好的分离，色谱峰的拖尾得到消除。但该技术主要用于非极性或弱极性物质的检测。

3. 农药残留免疫分析技术

农药残留免疫分析技术：设计合成农药多簇人工抗原，获得了能同时识别三唑磷、克百威、毒死蜱和甲基对硫磷 4 种农药的宽谱多克隆抗体；采用四体杂交瘤融合技术，制备抗三唑磷和克百威双特异性单克隆抗体；通过对硫磷半抗原分子设计的系统研究，采用多种抗原——抗体组合的异源竞争 ELISA 法，筛选获得了能识别多种有机磷农药的类选择性单克隆抗体，并利用计算机模拟分子对接技术，明确了抗体与农药分子互作的关键氨基酸作用位点；采用基因工程重组抗体技术，开展研制了抗三唑磷、对硫磷、毒死蜱、甲氰菊酯的双联和多联融合单链抗体，同时，采用高特异性的各农药单克隆抗体组合、固相微阵列芯片、荧光微球标记的液相悬浮芯片进行了农药多残留快速检测。

关键要点 | **农业生产能不能不使用农药**

近年来，因为一些蔬菜质量安全事件，农药经常被"妖魔化"。"其实，农药的毒性远低于我们身边经常可能接触到的化学物质的毒性。""没有农药，粮食安全无从谈起。"中国工程院院士宋宝安表示，已知危害农作物的病、虫、草、鼠有 2300 多种，严重危害农业生产，每年造成严重的产量损失。19 世纪的爱尔兰大饥荒曾使得爱尔兰人口锐减近 1/4，而造成饥荒的原因主要是马铃薯晚疫病导致的减产绝收。"如果没有农药作为武器，人类会在与害虫争抢粮食的战役中大败。如果不使用农药，将会使粮食供应更趋紧张。"宋宝安说。

除了农作物病虫害，生活环境中的害虫也严重影响人的身体健康，如蟑螂、疟蚊等，它们携带多种致病微生物，会引起食物中毒，传播肝炎、结核、疟疾、登革热等多种疾病。"我们必须清楚，假如没有农药会引起'天下大乱'。能保障人类健康的，不仅仅是医药，从源头或者传播媒介上消除'病源'，才是保证人们免于病患的重要手段之一，而农药则一直扮演着这样重要的角色。"宋宝安指出。

近年来，随着高毒高风险农药相继被禁限用，目前我国农业生产上使用的高毒农药比例仅为 2%。宋宝安介绍说，不仅产品结构更趋合理，我国还相继创制出一批高效、安全、环境友好型农药新品种、新制剂，在农业病虫草害防控中发挥积极作用。

同时，农业农村部从 2015 年起，在全国全面推进实施农药使用量零增长行动，大力推进农药减量控害和绿色防控，取得显著成效。新修订的《农药管理条例》的颁布实施，更加关注农药使用对环境、生态及使用者暴露等的风险，对农药的生产、管理、应用等各方面的监管更加严苛，蔬菜质量安全也更有保障。

对待农药，宋宝安总结了十六字箴言，即"正确认识，严格管理，规范使用，科学发展"，建议大力推广绿色防控技术。树立以"生态为根、农艺为本、生物农药和化学农药防控为辅"的植保新理念，建立"以作物健康为主体防控措施，变传统被动防治为作物主动防御"的新策略。制定绿色防控技术推广应用的激励政策，大胆探索基于作物全程健康、区域专业化的病虫害防控政策，跳出过去"单病单虫"的防治政策。开展科研、生产、推广多行业协作，建立涵盖农药企业、高校院所、植保推广应用部门的大的协同创新联盟，研发更高效、更环保、更安全的绿色农药和生态农药，充分利用社会各方面力量加快绿色防控投入品的推广应用。建立以农艺、生物或物理防治等非化学防治措施为主要内容的作物病虫害绿色防控体系，维系可持续发展的作物农田生态系统。

宋宝安还重点强调了加强科普宣传的重要性。他表示，科普是让公众了解农药、懂农药的关键。一方面，用农药的人不了解农药，导致对施药方式、施药时间、施药剂量、施药安全间隔期等把握不准确，是导致农药残留超标、药害及中毒的主要原因。另一方面，公众不了解农药，导致谈"药"色变。建议在大、中、小学开展农药科普讲座，出版通俗易懂的农药科普手册和宣传画，媒体加强正面宣传和科学引导，同时加强基层农药使用者合理使用农药的相关培训。总之，希望全社会形成合力，大力推进农药减量控害，积极探索出高效安全、资源节约、环境友好的现代农业发展之路。

工作任务　蔬菜质量检测策略分析

▍**任务描述**　　作为公司蔬菜生产技术员，应熟悉公司在蔬菜生产过程中农药的使用情况和蔬菜的农药残留限值，掌握蔬菜农药残留检测原理和方法，提供检测报告数据。

▍**任务目标**　1. 收集整理蔬菜产品的不同农药的最大残留限量及适用的检测方法。
2. 收集调查蔬菜在生产过程中的农药使用情况。
3. 进行蔬菜农药残留检测。

▍相关知识

农药残留是指因使用农药而在蔬菜中出现的特定物质，包括被认为具有毒理学意义的农药衍生物，如农药在植物体内的转化物、代谢物、反应产物及杂质等。近年来，我国蔬菜质量安全例行监测中农药残留合格率均在97%以上，我国的蔬菜质量安全总体可控，保持在较高水平。我国在农药登记环节就对产品的安全性进行了科学的评价，并提出了合理使用建议。按照农药产品标签的要求使用和采收，蔬菜质量安全就可以得到保障。

当然，在农业生产以小规模农户经营为主的基本国情面前，必须采用多方面的手段，提高科学用药技术，维护好蔬菜生产安全、蔬菜质量安全和生态环境安全。

一是加强源头控制。充分发挥农药登记的杠杆作用，进一步优化农药产品结构。加快淘汰高毒、高风险农药，控制低水平重复生产，积极发展高效、低毒、低残留农药，鼓励生物农药和特色小宗农作物的登记。

二是大力推动绿色防控措施。大力推广生态友好型的农药和剂型，逐步替代高毒、高残留农药，同时，大力推广替代农药的植保措施，包括推广使用天敌生物、灯光诱杀等物理手段和昆虫信息素诱杀、迷向等。

三是加强高效安全科学施药技术培训。大力培训农民和基层技术人员，提高他们的安全合理用药意识和技术，普及科学合理用药知识，减少滥用农药现象，提高防治效果并降低农药用量。

四是大力发展专业化服务组织。通过发展病虫害专业化服务组织，提高农药使用的专业化、规模化水平，使农药的施用更加符合病虫害防治的规律要求，达到科学用药、合理用药的目的。

农贸市场、超市、社区便民菜站等正规场所售卖的鲜食蔬菜产品在上架前，都经过了必要的检测程序，其质量安全得到有效保障。当然，消费者可以根据蔬菜产品类型和饮食习惯，采用浸泡、去皮、焯水等清理方式，达到更加卫生的目的。同时，非正规场所售卖的蔬菜产品，由于其来源不清，质量安全得不到有效保障，建议消费者谨慎购买。

任务实施

（一）园艺作物标准园产品农药残留监测抽样技术规范分析

熟悉《园艺作物标准园产品农药残留监测抽样技术规范》，并进行抽样要求、抽样方法、样品运输、样品缩分和样品储存等技术规范研讨和分析。

（二）园艺作物标准园产品农药残留监测行为规范分析

熟悉《园艺作物标准园产品农药残留监测行为规范》，并进行抽样、检测工作、检测原始记录的校核和审查、检测结果的汇总、工作纪律与约束要求等技术规范研讨和分析。

（三）有机磷和氨基甲酸酯类农药残留量的快速检测标准速测卡法（纸片法）分析

熟悉《有机磷和氨基甲酸酯类农药残留量的快速检测标准速测卡法（纸片法）》，并进行范围、原理、试剂、仪器、分析步骤、结果判定、附则、说明等技术规范研讨和分析。

（四）有机磷和氨基甲酸酯类农药残留量的快速检测标准酶抑制率法（分光光度法）分析

熟悉《有机磷和氨基甲酸酯类农药残留量的快速检测标准酶抑制率法（分光光度

法)》，并进行范围、原理、试剂、仪器、分析步骤、结果判定、附则、说明等技术规范研讨和分析。

综 合 评 价

综合评价以自我评价和小组评价相结合的方式进行，指导教师（或师傅）根据考核评价和学生学习成果进行综合评价。

蔬菜质量检测考核评价表如表8-4所示。

表8-4 蔬菜质量检测考核评价表

班级： 第（ ）小组 姓名： 时间：

评价模块	评价内容	分值	自我评价	小组评价
理论知识	1. 掌握农药残留检测方法	10		
	2. 熟悉农药残留检测方法的原理及适用范围	10		
	3. 了解农药残留检测发展趋势	10		
操作技能	1. 能收集整理蔬菜产品的不同农药的最大残留限量及适用的检测方法	20		
	2. 能进行蔬菜在生产过程中的农药使用指导	20		
	3. 能进行蔬菜农药残留检测	20		
职业素养	1. 以人为本，具有绿色蔬菜产品生产的理念	5		
	2. 团队合作，具有精益求精的职业精神	5		

综合评价：

指导教师（或师傅）签字：

思 考 与 讨 论

1. 简述蔬菜农药残留检测技术规范的流程。

2. 在设施蔬菜生产过程中如何减少农药的使用？

参 考 文 献

陈光蓉，邹瑞昌，2019. 蔬菜生产技术与应用[M]. 北京：中国轻工业出版社.

陈毛华，2017. 设施蔬菜生产技术[M]. 北京：机械工业出版社.

陈绕生，2021. 蔬菜生产技术（南方本）[M]. 3 版. 北京：中国农业出版社.

陈先荣，熊祖华，2020. 蔬菜生产学徒岗位手册[M]. 北京：中国农业大学出版社.

陈杏禹，2020. 蔬菜栽培[M]. 2 版. 北京：高等教育出版社.

陈杏禹，于红茹，2015. 设施蔬菜栽培[M]. 北京：中国农业大学出版社.

程智慧，2021. 蔬菜栽培学各论[M]. 2 版. 北京：科学出版社.

丁国强，姜忠涛，2018. 蔬菜植保员培训教程[M]. 北京：中国农业科学技术出版社.

范双喜，2015. 特种蔬菜栽培学[M]. 北京：中国农业出版社.

高丽红，郭世荣，2015. 现代设施园艺与蔬菜科学研究[M]. 北京：科学出版社.

高瑞杰，高中强，2017. 设施蔬菜安全高效生产关键技术[M]. 北京：中国农业出版社.

郭世荣，束胜，2016. 蔬菜水肥一体化管理实用技术[M]. 南京：江苏凤凰科学技术出版社.

郭世荣，孙锦，2018. 无土栽培学[M]. 3 版. 北京：中国农业出版社.

郭世荣，孙锦，2020. 设施园艺学[M]. 3 版. 北京：中国农业出版社.

郭世荣，王丽萍，2013. 设施蔬菜生产技术[M]. 北京：化学工业出版社.

韩世栋，2019. 蔬菜生产技术（北方本）[M]. 3 版. 北京：中国农业出版社.

韩世栋，2022. 蔬菜生产技术（北方本）[M]. 4 版. 北京：中国农业出版社.

胡繁荣，2019. 蔬菜生产技术（南方本）[M]. 2 版. 北京：中国农业出版社.

胡晓辉，李建明，2017. 设施蔬菜实验实训指导[M]. 杨凌：西北农林科技大学出版社.

黄瑞梅，蔡金，檀鹏霞，2022. 蔬菜生产技术（北方本）[M]. 4 版. 北京：中国农业大学出版社.

李天来，2011. 设施蔬菜栽培学[M]. 北京：中国农业出版社.

李天来，2014. 日光温室蔬菜栽培理论与实践（精）[M]. 北京：中国农业出版社.

李学海，何树海，2016. 蔬菜生产技术[M]. 北京：中国农业大学出版社.

练华山，欧阳丽莹，2020. 蔬菜生产技术（南方本）[M]. 北京：中国农业大学出版社.

刘青华，2017. 无公害蔬菜生产新技术[M]. 北京：中国农业出版社.

马金翠，张会敏，2022. 设施蔬菜标准化生产技术[M]. 北京：中国农业出版社.

缪旻珉，汪李平，2021. 蔬菜栽培学[M]. 北京：科学出版社.

齐红岩，屈哲，史宣杰，2019. 设施蔬菜栽培技术[M]. 郑州：中原农民出版社.

全国农业技术推广服务中心，2023. 蔬菜栽培技术大全[M]. 北京：中国农业出版社.

宋士清，王久兴，2016. 设施蔬菜栽培[M]. 北京：科学出版社.

宋志伟，翟国亮，2018. 蔬菜水肥一体化实用技术[M]. 北京：化学工业出版社.

汪李平，2022. 现代蔬菜栽培学[M]. 北京：化学工业出版社.

徐钦军，张珊珊，纪卫华，等，2022. 蔬菜高质高效栽培与病虫害绿色防控[M]. 北京：中国农业科学技术出版社.

张福墁，2010. 设施园艺学[M]. 2 版. 北京：中国农业大学出版社.

张瑞明，2016. 蔬菜栽培工（五级 四级）[M]. 北京：中国劳动社会保障出版社.

张晓丽，焦伯臣，2016. 设施蔬菜栽培与管理[M]. 北京：中国农业科学技术出版社.

赵会芳，王琨，2020. 设施蔬菜生产技术[M]. 北京：北京理工大学出版社.

朱为民，张瑞明，2015. 绿叶蔬菜周年生产新品种新技术[M]. 上海：上海科学技术出版社.